제1판
중등임용 전공수학 대비

윤양동
임용수학

IV

윤양동 편저

해석학
복소해석

Mathematics

박문각 임용 동영상강의 www.pmg.co.kr

박문각

차 례
Contents

PART 1 해석학

Chapter 1. 실수의 체계

1. 실수와 실수집합의 체계   6

Chapter 2. 수열과 급수의 수렴

1. 수열의 수렴   17

2. 무한급수의 수렴   29

3. 무한급수의 수렴판정법   34

4. 멱급수   41

Chapter 3. 함수의 연속

1. 함수의 극한   42

2. 함수의 연속   46

3. 함수의 균등연속   56

Chapter 4. 함수열의 수렴

1. 함수열의 수렴   64

2. 함수열의 균등수렴   65

Chapter 5. 미분

1. 함수의 미분   85

2. 테일러 정리와 해석적 함수   93

3. 단조함수, 볼록함수, 대칭함수, 주기함수   104

4. 다변수함수의 연속과 미분   107

5. 최대, 최소   114

Chapter 6. 적분

　1. 리만적분　　　　　　　　　　　　　　　　　　117

　2. 미적분 기본정리　　　　　　　　　　　　　　　128

　3. 이상적분　　　　　　　　　　　　　　　　　　134

　4. 중적분　　　　　　　　　　　　　　　　　　　135

　5. 선적분과 면적분　　　　　　　　　　　　　　　141

　6. 리만–스틸체스 적분　　　　　　　　　　　　　144

PART **2**　**복소해석학**

Chapter 1. 복소수와 복소함수

　1. 복소수　　　　　　　　　　　　　　　　　　　150

　2. 복소함수　　　　　　　　　　　　　　　　　　154

Chapter 2. 복소함수의 미분

　1. 해석함수와 코시–리만 정리　　　　　　　　　　160

　2. 해석함수의 멱급수전개　　　　　　　　　　　　166

　3. 해석함수의 특이성　　　　　　　　　　　　　　169

Chapter 3. 복소함수의 선적분

　1. 복소선적분　　　　　　　　　　　　　　　　　172

　2. 해석함수에 관한 선적분의 성질　　　　　　　　177

　3. 로랑 정리　　　　　　　　　　　　　　　　　180

　4. 유수 정리와 편각 원리　　　　　　　　　　　　182

　5. 해석함수에 관한 정리　　　　　　　　　　　　193

윤양동
임용수학

Mathematics

해석학

Chapter 1. 실수의 체계

Chapter 2. 수열과 급수의 수렴

Chapter 3. 함수의 연속

Chapter 4. 함수열의 수렴

Chapter 5. 미분

Chapter 6. 적분

Chapter

01

실수의 체계

유리수로부터 실수를 구
성하는 방법
1. (데데킨트) 절단
2. (칸토어)
  코시열의 동치류

01 실수와 실수집합의 체계

1. 실수의 공리(Axioms)

(1) 대수적 공리(Algebraic Axioms)

실수의 집합에서 정의된 두 연산 $+$, $\times$에 대하여

① $a+b=b+a$, $ab=ba$

② $a+(b+c)=(a+b)+c$, $a(bc)=(ab)c$

③ $a(b+c)=ab+ac$

④ 임의의 실수 a에 대하여 $a+x=a$을 만족하는 실수 x가 존재하여 0으로 쓰고, 각 실수 a에 대하여 $a+y=0$인 실수 y가 존재하여 $-a$로 쓴다.

⑤ 임의의 실수 a에 대하여 $ax=a$을 만족하는 실수 x가 존재하여 1로 쓰고 0아닌 각 실수 a에 대하여 $ay=1$인 실수 y가 존재하여 $\dfrac{1}{a}$로 쓴다.

(2) 순서 공리(Order Axioms)

실수의 집합에서 정의된 관계 $<$에 대하여

⑥ $a=b$, $a<b$, $a>b$ 중 단 하나가 참이다.

⑦ $a<b$이면, 임의의 실수 c에 대하여 $a+c<b+c$

⑧ $a>0$, $b>0$이면 $ab>0$

⑨ $a>b$, $b>c$이면 $a>c$

(3) 완비 공리(연속성 공리)

공집합이 아닌 실수의 부분집합 S가 위로 유계(bounded above)이면, S의 상한(supremum, l.u.b 최소상계)이 존재한다.

2. 유계성(boundedness)

> **[정의] {집합의 유계}**
> 실수의 부분집합 S 가 "위로 유계"라는 것은 「어떤 실수 u 가 존재하여 모든 $x \in S$ 에 대하여 $x \leq u$ 」가 성립할 때를 말한다. 이런 u 를 집합 S 의 상계(upper bound)라 한다.
> S 가 "아래로 유계"라는 것은 "모든 $x \in S$ 에 대하여 $x \geq l$ "인 실수 l 이 존재할 때를 말하며, 이런 l 을 집합 S 의 하계(lower bound)라 한다.
> S 가 위로 유계이고 아래로 유계일 때, S 를 유계 집합(bounded set)이라 한다.

특히, 함수 $f : A \rightarrow \mathbb{R}$ 가 유계(bounded)라 함은 함수 f 의 치역 $f(A)$ 가 실수 $\mathbb{R}$ 의 부분집합으로서 유계집합일 때를 말한다. 부등식으로 나타내면 다음과 같다.

> **[정의] {함수의 유계}**
> 모든 $a \in A$ 에 관하여 $l \leq f(a) \leq u$ 인 적당한 실수 l, u 가 존재할 때, 함수 f 를 유계라 한다.

n 차원 실수공간 $\mathbb{R}^n$ 의 부분집합 A 가 유계(bounded)라 함은, 모든 $p \in A$ 에 대하여 노름 $\|p\|$ 가 유계일 때를 말한다.

유계성과 관련된 몇 가지 정리를 살펴보자.

> **[Bolzano-Weierstrass 정리]**
> ⑴ $\mathbb{R}$ 의 유계인 수열은 $\mathbb{R}$ 에서 수렴하는 부분수열을 갖는다.
> ⑵ $\mathbb{R}$ 의 유계 무한집합은 집적점을 갖는다.

집적점의 뜻은 곧이어 소개하며 위상수학의 집적점 정의와 같다.

> **[Heine-Borel 정리]**
> 실공간 $\mathbb{R}^n$ 의 부분집합 K 가 컴팩트 집합일 필요충분조건은 유계 폐집합인 것이다.

컴팩트(compact)의 뜻은 개집합을 개구간으로 바꾸어 놓은 후 위상수학의 정의와 같다.

> **[축소구간 정리(nested interval theorem)]**
> 유계폐구간열 $I_n = [a_n, b_n]$ 에 대하여 $I_{n+1} \subset I_n$, $\lim\limits_{n \to \infty} |b_n - a_n| = 0$ 이면 $\bigcap\limits_{n=1}^{\infty} I_n$ 는 한 점이다.

위의 두 정리는 위상수학의 컴팩트(compact)개념과 관련이 있다.
정리에 쓰이는 몇몇 개념들은 다음 절에서 소개합니다.

3. 상한(supremum, 최소상계 l.u.b), 하한(infimum, 최대하계 g.l.b)

> **[정의] {상한}** 실수의 부분집합 A 에 대하여 다음의 성질을 만족하는 실수 s를 A 의 상한
> (supremum) 또는 **최소상계**(least upper bound)라 하고 $\sup(A) = \operatorname{lub}(A) = s$로 쓴다.
> (1) 모든 $a \in A$ 에 대하여 $a \le s$
> (2) 임의의 양의 실수 $\varepsilon > 0$ 에 대하여 $s - \varepsilon < a$ 인 $a \in A$ 가 존재한다.

A 의 상한을 s 라 하면 s 는 A 의 상계들 중 최솟값이다.

> **[정의] {하한}** 마찬가지로 다음의 성질을 만족하는 실수 i 를 하한(infimum) 또는 최대하계
> (greatest lower bound)라 하고 $\inf(A) = \operatorname{glb}(A) = i$로 쓴다.
> (1) 모든 $a \in A$ 에 대하여 $a \ge i$
> (2) 임의의 양의 실수 $\varepsilon > 0$ 에 대하여 $i + \varepsilon > a$ 인 $a \in A$ 가 존재한다.

A 의 하한을 i 라 하면 i 는 A 의 하계들 중 최댓값이다.
함수 $f : A \to \mathbb{R}$ 에 대하여 f 의 상한 $\sup(f)$와 하한 $\inf(f)$는 치역 $f(A)$ 의
상한과 하한으로 정의한다.

> **[정의] {함수의 상한/하한}**
> $$\sup(f) \equiv \sup(f(A)) , \ \inf(f) \equiv \inf(f(A))$$

실수의 부분집합인 정수집합의 특징을 보여 주는 다음 정리를 유계 개념을 이
용하여 증명하자.

> **(아르키메데스 정리)** 실수 a에 대하여 $a < n$인 정수 n이 존재함을 보여라.

증명 (귀류법) 실수 a가 존재하여 정수집합 $\mathbb{Z}$ 의 상계(upper bound)라 하자.
즉, 정수집합 $\mathbb{Z}$ 가 위로 유계이면, 실수의 연속성공리에 의하여 최소상계 x가
존재한다.
x가 $\mathbb{Z}$ 의 최소상계라면 정의에 의하여 x는 다음을 만족한다.
(1) 모든 정수 n에 대하여 $n \le x$
(2) 임의의 양의 실수 c에 대하여 $x - c < n$이 성립하는 정수 n이 존재한다.
　　특히 $c = 1$일때, (2)에 의하여 $x - 1 < n$이 성립하는 정수 n을 택하자.
　　이때, 양변에 1을 더하면 $x < n + 1$이고, $n + 1$이 정수이므로 (1)에 의하여
　　$n + 1 \le x$. 따라서 $x < x$ 모순!
　　그러므로 실수 a에 대하여 $a < n$인 정수 n이 존재한다.

참고 아르키메데스의 공리는 유클리드 기하학에서는 공리(Axiom)이나 실수의 체계에서는 연속
성 공리로부터 증명되는 정리(Theorem)이다. 아르키메데스의 공리는 측정 단위(unit)를 줄
이면서 반복해서 적용하면 모든 실수는 십진기수법으로 측정할 수 있음을 보여주는 정리이
다. 즉, 실수의 측정수 측면을 보여주는 정리라 할 수 있다.

4. 폐포(closure)와 조밀성(dense)

실수 x 가 A의 밀착점(adherent point)이라 함은

임의의 $\epsilon > 0$ 에 대하여 $A \cap (x-\epsilon, x+\epsilon) \neq \varnothing$ 이 성립할 때를 말한다.

실수의 부분집합 A에 대하여 실수 x 가 A의 밀착점일 필요충분조건은 x 가 집합 A 에 포함되는 어떤 수열 $\{a_n\}_{n=1}^{\infty} \subset A$ 의 극한이 되는 것이다.

A의 밀착점들의 집합을 A의 폐포(closure)라 하고 $\overline{A}$ 로 표기한다.

> **[정의] {집적점}** 실수 x 가 다음 조건을 만족할 때 A의 집적점(cluster point, limit point)이라 한다.
>
> 임의의 $\epsilon > 0$ 에 대하여 $(A - \{x\}) \cap (x-\epsilon, x+\epsilon) \neq \varnothing$

집합 A의 집적점들의 집합을 A′라 표기하며, $\overline{A} = A \cup A'$이다.

집적점을 극한점이라 부르기도 한다.

> **[정의]** 실수의 부분집합 A가 유계이면 A의 폐포 $\overline{A}$ 는 최댓값(maximum)과 최솟값을 갖고
> $\sup(A) = \max(\overline{A})$, $\inf(A) = \min(\overline{A})$ 가 성립한다.

개구간들의 합집합을 개집합이라 하고, $A = \overline{A}$ 인 집합 A 를 폐집합이라 한다.

"실수의 부분집합 A가 실수전체에 조밀하다"는 말의 의미는 두 가지가 있다.

하나는 순서집합에 관한 집합론에서 주로 쓰이는 의미로서

"임의의 서로 다른 두 실수사이에 항상 집합 A의 원소가 존재한다"

는 것이다. 다른 하나는 위상수학에서 나온 개념으로

"집합 A의 폐포가 실수 전체"

일 때를 말한다. 그리고 폐포가 실수 전체에 조밀함은

「모든 개구간 (a,b) (단, $a < b$)에 대하여 $(a,b) \cap A \neq \varnothing$ 」

와 동치이다.

이 두 가지 의미의 조밀성은 실수의 부분집합에 대해서는 동치(equivalent)이다. 즉, 임의의 실수 x 에 대하여 x 와 $x + \dfrac{1}{n}$ 사이에 A의 원소를 찾을 수 있으므로 x 로 수렴하는 A의 수열을 얻을 수 있으며, 역으로 임의의 서로 다른 두 실수 x, y 에 대하여 x, y 의 중점으로 수렴하는 A의 수열이 존재한다면 x, y 사이에 존재하는 수열의 원소가 존재한다. 따라서 두 가지 조밀성의 정의는 동치 명제이다.

예제 1 다음 조건을 만족하는 집합 A 는 $\mathbb{R}$ 에 조밀함을 보이시오.
㉠ $(A,+,\cdot)$는 $\mathbb{R}$ 의 부분환(subring)이다.
㉡ $(0,1)\cap A \neq \varnothing$

풀이 임의의 개구간을 (a,b) 라 놓자.
㉡으로부터 $r \in (0,1)\cap A$ 인 실수 r 이 있다.
$\lim_{n\to\infty} r^n = 0$ 이므로 $0 < r^n < b-a$ 인 양의 정수 n 이 있다.
아르키메데스정리와 자연수의 정렬성에 의해 $a < mr^n$ 인 최소 정수 m 이 있으며 이
때, $(m-1)r^n \leq a < mr^n$ 이다.
$(m-1)r^n \leq a$ 이므로 $mr^n \leq a+r^n < a+(b-a)=b$ 이며
$a < mr^n < b$ 이다.
A 는 환이며 $r \in A$ 이므로 $mr^n \in A$ 이다.
따라서 $(a,b)\cap A \neq \varnothing$ 이므로 A 는 $\mathbb{R}$ 에 조밀하다.

예제 2 다음 세 조건을 만족하는 집합 A 는 $\mathbb{R}$ 에 조밀함을 보이시오.
㉠ A 는 덧셈에 닫혀있다.
㉡ 모든 양수 ϵ 에 대하여 $(0,\epsilon)\cap A \neq \varnothing$
㉢ 모든 양수 ϵ 에 대하여 $(-\epsilon,0)\cap A \neq \varnothing$

증명 임의의 개구간 (a,b) (단, $a < b$)에 대하여 $(a,b)\cap A \neq \varnothing$ 임을 보이면 된다.
첫째, $a \leq 0 \leq b$ 인 경우
$a=0$ 이면 ㉡에 의하여 $(a,b)\cap A \neq \varnothing$
$b=0$ 이면 ㉢에 의하여 $(a,b)\cap A \neq \varnothing$
둘째, $0 < a$ 인 경우
$\epsilon = b-a$ 라 두면 ㉡에 의하여 $(0,b-a)\cap A \neq \varnothing$
$x \in (0,b-a)\cap A$ 라 두면 아르키메데스 정리에 의하여 $a < kx$ 인
양의 정수 k 가 있으며 자연수의 정렬성에 의해 최소 양의 정수 n 이 있다.
즉, $a < nx$, $(n-1)x \leq a$
$\qquad x+(n-1)x \leq x+a < (b-a)+a=b$
따라서 $a < nx < b$ 이며 ㉠에 의하여 $nx \in A$ 이므로
$\qquad (a,b)\cap A \neq \varnothing$
셋째, $0 > b$ 인 경우
$\epsilon = b-a$ 라 두면 ㉢에 의하여 $(a-b,0)\cap A \neq \varnothing$
$x \in (a-b,0)\cap A$ 라 두면 아르키메데스 정리에 의하여 $-b < k(-x)$
인 자연수 k 가 있으며 자연수의 정렬성에 의해 최소 자연수 n 이 있다.
즉, $b > nx$, $(n-1)x \geq b$
$\qquad x+(n-1)x \geq x+b > (a-b)+b=a$
따라서 $a < nx < b$ 이며 ㉠에 의하여 $nx \in A$ 이므로
$\qquad (a,b)\cap A \neq \varnothing$
그러므로 A 는 $\mathbb{R}$ 에 조밀하다.

예제 3 무리수 α 에 대하여 집합 $A = \{\, n+m\alpha \mid n, m \in \mathbb{Z} \,\}$ 는 $\mathbb{R}$ 에 조밀함을 보이시오.

증명 편의상 무리수 α 를 양수라 하자.

㉠ 임의의 $n+m\alpha$, $n'+m'\alpha \in A$ 에 대하여
$$(n+m\alpha)+(n'+m'\alpha) = (n+n')+(m+m')\alpha \in A,$$
$$(n+m\alpha)-(n'+m'\alpha) = (n-n')+(m-m')\alpha \in A$$
이므로 A 는 덧셈과 뺄셈에 닫힌 집합이다.

$n+m\alpha$, $n'+m'\alpha \in A$ 에 대하여 $n+m\alpha = n'+m'\alpha$ 라 하면
$n-n' = (m-m')\alpha$ 이며 좌변이 유리수이므로 우변이 유리수가 되어야 하므로 $m = m'$ 이며 $n = n'$

따라서 $n+m\alpha = n'+m'\alpha$ 이면 $m = m'$ 이고 $n = n'$ 이다.

수열 $x_n = n - \alpha\left[\dfrac{n}{\alpha}\right]$ 라 두면 $n_1 \neq n_2$ 일 때 $x_{n_1} \neq x_{n_2}$ 이다.

$\dfrac{n}{\alpha}-1 < \left[\dfrac{n}{\alpha}\right] < \dfrac{n}{\alpha}$ 이므로 $n-\alpha < \alpha\left[\dfrac{n}{\alpha}\right] < n$, $0 < n-\alpha\left[\dfrac{n}{\alpha}\right] < \alpha$

모든 $x_n \in [0, \alpha]$ 이므로 x_n 은 유계수열이다.

Bolzano-Weierstrass 정리에 의하여 수렴하는 부분수열 x_{n_k} 를 갖는다.

편의상 부분수열 $x_{n_k} = y_k$ 라 두면 y_k 는 수렴하므로 코시열이다.

y_k 는 코시열이므로 양수 ϵ 에 대하여 $K < k, l$ 일 때 $|y_k - y_l| < \epsilon$ 이 성립하는 양의 정수 K 가 있다.

$K < k, l$ 이며 $k \neq l$ 인 k, l 을 택하면
$0 < y_k - y_l < \epsilon$, $-\epsilon < y_l - y_k < 0$ 이 성립하는 y_k, y_l 이 있다.

$y_k, y_l \in A$ 이며 A 는 뺄셈에 닫힌 집합이므로 $y_k - y_l$, $y_l - y_k \in A$

따라서 양의 실수 ϵ 에 대하여 $(0, \epsilon) \cap A \neq \varnothing$, $(-\epsilon, 0) \cap A \neq \varnothing$ 이다.

그러므로 앞에 제시한 **예제** 를 적용하면 집합 A 는 $\mathbb{R}$ 에 조밀하다.

위의 증명은 앞에서 제시한 **예제 2** 의 증명내용을 덧붙여야 마무리된다.
집합 A 의 두 변수 n, m 중의 한 변수의 범위를 정수 전체에서 자연수 전체로 바꾸어도 조밀성은 성립한다.
즉, 위의 예제에서 집합 $A = \{\, n+m\alpha \mid n, m \in \mathbb{Z}, n \geq 1 \,\}$ 도 $\mathbb{R}$ 에 조밀함을 보일 수 있고 집합 $A = \{\, n+m\alpha \mid n, m \in \mathbb{Z}, m \geq 1 \,\}$ 도 $\mathbb{R}$ 에 조밀함을 보일 수 있다.

5. 부등식(Inequality)

증명과정에 자주 쓰인다.

(1) 삼각부등식

(기본형) $|a+b| \leq |a|+|b|$

(일반형) $\|v+w\| \leq \|v\|+\|w\|$

(단순변형) $||a|-|b|| \leq |a+b| \leq |a|+|b|$

(적분형) $\left| \int_a^b f(t)\,dt \right| \leq \int_a^b |f(t)|\,dt$

(2) 평균부등식

(기본형) $\dfrac{2ab}{a+b} \leq \sqrt{ab} \leq \dfrac{a+b}{2} \leq \sqrt{\dfrac{a^2+b^2}{2}}$ (단, $a,b > 0$)

(일반형) $\dfrac{n}{\displaystyle\sum_{k=1}^{n}\dfrac{1}{a_k}} \leq \sqrt[n]{\prod_{k=1}^{n}a_k} \leq \dfrac{1}{n}\sum_{k=1}^{n}a_k \leq \sqrt{\dfrac{1}{n}\sum_{k=1}^{n}a_k^2}$ (단, $a_k > 0$)

(단순변형) $a^p b^q \leq pa + qb$ (단, $0 \leq p, 0 \leq q, \ p+q=1, \ a,b \geq 0$)

복잡한 것보다 간단한 것들이 중요

(적분형) $\exp\left(\int_0^1 \ln(f(t))\,dt \right) \leq \int_0^1 f(t)\,dt$ (단, $f(t) > 0$)

(3) 코시-슈바르츠(Cauchy-Schwarz) 부등식

(기본형) $|ax+by| \leq \sqrt{a^2+b^2}\,\sqrt{x^2+y^2}$

(일반형) $|v \cdot w| \leq \|v\| \cdot \|w\|$

(단순변형) $|ax+by| \leq \sqrt[p]{a^p+b^p}\,\sqrt[q]{x^q+y^q}$ (단, $\dfrac{1}{p}+\dfrac{1}{q}=1, \ p,q > 0$)

(적분형) $\left| \int_a^b f(t)g(t)\,dt \right| \leq \sqrt{\int_a^b |f(t)|^2\,dt}\,\sqrt{\int_a^b |g(t)|^2\,dt}$

(4) 유리함수-무리함수에 관한 부등식

$a \geq b \geq 0, \ c \geq d > 0$ 일 때, $\dfrac{a}{2c} \leq \dfrac{a+b}{c+d} \leq \dfrac{2a}{c}$

$0 \leq p \leq 1, \ 0 \leq x,y$ 일 때, $(x+y)^p \leq x^p+y^p$, $||x|^p-|y|^p| \leq |x-y|^p$

$1+px \leq (1+x)^p \leq e^{px}$ (단, $0 \leq x,p$)

$1 \leq x$ 일 때, $\ln(x) \leq \sqrt{x} \leq x \leq x^2 \leq e^x$

$0 < x < 1$ 일 때, $x^3 < x^2 < x < \sqrt{x} < \sqrt[3]{x}$

$1 \leq \sqrt[n]{n} \leq 1+\sqrt{\dfrac{2}{n}}$, $1+\dfrac{\ln(n)}{n} \leq \sqrt[n]{n} \leq 1+e\dfrac{\ln(n)}{n}$

(5) 지수-로그함수에 관한 부등식

함수에 관한 부등식은 그 래프를 그려 확인!

$1+x \leq e^x$, $ex \leq e^x$ (단, $0 \leq x$)

$x-\dfrac{x^2}{2} \leq \ln(1+x) \leq x$ (단, $0 \leq x$)

$\dfrac{x}{1+x} \leq \ln(1+x)$ (단, $-1 < x$)

$$\ln(x) + \frac{1}{x+1} \leq \ln(1+x) \leq \ln(x) + \frac{1}{x} \quad (\text{단, } 0 < x)$$

$$\ln(1+n) \leq \sum_{k=1}^{n} \frac{1}{k} \leq 1 + \ln(n)$$

부등식의 증명할 때 평균
값 정리가 유용!

(6) 삼각함수에 관한 부등식

$$x - \frac{x^3}{6} \leq \sin(x) \leq x \quad (\text{단, } 0 \leq x)$$

$$\frac{2}{\pi} x \leq \sin(x) \leq x \quad (\text{단, } 0 \leq x \leq \frac{\pi}{2})$$

$$1 - \frac{x^2}{2} \leq \cos(x) \leq 1 - \frac{x^2}{2} + \frac{x^4}{24}$$

(7) 기타 함수에 관한 부등식

$$(\text{Stirling 근사}) \quad \sqrt{2\pi n}\, \frac{n^n}{e^n} \leq n! \leq e\sqrt{n}\, \frac{n^n}{e^n}$$

$$x - 1 < [x] \leq x$$

$$|\max(x,y) - \max(a,b)| \leq \max(|x-a|, |y-b|)$$

$$|\min(x,y) - \min(a,b)| \leq \max(|x-a|, |y-b|)$$

추측할 때, 알고 있으면
편리함

(8) 급수에 관한 부등식

$$\left| \sum_{k=n}^{m} \frac{(-1)^k}{k^p} \right| \leq \frac{1}{n^p} \quad (\text{단, } n \leq m, \ 0 \leq p)$$

$$0 \leq a_{k+1} \leq a_k \ \text{일 때, } \left| \sum_{k=n}^{m} (-1)^k a_k \right| \leq a_n$$

해석학의 여러 엄밀한 증명과정에서 다양한 부등식이 사용된다.
제시한 부등식을 미리 알고 있으면 식의 흐름을 이해할 때 도움이 된다.

위의 부등식을 증명하면 다음과 같다.

(4) 유리함수–무리함수에 관한 부등식

$a \geq b \geq 0, \ c \geq d \geq 0$이면 $\dfrac{a}{c+c} \leq \dfrac{a}{c+d} \leq \dfrac{a+b}{c+d} \leq \dfrac{a+b}{c} \leq \dfrac{a+a}{c}$

$0 \leq p \leq 1, \ 0 \leq x, y$ 일 때, $f(x) = (x+y)^p - x^p - y^p$ 라 두면

$$f'(x) = \frac{p}{(x+y)^{1-p}} - \frac{p}{x^{1-p}} \leq 0 \ \text{이므로} \ f(x) \ \text{는 단조감소 함수이다.}$$

$f(0) = 0$이므로 $f(x) = (x+y)^p - x^p - y^p \leq 0$

따라서 $(x+y)^p \leq x^p + y^p$ 이다.

식 $(x+y)^p - y^p \leq x^p$ 에서 x 대신 $x-y$ (단, $x \geq y$)을 대입하면

$x^p - y^p \leq (x-y)^p$ 이다. 절댓값으로 놓으면 $||x|^p - |y|^p| \leq |x-y|^p$

$0 \leq x, p$ 일 때,

$$1 + px \leq \sum_{k=0}^{p} \binom{p}{k} x^k = (1+x)^p, \quad 1 + x \leq \sum_{k=0}^{\infty} \frac{x^n}{n!} = e^x$$

이므로 $1 + px \leq (1+x)^p \leq e^{px}$ ······ ①

모든 양의 정수 n에 대하여 $1 \leq \sqrt[n]{n}$

$\sqrt[n]{n} = 1 + a$ 라 두면 $n = (1+a)^n \geq 1 + \frac{n(n-1)}{2} a^2$,

$n - 1 \geq \frac{n(n-1)}{2} a^2$ 이며 정리하면 $a \leq \sqrt{\frac{2}{n}}$

따라서 $1 \leq \sqrt[n]{n} \leq 1 + \sqrt{\frac{2}{n}}$

$\sqrt[n]{n} = e^{\frac{\ln(n)}{n}}$ 이며 부등식 ①을 적용하면 $1 + \frac{\ln(n)}{n} \leq \sqrt[n]{n}$

$0 \leq \frac{\ln(n)}{n} \leq 1$ 이며 「$0 \leq x \leq 1$ 일 때 $e^x \leq 1 + ex$」이므로

$1 + \frac{\ln(n)}{n} \leq \sqrt[n]{n} \leq 1 + e \frac{\ln(n)}{n}$

(5) 지수-로그함수에 관한 부등식

평균값정리 적용 $\frac{\ln(1+x) - \ln(1)}{x + 1 - 1} = \frac{1}{c}$, $1 < c < x + 1$ 이므로

$\frac{\ln(1+x)}{x} = \frac{1}{c} < 1$ 식을 정리하면 $\ln(1+x) \leq x$ (단, $0 \leq x$)

$0 \leq x$ 일 때, $f = \ln(1+x) - x + \frac{x^2}{2}$ 라 두면

$f(0) = 0$, $f' = \frac{x^2}{1+x} \geq 0$ 이므로 $f \geq 0$, $x - \frac{x^2}{2} \leq \ln(1+x)$

$-1 < x$ 일 때, $f = \ln(1+x) - \frac{x}{1+x}$ 라 두면 $f(0) = 0$

$-1 < x \leq 0$ 이면 $f' = \frac{x}{(1+x)^2} \leq 0$ 이므로 $f \geq 0$

$0 \leq x$ 이면 $f' = \frac{x}{(1+x)^2} \geq 0$ 이므로 $f \geq 0$

따라서 $\frac{x}{1+x} \leq \ln(1+x)$ (단, $-1 < x$)

평균값정리 적용 $\frac{\ln(1+x) - \ln(x)}{x + 1 - x} = \frac{1}{c}$, $x < c < x + 1$ 이므로

$\frac{1}{x+1} < \ln(1+x) - \ln(x) < \frac{1}{x}$,

$\ln(x) + \frac{1}{x+1} \leq \ln(1+x) \leq \ln(x) + \frac{1}{x}$ (단, $0 < x$)

$\sum_{x=1}^{n-1} \frac{1}{x+1} < \sum_{x=1}^{n-1} \{\ln(1+x) - \ln(x)\} < \sum_{x=1}^{n-1} \frac{1}{x}$

$$\sum_{k=2}^{n} \frac{1}{k} < \ln(n) < \sum_{k=1}^{n-1} \frac{1}{k}$$

정리하면 $\ln(1+n) \leq \sum_{k=1}^{n} \frac{1}{k} \leq 1 + \ln(n)$

⑹ 삼각함수에 관한 부등식

$0 \leq x$ 일 때, $f = -\cos x + 1 - \dfrac{x^2}{2} + \dfrac{x^4}{24}$ 라 두면,

$f(0) = f'(0) = f''(0) = f'''(0) = 0$

$f^{(4)} = 1 - \cos x \geq 0$ 이므로 $f''' = -\sin x + x \geq 0$

$f''' = -\sin x + x \geq 0$ 이므로 $f'' = \cos x - 1 + \dfrac{x^2}{2} \geq 0$

$f'' = \cos x - 1 + \dfrac{x^2}{2} \geq 0$ 이므로 $f' = \sin x - x + \dfrac{x^3}{6} \geq 0$

$f' = \sin x - x + \dfrac{x^3}{6} \geq 0$ 이므로 $f \geq 0$

식을 정리하면 $x - \dfrac{x^3}{6} \leq \sin(x) \leq x$ (단, $0 \leq x$)

이며 $1 - \dfrac{x^2}{2} \leq \cos(x) \leq 1 - \dfrac{x^2}{2} + \dfrac{x^4}{24}$

$0 \leq x \leq \dfrac{\pi}{2}$ 일 때, $(\sin x)'' \leq 0$ 이므로 $\sin x$ 는 위로 볼록함수

$0 \leq t \leq 1$ 이면 $(1-t)\sin(0) + t\sin\dfrac{\pi}{2} \leq \sin\left((1-t)0 + t\dfrac{\pi}{2}\right)$

이므로 $t = \dfrac{2}{\pi} x$ 를 대입하면 $\dfrac{2}{\pi} x \leq \sin(x)$

⑺ 기타 함수에 관한 부등식

$x \geq y$ 라 하더라도 일반성을 잃지 않는다.

$a \geq b$ 이면 $|\max(x,y) - \max(a,b)| = |x-a| \leq \max(|x-a|,|y-b|)$

$a < b$ 이면 $|\max(x,y) - \max(a,b)| = |x-b| \leq \max(|x-a|,|y-b|)$

따라서 $|\max(x,y) - \max(a,b)| \leq \max(|x-a|,|y-b|)$

$a \geq b$ 이면 $|\min(x,y) - \min(a,b)| = |y-b| \leq \max(|x-a|,|y-b|)$

$a < b$ 이면 $|\min(x,y) - \min(a,b)| = |y-a| \leq \max(|x-a|,|y-b|)$

따라서 $|\min(x,y) - \min(a,b)| \leq \max(|x-a|,|y-b|)$

> $x \leq b$ 경우와 $x > b$ 경우로 나누어 생각하면 알 수 있다.

예제 1 수열 $a_n = \dfrac{n^n}{n!\,e^n}$ 을 이용하여 부등식 $e\,\sqrt[3]{n}\,\dfrac{n^n}{e^n} < n! < e\,\sqrt{n}\,\dfrac{n^n}{e^n}$ 이 성립함을 보이시오.

풀이 $0 < t \le 1$ 일 때, $\dfrac{2}{3}t \le \ln(t+1) \le t$ 이며 $t = \dfrac{1}{x}$ 를 대입하면

$$\frac{d}{dx}\left(1+\frac{1}{x}\right)^{x+\frac{1}{2}} \le 0, \quad \frac{d}{dx}\left(1+\frac{1}{x}\right)^{x+\frac{1}{3}} \ge 0$$이며

$$\left(1+\frac{1}{x}\right)^{x+\frac{1}{2}} \ge e \ge \left(1+\frac{1}{x}\right)^{x+\frac{1}{3}}$$

수열 $a_n = \dfrac{n^n}{n!\,e^n}$ 에 대하여 $\dfrac{a_{n+1}}{a_n} = \dfrac{1}{e}\left(1+\dfrac{1}{n}\right)^n > \left(\dfrac{n}{n+1}\right)^{\frac{1}{2}}$ 이며

$$\frac{a_{n+1}}{a_n} = \frac{1}{e}\left(1+\frac{1}{n}\right)^n < \left(\frac{n}{n+1}\right)^{\frac{1}{3}} \text{이므로} \left(\frac{n}{n+1}\right)^{\frac{1}{2}} \le \frac{a_{n+1}}{a_n} \le \left(\frac{n}{n+1}\right)^{\frac{1}{3}}$$

n 을 반복하여 곱하면 $\dfrac{a_1}{\sqrt{n}} < a_n < \dfrac{a_1}{\sqrt[3]{n}}$, $\dfrac{1}{e\,\sqrt{n}} < \dfrac{n^n}{n!\,e^n} < \dfrac{1}{e\,\sqrt[3]{n}}$

따라서 $e\,\sqrt[3]{n}\,\dfrac{n^n}{e^n} < n! < e\,\sqrt{n}\,\dfrac{n^n}{e^n}$ 이다.

Chapter 02 수열과 급수의 수렴

01 수열의 수렴

1. 수열의 수렴(Convergence)

수열 $\{a_n\}_{n=1}^{\infty}$ 의 극한(limit)이 a 라 함은

임의의 양의 실수 $\epsilon > 0$에 대하여 다음을 만족하는 양의 정수 K이 존재할 때를 말한다.

"$K \le n$인 정수 n에 대하여 $|a_n - a| < \epsilon$"

> **[정의] {수열의 수렴}** $\forall \epsilon > 0 \ \exists K$ s.t. $K \le n \rightarrow |a_n - a| < \epsilon$

○ 무슨 말을 하는 걸까요? 해석학에서 꼭 익숙해져야 합니다.

이때 수열 a_n 은 a 로 수렴한다고 하고, 기호로 $\lim\limits_{n \to \infty} a_n = a$라 쓴다.

수렴의 정의에 의해 $\lim\limits_{n \to \infty} a_n = a$일 필요충분조건은 $\lim\limits_{n \to \infty} |a_n - a| = 0$ 이다.

수열의 수렴을 부정하는 방법을 살펴보자.

적당한 양수 ϵ_1 이 존재하여 모든 K에 대하여 $K \le n$ 이고 $|x_n - a| \ge \epsilon_1$인 n 이 있다.

$K = 1$ 일 때 $K \le n$ 이며 $|x_n - a| \ge \epsilon_1$인 n 을 n_1 이라 두자.

$K = n_1$ 일 때 $K \le n$ 이며 $|x_n - a| \ge \epsilon_1$인 n 을 n_2 라 두자.

이 과정을 반복하면 n_1, n_2, $\cdots$ 과 같이 첨자열을 얻을 수 있다.

> **[정의]** 「x_n 이 a로 수렴한다.」가 거짓일 필요충분조건은
> $|x_{n_k} - a| \ge \epsilon_1 > 0$인 실수 ϵ_1 과 부분수열 x_{n_k} 가 존재하는 것이다.

○ 부분수열의 번호 수열은 순증가하는 수열이 되어야 한다.

두 수열 a_n, b_n 이 각각 a, b 로 수렴할 때 두 수열을 연산한 수열도 수렴한다. 정리하면 다음과 같다.

> **[연산 정리]** $\lim\limits_{n \to \infty} a_n = a$, $\lim\limits_{n \to \infty} b_n = b$ 일 때,
>
> (1) $\lim\limits_{n \to \infty}(a_n + b_n) = \lim\limits_{n \to \infty} a_n + \lim\limits_{n \to \infty} b_n = a + b$
>
> (2) $\lim\limits_{n \to \infty}(a_n \cdot b_n) = \lim\limits_{n \to \infty} a_n \cdot \lim\limits_{n \to \infty} b_n = a \cdot b$
>
> (3) $a_n \ne 0$, $a \ne 0$이면 $\lim\limits_{n \to \infty} \dfrac{1}{a_n} = \dfrac{1}{a}$ 이다.
>
> (4) $a_n \le b_n$ 이면 $a \le b$ 이다.

증명 아래의 증명에서 ϵ 을 임의의 양의 실수라 하자.

(1) $\lim\limits_{n\to\infty} a_n = a$, $\lim\limits_{n\to\infty} b_n = b$ 의 정의에 따라

이런 방식의 증명패턴을 익혀야 함

적당한 양의 정수 K_1 이 존재하여 $K_1 \le n$ 이면 $|a_n - a| < \dfrac{\epsilon}{2}$

적당한 양의 정수 K_2 가 존재하여 $K_2 \le n$ 이면 $|b_n - b| < \dfrac{\epsilon}{2}$

$K = \max(K_1, K_2)$ 라 정하면 $K \le n$ 일 때

$|(a_n + b_n) - (a+b)| \le |a_n - a| + |b_n - b| < \dfrac{\epsilon}{2} + \dfrac{\epsilon}{2} = \epsilon$

따라서 $\lim\limits_{n\to\infty} (a_n + b_n) = a + b$

(2) 적당한 양의 정수 K_1 이 존재하여 $K_1 \le n$ 이면 $|a_n - a| < \dfrac{\epsilon}{2|b|+2}$

적당한 양의 정수 K_2 가 존재하여 $K_2 \le n$ 이면 $|b_n - b| < \dfrac{\epsilon}{2|a|+2}$

적당한 양의 정수 K_3 가 존재하여 $K_3 \le n$ 이면 $|b_n - b| < 1$

$K = \max(K_1, K_2, K_3)$ 라 정하면 $K \le n$ 일 때

$|a_n b_n - ab| \le |a_n - a|(|b_n - b| + |b|) + |a||b_n - b|$

$$\le |a_n - a|(1 + |b|) + (1 + |a|)|b_n - b| < \dfrac{\epsilon}{2} + \dfrac{\epsilon}{2} = \epsilon$$

따라서 $\lim\limits_{n\to\infty} (a_n b_n) = ab$

(3) 적당한 양의 정수 K_1 이 존재하여 $K_1 \le n$ 이면 $|a_n - a| < \dfrac{|a|}{2}$

이때 $\dfrac{|a|}{2} < |a_n| < \dfrac{3|a|}{2}$ 이므로, $K_1 \le n$ 이면 $\dfrac{|a|}{2} < |a_n|$ 이 성립한다.

$\lim\limits_{n\to\infty} a_n = a$ 이므로 양의 정수 K_2 가 존재하여 $K_2 \le n$ 이면 $|a_n - a| < \dfrac{a^2}{2}\epsilon$

$\max(K_1, K_2) < n$ 이면 $\left| \dfrac{1}{a_n} - \dfrac{1}{a} \right| = \dfrac{|a_n - a|}{|a_n||a|} < \dfrac{2}{a^2}|a_n - a| < \epsilon$ 이다.

따라서 $\dfrac{1}{a_n}$ 은 $\dfrac{1}{a}$ 로 수렴한다.

(4) $c_n = b_n - a_n$, $c = b - a$ 라 두면 위의 (1), (2)로부터 c_n 은 c 로 수렴한다. $c_n \ge 0$ 일 때 $c \ge 0$ 임을 보이면 (4)는 증명된다.

(귀류법) $c < 0$ 라 가정하자. 양수 $\epsilon = -\dfrac{c}{2}$ 라 두면

적당한 양의 정수 K_1 이 존재하여 $K_1 \le n$ 이면 $|c_n - c| < -\dfrac{c}{2}$

부등식을 정리하면 $c + \dfrac{c}{2} < c_n < c - \dfrac{c}{2} = \dfrac{c}{2} < 0$. $c_n \ge 0$ 임에 모순

따라서 $c \ge 0$ 이며 $a \le b$ 이다.

상황에 따라 수열의 수렴을 증명할 때 편리한 다음 두 정리가 성립한다.

[조임 정리] $a_n \leq b_n \leq c_n$ 이고 수열 a_n, c_n 이 A 로 수렴하면 수열 b_n 도 A 로 수렴한다.

증명 ϵ 을 임의의 양의 실수라 하자.
$\lim\limits_{n \to \infty} a_n = A$, $\lim\limits_{n \to \infty} c_n = A$ 이므로
적당한 양의 정수 K_1 가 존재하여 $K_1 \leq n$ 이면 $|a_n - A| < \epsilon$
적당한 양의 정수 K_2 가 존재하여 $K_2 \leq n$ 이면 $|c_n - A| < \epsilon$
$K = \max(K_1, K_2)$ 라 정하면 $K \leq n$ 일 때
$A - \epsilon < a_n \leq b_n \leq c_n < A + \epsilon$ 이며 $|b_n - A| < \epsilon$ 이 성립한다.
따라서 b_n 은 A 로 수렴한다.

[단조수렴 정리] 위로 유계(bounded above)이고 단조 증가하는 수열은 수렴한다.

증명 수열 a_n 이 위로 유계이고 증가하는 수열이라 하자.
위로 유계인 집합 $\{a_n\}$ 은 완비공리에 의하여 최소상계(상한)을 가지며 $a = \sup(a_n)$ 라 하자. 그러면 상한의 정의에 의하여 다음이 성립한다.
(1) 모든 n 에 대하여 $a_n \leq a$
(2) 임의의 양의 실수 $\epsilon > 0$ 에 대하여 양의 정수 K 가 존재하여 $a - \epsilon < a_K$
이제 수열 a_n 이 a 로 수렴함을 보이자.
임의의 양의 실수 $\epsilon > 0$ 에 대하여 (2)에 의해 $a - \epsilon < a_K$ 가 성립하는 양의 정수 K 가 존재한다. 그러면 $K < n$ 이면, 수열 a_n 이 증가수열이고 (1)에 의하여 $a - \epsilon < a_K \leq a_n \leq a < a + \epsilon$ 이 성립한다.
따라서 $|a_n - a| < \epsilon$ 이다.
그러므로 수열 a_n 은 a 로 수렴한다.

위 정리에 따르면 단조수열의 수렴성은 유계임을 보이면 충분하다.
또한 다음과 같은 성질도 성립한다.

[정의] $|a_n - s| \leq \dfrac{A}{n^a}$ (단, 상수 A, $a > 0$)이면, a_n 은 s 로 수렴한다.

증명 임의의 양의 실수 ϵ 에 관하여 $(A/\epsilon)^{\frac{1}{a}} < K_1$ 인 정수 K_1 을 택하면,
$K_1 < n$ 일 때, $|a_n - s| \leq \dfrac{A}{n^a} < \dfrac{A}{K_1^a} < \epsilon$ 이 성립한다.
따라서 수열 a_n 은 s 로 수렴한다.

2. 코시열(Cauchy sequence)

「수렴」에서 「극한값」을 제거한 개념

> **[정의] {코시열}** $\forall \epsilon > 0$ $\exists N$ s.t. $n, m \geq N \rightarrow |a_n - a_m| < \epsilon$일 때,
> 수열 $\{a_n\}_{n=1}^{\infty}$ 을 코시열이라 한다.

코시열과 수렴하는 수열 사이에 다음과 같은 정리가 성립한다.

> **[코시 정리]**
> (1) 코시열 a_n 은 유계수열이다.
> (2) 모든 수렴하는 수열은 코시열이다.
> (3) 실수열 a_n 이 코시열(Cauchy sequence)이면 $\mathbb{R}$ 에서 수렴한다.

증명 (1) 적당한 K 가 존재하여 $K \leq n, m$ 이면 $|a_n - a_m| < 1$ 이다.

$m = K$ 라 두면 $K \leq n$ 일 때 $|a_n| \leq |a_n - a_K| + |a_K| < 1 + |a_K|$

모든 n 에 대하여 $|a_n| \leq \max(|a_1|, \cdots, |a_K|, 1 + |a_K|)$ 이므로 유계이다.

(2) 수열 x_n 이 x 로 수렴하는 수열이라 하자.

임의의 양의 실수 ϵ 에 관하여 $K_1 < n$ 일 때, $|x_n - x| < \dfrac{\epsilon}{2}$ 이 성립하는 양의 정수 K_1 이 존재한다. 이제 $K_1 < n, m$ 일 때, 삼각부등식에 의하여

$|x_n - x_m| \leq |x_n - x| + |x_m - x| < \dfrac{\epsilon}{2} + \dfrac{\epsilon}{2} = \epsilon$ 이 성립한다.

따라서 x_n 은 코시열이다.

증명과정이 3단계

(3) (1)로부터 코시열 $\{a_n\}_{n=1}^{\infty}$ 이 유계이다.

수열 a_n 은 유계이므로 Bolzano-Weierstrass정리에 의해 수열 $\{a_n\}_{n=1}^{\infty}$ 은 수렴하는 부분수열 a_{n_k} 를 포함한다.

부분수열 a_{n_k} 의 극한을 A 라 하고, ϵ 을 임의의 양의 실수라 하면

수열 a_{n_k} 가 수렴하므로 양의 정수 K 가 존재하여 $K \leq k$ 이면

$|a_{n_k} - A| < \dfrac{\epsilon}{2}$

수열 a_n 이 코시열이므로 양의 정수 L 이 존재하여 $L < n, m$ 이면

$|a_n - a_m| < \dfrac{\epsilon}{2}$

양의 정수 $N = \max(n_K, n_L)$ 이라 정하면 $N < n$ 일 때

$|a_n - A| \leq |a_n - a_N| + |a_N - A| < \dfrac{\epsilon}{2} + \dfrac{\epsilon}{2} = \epsilon$

그러므로 수열 a_n 은 A 로 수렴한다.

위에서 "실수열 a_n 이 수렴하기 위한 필요충분조건은 a_n 이 코시열"임을 증명했다. 이러한 성질을 복소수열이나 $\mathbb{R}^n$ 의 점열인 경우에도 성립한다. 그렇다면, 항상 코시열은 필요충분하게 수렴하는가? 그렇지 않다.

코시열의 정의를 가장 일반화할 수 있는 거리공간(metric space)의 관점에서 보면, 수렴하지 않는 코시열이 존재한다.

거리공간 (X, d) 에서 점열 $x_n \in X$ 의 수렴과 코시열의 정의는 다음과 같다.

> **[정의] {점열의 수렴}** "x_n 이 $x \in X$ 로 수렴"함의 정의는
> $$\forall \epsilon > 0 \ \exists N \text{ s.t. } n \geq N \to d(x_n, x) < \epsilon$$

"x_n 이 코시열"의 정의는

> **[정의] {점열의 코시열}** $\forall \epsilon > 0 \ \exists N \text{ s.t. } n, m \geq N \to d(x_n, x_m) < \epsilon$

점 사이의 거리를 재는 방법으로 $|x - y|$ 대신 $d(x, y)$ 이 사용되는 것만 다르다. 코시열 x_n 이 수렴하지 않는다면 그것은 x_n 이 가까이 근접해 가는 점이 거리공간 X 에 없음을 의미한다. 거리공간 (X, d) 의 모든 코시열이 수렴할 때, (X, d) 를 완비(complete)거리공간이라 한다.

코시열과 관련된 몇 가지 성질을 알아보자.

> **[정의]**
> (1) $n \leq m$ 일 때, $|s_n - s_m| \leq \dfrac{A}{n^a}$ (단, 상수 A, $a > 0$)이면, s_n 은 코시열이다.
> (2) $|x_{n+1} - x_n| \leq A|x_n - x_{n-1}|$ (단, $0 < A < 1$)일 때, 수열 x_n 은 코시열이다.

> 이 조건이 축소수

$\boxed{\text{증명}}$ (1) 임의의 양의 실수 ϵ 에 관하여 $(A/\epsilon)^{\frac{1}{a}} < K_1$ 인 정수 K_1 을 택하면

$K_1 < n, m$ 일 때, $|s_n - s_m| \leq \dfrac{A}{n^a} < \dfrac{A}{K_1^a} < \epsilon$ 이 성립한다.

따라서 a_n 은 코시열이다.

(2) 축약조건을 반복적용하면

$$\begin{aligned} |x_m - x_n| &\leq |x_m - x_{m-1}| + \cdots + |x_{n+1} - x_n| \\ &\leq A^{m-2}|x_2 - x_1| + \cdots + A^{n-1}|x_2 - x_1| \\ &\leq A^{n-1}\frac{|x_2 - x_1|}{1 - A} \end{aligned}$$

$\displaystyle\lim_{n \to \infty} A^{n-1}\frac{|x_2 - x_1|}{1 - A} = 0$ 이므로 $\displaystyle\lim_{n, m \to \infty} |x_m - x_n| = 0$

따라서 x_n 은 코시열이다.

3. 부분수열(Subsequence)과 집적점

수열 $\{x_n\}$ 과 증가하는 양의 정수열 $\{n_k\}$ 에 대하여 수열 $\{x_{n_k}\}$ 를 수열 $\{x_n\}$ 의 부분수열이라 한다. 부분수열의 첨자열 n_k 는 $1 \leq n_1 < n_2 < n_3 < \cdots$ 와 같이 진행해야 한다. 이때 항상 $k \leq n_k$ 임을 알 수 있다.

수렴하는 부분수열의 존재성에 관하여 다음 정리들이 있다.

> **[Bolzano–Weierstrass 정리]**
> (1) $\mathbb{R}$ 의 유계인 수열은 $\mathbb{R}$ 에서 수렴하는 부분수열을 갖는다.
> (2) $\mathbb{R}$ 의 유계 무한집합은 집적점을 갖는다.

수열의 어떤 부분수열의 존재와 관련된 성질들을 정리하자.

> **[정의]**
> (1) 모든 수열 $\{x_n\}$ 은 단조부분수열 $\{x_{n_k}\}$ 를 갖는다.
> (2) 수열 $\{x_n\}$ 이 a 로 수렴하면 모든 부분수열 $\{x_{n_k}\}$ 도 a 로 수렴한다.
> (3) 수열 $\{x_n\}$ 의 모든 부분수열이 수렴하면 $\{x_n\}$ 은 수렴한다.
> (4) 수열 a_n 의 모든 단조부분수열이 A 로 수렴하면 a_n 은 A 로 수렴한다.

극한값은 같다.

증명 (아래의 증명에서 ϵ 을 임의의 양의 실수라 하자.

(1) 첨자집합 $I = \{ n \in \mathbb{N} \mid 1 \leq k$ 이면 $x_n \leq x_{n+k} \}$ 라 두자.

I 가 무한집합인 경우: I 의 원소들을 크기순서로 배열하여 $I = \{ n_k \mid k \in \mathbb{N} \}$ 라 두면, $n_1 < n_2 < \cdots$ 이므로 $x_{n_1} \leq x_{n_2} \leq \cdots$ 이다. 수열 x_n 의 부분수열 x_{n_k} 는 단조증가하는 부분수열이다.

I 가 유한집합인 경우: $m_1 = \max(I) + 1$ 라 두면 $m_1 \notin I$ 이므로 $x_{m_1} > x_{m_1 + k}$ 인 자연수 k 가 있다. $m_2 = m_1 + k$ 라 두자. $m_2 \notin I$ 이므로 $x_{m_2} > x_{m_2 + k}$ 인 자연수 k 가 있다. $m_3 = m_2 + k$ 라 두자. 이 과정을 반복하여 감소하는 부분수열 x_{m_k} 구성할 수 있다.

따라서 수열 x_n 은 단조부분수열을 갖는다.

(2) x_n 이 a 로 수렴하므로 적당한 K 가 존재하여 $K \leq n$ 이면 $|x_n - a| < \epsilon$ $K < k$ 이면 $K < n_k$ 이므로 $|x_{n_k} - a| < \epsilon$ 이 성립한다.

따라서 x_{n_k} 는 a 로 수렴한다.

(3) x_n 의 부분수열 중에는 자신 x_n 이 있다. 모든 부분수열이 수렴하므로 자신인 x_n 도 수렴한다.

(4) 수열 a_n 은 유계가 아니라 가정하면 유계가 아닌 단조부분수열을 가지므로 조건에 모순이다. 따라서 수열 a_n 은 유계이며 상극한과 하극한을 갖는다. 상극한과 하극한으로 각각 수렴하는 두 단조부분수열이 있고 A 로 수렴한다. 따라서 수열 a_n 의 하극한 $= A =$ 수열 a_n 의 상극한이므로 a_n 은 A 로 수렴한다.

상극한, 하극한의 뜻과 성질을 배운 후 증명을 보자.

부분수열의 수렴으로부터 전체수열의 수렴을 함의하는 성질을 정리하면 다음과 같다.

[정의]

(1) 수열 $\{x_n\}$ 의 두 부분수열 $\{x_{n_k}\}$, $\{x_{m_k}\}$ 가 같은 극한 a 로 수렴하고 $\{n_k\} \cup \{m_k\} = \mathbb{N}$ 이면 $\{x_n\}$ 은 a 로 수렴한다.

(2) 수열 $\{x_n\}$ 의 한 부분수열 $\{x_{n_k}\}$ 는 수렴하고 $\{x_n\}$ 이 단조수열이면 $\{x_n\}$ 은 수렴한다.

(3) 수열 $\{x_n\}$ 의 한 부분수열 $\{x_{n_k}\}$ 는 수렴하고 $\{x_n\}$ 이 코시수열이면 $\{x_n\}$ 은 수렴한다.

(4) 수열 $\{x_n\}$ 의 모든 부분수열이 일정한 실수 a 로 수렴하는 부분수열을 가지면 $\{x_n\}$ 은 a 로 수렴한다.

(5) 수열 $\{x_n\}$ 의 모든 수렴하는 부분수열이 같은 극한 a 를 가지며 $\{x_n\}$ 이 유계이면 $\{x_n\}$ 은 a 로 수렴한다.

증명 (1) 부분수열 x_{n_k} 와 x_{m_k} 는 a 로 수렴하므로

적당한 K_1 이 존재하여 $K_1 \le k$ 이면 $|x_{n_k} - a| < \epsilon$,

적당한 K_2 가 존재하여 $K_2 \le k$ 이면 $|x_{m_k} - a| < \epsilon$

$K = \max(n_{K_1}, m_{K_2})$ 라 정하면 $K \le n$ 일 때 $\{n_k\} \cup \{m_k\} = \mathbb{N}$ 이므로

$n = n_k, K_1 \le k$ 또는 $n = m_k, K_2 \le k$ 이므로 $|x_n - a| < \epsilon$

따라서 x_n 는 a 로 수렴한다.

(2) 부분수열 x_{n_k} 가 a 로 수렴한다고 하자.

적당한 K_1 이 존재하여 $K_1 \le k$ 이면 $|x_{n_k} - a| < \epsilon$, $a - \epsilon < x_{n_k} < a + \epsilon$

$K = n_{K_1}$ 라 두면 $K \le n$ 일 때, $n_k \le n < n_{k+1}$ 인 양의 정수 k 가 있으며

$K_1 \le k$ 이므로 $a - \epsilon < x_{n_k} < a + \epsilon$ 이며 $a - \epsilon < x_{n_{k+1}} < a + \epsilon$

x_n 이 단조수열이므로 x_n 은 x_{n_k} 와 $x_{n_{k+1}}$ 사이에 놓여있다.

따라서 $a - \epsilon < x_n < a + \epsilon$ 이며 $|x_n - a| < \epsilon$ 이 성립하므로 수열 x_n 은 a 로 수렴한다.

(3) 부분수열 x_{n_k} 가 a 로 수렴한다고 하자.

적당한 K_1 이 존재하여 $K_1 \le k$ 이면 $|x_{n_k} - a| < \dfrac{\epsilon}{2}$

x_n 이 코시열이므로 적당한 K_2 가 있어서 $K_2 \le n, m$ 이면 $|x_n - x_m| < \dfrac{\epsilon}{2}$

$K = \max(K_1, K_2)$ 라 두면 $K \le n$ 일 때

$|x_n - a| \le |x_n - x_{n_K}| + |x_{n_K} - a| < \dfrac{\epsilon}{2} + \dfrac{\epsilon}{2} = \epsilon$

따라서 수열 x_n 은 a 로 수렴한다.

(4) **(귀류법)** x_n 이 a 로 수렴하지 않는다고 가정하자.

그러면 $|x_{n_k}-a|\geq \epsilon_1 > 0$ 인 실수 ϵ_1 과 부분수열 x_{n_k} 가 있다.

조건에 따라 x_{n_k} 는 a 로 수렴하는 부분수열 x_{m_k} 를 갖는다.

그런데 $|x_{n_k}-a|\geq \epsilon_1 > 0$ 이므로 $|x_{m_k}-a|\geq \epsilon_1 > 0$. 모순

따라서 x_n 는 a 로 수렴한다.

(5) **(귀류법)** x_n 이 a 로 수렴하지 않는다고 가정하자.

그러면 $|x_{n_k}-a|\geq \epsilon_1 > 0$ 인 실수 ϵ_1 과 부분수열 x_{n_k} 가 있다.

x_n 이 유계수열이므로 부분수열 x_{n_k} 도 유계수열이다.

볼자노-바이어스트라스 정리에 의하여 x_{n_k} 는 수렴하는 부분수열 x_{m_k} 를 갖는다.

조건에 따라 수렴하는 부분수열 x_{m_k} 는 a 로 수렴한다.

그런데 $|x_{n_k}-a|\geq \epsilon_1 > 0$ 이므로 $|x_{m_k}-a|\geq \epsilon_1 > 0$. 모순

따라서 x_n 는 a 로 수렴한다.

자연수집합 $\mathbb{N}$ 의 치환 $f:\mathbb{N}\to\mathbb{N}$ 는 일대일 대응을 말하며

수열 x_n 에 대하여 수열 $x_{f(n)}$ 을 x_n 의 재배열 수열이라 한다.

수열의 재배열과 관련된 다음 정리가 성립한다.

즉, 수열의 재배열은 수렴성에 영향을 주지 않는다.

재배열수열과 재배열급수는 성질이 다르므로 구별해서 다루어야 한다.

[정의] 수열 x_n 이 a 로 수렴하면 재배열한 수열 $x_{f(n)}$ 도 a 로 수렴한다.

증명 ϵ 을 임의의 양의 실수라 하자.

적당한 K 가 존재하여 $K\leq n$ 이면 $|x_n-a|<\epsilon$

$K_1=\max\{k\,|\,f(k)\leq K\}$ 라 정하면 $K_1<k$ 일 때 $K<f(k)$ 이므로

$|x_{f(k)}-a|<\epsilon$ 이 성립한다.

따라서 재배열수열 $x_{f(n)}$ 은 a 로 수렴한다.

함수 $f:\mathbb{N}\to\mathbb{N}$ 를 이용하여 수열 x_n 을 변형한 수열 $x_{f(n)}$ 에 대하여

f 가 순증가함수이면 $x_{f(n)}$ 는 x_n 의 부분수열이다.

이 표현방법은 수열과 관련된 다양한 상황을 형식화하는데 편리하다.

단조증가하는 함수 $f:\mathbb{N}\to\mathbb{N}$ 에 대하여 수열 x_n 이 수렴하면 변형한 수열 $x_{f(n)}$ 은 수렴한다. 그런데 $f(n)=1,1,1,\cdots$ 이면 x_n 과 $x_{f(n)}$ 의 극한값은 다를 수 있다.

24 Part 01 해석학

4. 수열의 상극한(limit superior), 하극한(limit inferior)

위로 유계 수열 $\{a_n\}_{n=1}^{\infty}$ 의 부분수열 $\{a_{n+k}\}_{k=0}^{\infty}$ 의 상한(l.u.b., sup)

$S_n \equiv \sup\{a_{n+k}\}_{k=0}^{\infty}$ 으로 이루어진 수열 $\{S_n\}$ 은 단조 감소수열이다.

따라서 수열 $\{a_n\}$ 이 아래로 유계(bounded below)이면 $\{S_n\}$ 도 아래로 유계이며, 단조감소수열 S_n 은 수렴하게 된다. 이때 S_n 의 극한(limit)을 a_n 의 상극한(limsup)이라 하고 다음과 같이 쓴다.

> **[정의] {상극한}**
>
> $\overline{\lim} a_n$, $\displaystyle\limsup_{n\to\infty} a_n \equiv \lim_{n\to\infty} S_n \equiv \lim_{n\to\infty}(\sup\{a_k \mid k \geq n\})$

또한 아래로 유계인 수열 $\{a_n\}$ 의 부분수열 $\{a_{n+k}\}_{k=0}^{\infty}$ 의 하한(g.l.b., inf)

$T_n = \inf\{a_{n+k}\}_{k=0}^{\infty}$ 으로 이루어진 수열 $\{T_n\}$ 은 단조증가수열이므로 수열 $\{a_n\}$ 이 위로 유계(bounded above)이면 $\{T_n\}$ 은 수렴하고, T_n 의 극한을 a_n 의 하극한(liminf)이라 하고 아래와 같이 쓴다.

> **[정의] {하극한}**
>
> $\underline{\lim} a_n$, $\displaystyle\liminf_{n\to\infty} a_n \equiv \lim_{n\to\infty} T_n \equiv \lim_{n\to\infty}(\inf\{a_k \mid k \geq n\})$

정의에 의하여 상극한, 하극한 사이에 다음 관계가 성립함을 알 수 있다.

$\underline{\lim}\, a_n = -\overline{\lim}\,(-a_n)$

상극한에 관한 동치명제를 살펴보자.

> **[정의]** $\overline{\lim} x_n = s$ 일 필요충분조건은 다음 두 조건을 만족하는 것이다.
> (1) 모든 양수 ϵ 에 대하여 $\{n \mid s+\epsilon \leq x_n\}$ 는 유한집합이다.
> (2) 모든 양수 ϵ 에 대하여 $\{n \mid s-\epsilon < x_n\}$ 는 무한집합이다.

증명 $s_n = \sup\{x_n, x_{n+1}, x_{n+2}, \cdots\}$ 라 두면, $\displaystyle\lim_{n\to\infty} s_n = s$

($\to$) 임의 양수 ϵ 에 대하여 적당한 양의 정수 K 가 존재하여 $K < n$ 이면

$s-\epsilon < s_n < s+\epsilon$

(1) $K < n$ 이면 $x_n \leq s_n < s+\epsilon$ 이므로 $\{n \mid s+\epsilon \leq x_n\}$ 는 많아야 K 개

(2) 만약 $\{n \mid s-\epsilon < x_n\}$ 이 유한집합이라 가정하면 적당한 양의 정수 K_1 이 존재하여 $K_1 \leq n$ 이면 $x_n \leq s-\epsilon$ 이 성립하며 $s_n \leq s-\epsilon$ 모순

따라서 모든 양수 ϵ 에 대하여 $\{n \mid s-\epsilon < x_n\}$ 는 무한집합이다.

($\leftarrow$) 임의 양수 ϵ 에 대하여 (1)으로부터 적당한 양의 정수 K 가 존재하여 $K < n$ 이면 $x_n < s+\epsilon$ 이 성립하며 $s_n < s+\epsilon$

또한 (2)으로부터 $K < n$ 이면 $s-\epsilon < s_n$. 즉, $s-\epsilon < s_n < s+\epsilon$

따라서 s_n 은 s 로 수렴하므로 x_n 의 상극한은 s 이다.

실제로 필요한 곳은 거의 비율/근판정법 뿐이다.

상한과 혼동하지 말자.

하극한도 유사한 정리가 성립한다.

상극한과 하극한에 관하여 다음 정리가 성립한다.

> **[정의]**
> (1) $\overline{\lim} \, x_n = s$ 이면 s 로 수렴하는 부분수열 $\{x_{n_k}\}$ 가 있다.
> (2) $\underline{\lim} \, x_n = t$ 이면 t 로 수렴하는 부분수열 $\{x_{n_k}\}$ 가 있다.
> (3) 유계수열 $\{a_n\}$ 의 수렴하는 부분수열 $\{a_{n_k}\}$ 의 극한을 x 라 하면
> $$\underline{\lim} \, a_n \leq x \leq \overline{\lim} \, a_n$$
> (4) $\overline{\lim} \, a_n = \underline{\lim} \, a_n$ 일 필요충분조건은 수열 $\{a_n\}$ 이 수렴하는 것이다.

증명 (1) $s_n = \sup\{x_n, x_{n+1}, x_{n+2}, \cdots\}$ 라 두면, $\lim\limits_{n\to\infty} s_n = s$

$\lim\limits_{n\to\infty} s_n = s$ 이므로 $n_0 \leq n$ 이면 $s - \dfrac{1}{k} < s_n < s + \dfrac{1}{k}$ 인 적당한 양의 정수 n_0 가 존재한다.

이때 $s - \dfrac{1}{k} < s_n = \sup\{x_n, x_{n+1}, x_{n+2}, \cdots\}$ 이므로 $s - \dfrac{1}{k} < x_{n_k} \leq s_n$ 인 x_{n_k} 가 존재한다.

$s - \dfrac{1}{k} < x_{n_k} \leq s_n < s + \dfrac{1}{k}$ 이므로 조임정리에 의하여 $\lim\limits_{k\to\infty} x_{n_k} = s$

첨자수열 n_k 들을 크기순서로 재배열한 정수열을 m_k 라 두면 부분수열 x_{m_k} 는 s 로 수렴한다.

따라서 s 로 수렴하는 부분수열이 있다.

(2) $\underline{\lim} \, x_n = t$ 이면 $\overline{\lim} \, (-x_n) = -t$ 이며 (2)로부터 $-t$ 로 수렴하는 부분수열 $-x_{n_k}$ 가 있다.

따라서 부분수열 x_{n_k} 는 t 로 수렴한다.

(3) $S_n \equiv \sup\{a_{n+k}\}_{k=0}^{\infty}$, $T_n = \inf\{a_{n+k}\}_{k=0}^{\infty}$ 라 두면

$T_{n_k} \leq a_{n_k} \leq S_{n_k}$ 이며 $T_{n_k}, a_{n_k}, S_{n_k}$ 는 수렴하므로

$$\underline{\lim} \, a_n \leq x \leq \overline{\lim} \, a_n$$

(4) ($\rightarrow$) $S_n \equiv \sup\{a_{n+k}\}_{k=0}^{\infty}$, $T_n = \inf\{a_{n+k}\}_{k=0}^{\infty}$ 라 두면

$T_n \leq a_n \leq S_n$ 이며 $\overline{\lim} \, a_n = \underline{\lim} \, a_n$ 이므로 S_n, T_n 은 같은 극한으로 수렴한다. 조임정리에 의하여 수열 a_n 은 수렴한다.

($\leftarrow$) 수열 a_n 이 수렴하므로 유계이며 상극한과 하극한은 수렴한다.

임의의 수렴하는 부분수열 a_{n_k} 에 대하여 (1), (2)에 의해 상극한과 하극한으로 각각 수렴하는 부분수열 a_{n_k}, a_{m_k} 가 있다.

a_n 이 수렴하므로 a_{n_k}, a_{m_k} 는 같은 극한을 갖는다.

따라서 $\overline{\lim} \, a_n = \underline{\lim} \, a_n$

다음 각각의 상극한과 하극한이 수렴하면 다음의 부등식이 성립한다.

[정의]

(1) $\overline{\lim_{n\to\infty}} (a_n + b_n) \leq \overline{\lim_{n\to\infty}} a_n + \overline{\lim_{n\to\infty}} b_n$

(2) $\underline{\lim}(a_n + b_n) \geq \underline{\lim}a_n + \underline{\lim}b_n$

(3) $\underline{\lim}\left|\dfrac{a_{n+1}}{a_n}\right| \leq \underline{\lim}\sqrt[n]{|a_n|} \leq \overline{\lim}\sqrt[n]{|a_n|} \leq \overline{\lim}\left|\dfrac{a_{n+1}}{a_n}\right|$

증명 (1) $a_n + b_n \leq \sup\left\{a_{n+k}\right\}_{k=0}^{\infty} + \sup\left\{b_{n+k}\right\}_{k=0}^{\infty}$,

$\sup\left\{a_{n+k} + b_{n+k}\right\}_{k=0}^{\infty} \leq \sup\left\{a_{n+k}\right\}_{k=0}^{\infty} + \sup\left\{b_{n+k}\right\}_{k=0}^{\infty}$

따라서 $\overline{\lim_{n\to\infty}}(a_n + b_n) \leq \overline{\lim_{n\to\infty}}a_n + \overline{\lim_{n\to\infty}}b_n$

(2) $a_n + b_n \geq \inf\left\{a_{n+k}\right\}_{k=0}^{\infty} + \inf\left\{b_{n+k}\right\}_{k=0}^{\infty}$,

$\inf\left\{a_{n+k} + b_{n+k}\right\}_{k=0}^{\infty} \geq \inf\left\{a_{n+k}\right\}_{k=0}^{\infty} + \inf\left\{b_{n+k}\right\}_{k=0}^{\infty}$

따라서 $\underline{\lim}(a_n + b_n) \geq \underline{\lim}a_n + \underline{\lim}b_n$

(3) $\overline{\lim}\sqrt[n]{|a_n|} \leq \overline{\lim}\left|\dfrac{a_{n+1}}{a_n}\right|$ 임을 보이면 그 외의 식은 자명하다.

$\overline{\lim}\left|\dfrac{a_{n+1}}{a_n}\right| = A$ 라 하고 ϵ 을 임의의 양의 실수라 하자.

상극한의 정의에 의해, $n_1 \leq k$ 이면 $\left|\dfrac{a_{k+1}}{a_k}\right| \leq A+\epsilon$ 이 성립하는 양의 정수

n_1 이 존재한다. $n_1 \leq n$ 이면,

$\dfrac{|a_{n_1+1}|}{|a_{n_1}|}, \cdots, \dfrac{|a_n|}{|a_{n-1}|} \leq A+\epsilon$ 이며, $\dfrac{|a_{n_1+1}|}{|a_{n_1}|} \cdots \dfrac{|a_n|}{|a_{n-1}|} \leq (A+\epsilon)^{n-n_1}$,

약분하면 $\dfrac{|a_n|}{|a_{n_1}|} \leq (A+\epsilon)^{n-n_1}$ 이며, $|a_n| \leq (A+\epsilon)^{n-n_1}|a_{n_1}|$

$\sqrt[n]{|a_n|} \leq (A+\epsilon)^{1-\frac{n_1}{n}}|a_{n_1}|^{\frac{1}{n}}$ 이며, $n \to \infty$ 일 때, 우변은 $A+\epsilon$ 으로 수렴한다.

그러므로 $\overline{\lim}\sqrt[n]{|a_n|} \leq A+\epsilon$ 이며, 부등식이 임의의 양의 실수 ϵ 에 관해 성립하므로 $\overline{\lim}\sqrt[n]{|a_n|} \leq A$ 이 성립한다.

예제 1 x_n 이 유계수열이며 $x_n \leq \dfrac{x_{n+1}+x_{n-1}}{2}$ 일 때, 수열 $y_n = x_n - x_{n-1}$ 는 0으로 수렴함을 보이시오.

풀이 $y_n \leq y_{n+1}$ 이므로 y_n 은 단조증가수열, x_n 이 유계이므로 y_n 도 유계

따라서 y_n 은 수렴한다. y_n 의 극한값을 A 라 두자.

$A < 0$ 일 때, y_n 은 단조증가이므로 $y_n \leq A < 0$

$x_n = y_n + y_{n-1} + \cdots + y_2 + x_1$ 이므로 $x_n \leq (n-1)A + x_1$

$n \to \infty$ 이면 $x_n \to -\infty$ 이므로 x_n 이 유계수열임에 위배된다.

$A > 0$일 때, y_n은 A로 수렴하므로 $K \leq n$ 이면 $\frac{A}{2} < y_n$인 양의 정수 K가 존재한다.

$x_n = y_n + y_{n-1} + \cdots + y_{K+1} + x_K$ 이므로 $x_n > (n-K)\frac{A}{2} + x_K$

$n \to \infty$ 이면 $x_n \to \infty$ 이므로 x_n이 유계수열임에 위배된다.

그러므로 $A = 0$ 즉, $\lim_{n \to \infty} y_n = 0$

예제 2 $x_n > 0$, $\lim_{n \to \infty} x_n = 1$ 일 때, $\lim_{n \to \infty} \dfrac{x_1^2 + \cdots + x_n^2}{x_1 + \cdots + x_n} = 1$ 임을 보이시오.

풀이 $\lim_{n \to \infty} a_n = 1$이라 하면 산술평균 $s_n = \dfrac{a_1 + \cdots + a_n}{n}$ 는 1로 수렴함을 보이자.

ϵ 을 임의의 양의 실수라 하면 적당한 양의 정수 K이 존재하여

$K < n$ 이면 $|a_n - 1| < \dfrac{\epsilon}{2}$ 이 성립한다. 또한 아르키메데스 정리에 의하여

$\dfrac{|a_1 - 1| + \cdots + |a_K - 1|}{\epsilon/2} < K_1$ 인 양의 정수 K_1 이 존재하며,

$N = \max(K, K_1)$ 라 정할 때, $N < n$ 이면

$|s_n - 1| \leq \dfrac{|a_1 - 1| + \cdots + |a_K - 1|}{n} + \dfrac{|a_{K+1} - 1| + \cdots + |a_n - 1|}{n} < \dfrac{\epsilon}{2} + \dfrac{\epsilon}{2} = \epsilon$

따라서 $\lim_{n \to \infty} a_n = 1$ 이면 $\lim_{n \to \infty} s_n = 1$ 이다.

$\lim_{n \to \infty} x_n = 1$ 이면 $\lim_{n \to \infty} x_n^2 = 1$ 이며 x_n 의 산술평균과 x_n^2 의 산술평균의

극한 $\lim_{n \to \infty} \dfrac{x_1 + \cdots + x_n}{n} = 1$ 이며 $\lim_{n \to \infty} \dfrac{x_1^2 + \cdots + x_n^2}{n} = 1$ 이다.

따라서 $\lim_{n \to \infty} \dfrac{(x_1^2 + \cdots + x_n^2)/n}{(x_1 + \cdots + x_n)/n} = \dfrac{1}{1} = 1$ 이다.

02 무한급수의 수렴

1. 무한급수의 수렴

> **[정의] {급수의 수렴}** 수열 $\{a_n\}_{n=1}^{\infty}$ 의 부분합으로 얻은 수열 $S_n = \sum_{k=1}^{n} a_k$ 이 S로 수렴할 때, 무한급수 $\sum_{n=1}^{\infty} a_n$ 은 수렴한다고 하고 극한값을 $S = \sum_{n=1}^{\infty} a_n$ 로 쓴다.

무한급수 $\sum_{n=1}^{\infty} a_n$ 에 대하여 절댓값의 급수 $\sum_{n=1}^{\infty} |a_n|$이 수렴하면 무한급수 $\sum_{n=1}^{\infty} a_n$ 도 수렴하며 무한급수 $\sum_{n=1}^{\infty} a_n$ 은 절대수렴한다고 한다. 수렴하지만 절대수렴하지 않을 때, 조건수렴한다고 한다.

> **[정의]** 각 항 a_n 이 $a_n \geq 0$ 일 때, 무한급수 $\sum_{n=1}^{\infty} a_n$ 이 유계이면 $\sum_{n=1}^{\infty} a_n$ 은 수렴한다.

증명 부분합 S_n 이 단조증가 수열이며, 유계이므로 수렴한다.

절대수렴에 관하여 다음 정리가 성립한다.

> **[정의]** 무한급수 $\sum_{n=1}^{\infty} |a_n|$이 수렴하면 무한급수 $\sum_{n=1}^{\infty} a_n$ 도 수렴한다.

증명 수열 $b_n = \max(a_n, 0)$, $c_n = \max(-a_n, 0)$ 라 두면,
$0 \leq b_n, c_n \leq |a_n|$ 이다.
$\sum_{n=1}^{\infty} |a_n| = M$ 이라 두면 $\sum_{n=1}^{\infty} b_n \leq M$, $\sum_{n=1}^{\infty} c_n \leq M$ 이며 $\sum_{k=1}^{n} b_k$, $\sum_{k=1}^{n} c_k$ 는 단조증

가하는 부분합이므로 단조수렴정리에 따라 $\sum_{k=1}^{n} b_k$, $\sum_{k=1}^{n} c_k$ 는 수렴한다.

그리고 $b_n - c_n = a_n$ 이므로 부분합 $\sum_{n=1}^{N} a_n = \sum_{n=1}^{N} b_n - \sum_{n=1}^{N} c_n$ 은 수렴한다.

그러므로 $\sum_{n=1}^{\infty} a_n$ 은 수렴한다.

2. 변형한 무한급수의 수렴

무한급수 $\sum_{k=1}^{\infty} a_k$ 로부터 변형한 무한급수를 만들어보고 수렴성을 살펴보자.

⑴ 괄호묶음(Grouping) 급수

$a_1 + a_2 + a_3 + a_4 + a_5 + \cdots$ 로부터 $(a_1 + a_2) + a_3 + (a_4 + a_5) + \cdots$ 와 같이 항들을 순서에 따라 중간부분들을 묶은 것을 괄호묶음(군화 grouping)이라 한다.

이 경우 $A_1 = (a_1 + a_2)$, $A_2 = a_3$, $A_3 = (a_4 + a_5)$, $\cdots$ 라 두면 $\sum_{k=1}^{\infty} A_k$ 를

$\sum_{k=1}^{\infty} a_k$ 의 괄호묶음이라 한다. 일반적으로 증가 자연수열 $\{n_i\}$ 에 관하여

$A_1 = a_1 + \cdots + a_{n_1}$, $A_i = a_{n_{i-1}+1} + \cdots + a_{n_i}$ 라 두면 $\sum_{i=1}^{k} A_i = \sum_{i=1}^{n_k} a_i$ 이므로

$S_n = \sum_{k=1}^{n} a_k$ 의 괄호묶음은 S_n 의 부분수열 S_{n_k} 와 같다.

⑵ 부분급수(Subseries)

무한급수의 일반항 a_n 의 부분수열 a_{n_k} 에 관한 무한급수 $\sum_{k=1}^{\infty} a_{n_k}$ 를 $\sum_{k=1}^{\infty} a_k$ 의 부분급수라 한다.

무한급수 $S_n = \sum_{k=1}^{n} a_k$ 의 부분급수는 일반적으로 S_n 의 부분수열이 아니다.
S_n 의 부분수열은 괄호묶음이다.

⑶ 재배열(rearranged) 급수

자연수집합 $\mathbb{N}$ 의 치환 $f : \mathbb{N} \to \mathbb{N}$ 는 일대일 대응(전단사 사상)이다.
일반항 수열 a_n 에 대하여 수열 $a_{f(n)}$ 를 a_n 의 재배열 수열이라 하며, 무한급수 $\sum_{k=1}^{\infty} a_{f(k)}$ 를 $\sum_{k=1}^{\infty} a_k$ 의 재배열 급수라 한다. f 를 재배열함수라 한다.

이와 같이 주어진 무한급수를 재구성한 괄호묶음급수, 부분급수, 재배열급수의 수렴성에 관하여 다음과 같은 성질이 성립한다.

> **[정리]**
> ⑴ 수렴하는 무한급수의 모든 괄호묶음급수는 같은 극한으로 수렴한다.
> ⑵ 절대수렴하는 무한급수의 모든 부분급수는 절대수렴한다.
> ⑶ 모든 부분급수가 수렴하는 무한급수는 절대수렴한다.
> ⑷ 절대수렴하는 무한급수의 모든 재배열급수는 절대수렴한다.
> ⑸ 모든 재배열급수가 수렴하는 무한급수는 절대수렴한다.

증명 (1) 무한급수 $\displaystyle\sum_{k=1}^{\infty} a_k$ 의 괄호묶음급수를 $\displaystyle\sum_{k=1}^{\infty} A_k$ 라 두면 일반항을

$A_k = a_{n_{k-1}+1} + \cdots + a_{n_k}$ (단, $n_0 = 0$)라 쓸 수 있다.

부분합 $S_n = \displaystyle\sum_{k=1}^{n} a_k$ 라 두면 $S_{n_k} = \displaystyle\sum_{i=1}^{k} A_i$ 이며 S_{n_k} 는 S_n 의 부분수열이다.

S_n 이 수렴하면 부분수열 S_{n_k} 는 같은 극한값으로 수렴한다.

따라서 괄호묶음급수는 같은 극한으로 수렴한다.

(2) $\displaystyle\sum_{k=1}^{\infty} a_k$ 의 부분급수를 $\displaystyle\sum_{i=1}^{\infty} a_{n_i}$ 라 두고, $\displaystyle\sum_{k=1}^{\infty} |a_k| = A$ 라 하면

$\displaystyle\sum_{i=1}^{k} |a_{n_i}| \le \sum_{j=1}^{n_k} |a_j| \le A$ 이므로 $\displaystyle\sum_{i=1}^{k} |a_{n_i}|$ 는 위로 유계이며 단조증가한다.

따라서 단조수렴정리에 따라 $\displaystyle\sum_{i=1}^{k} |a_{n_i}|$ 는 수렴한다.

(3) 모든 부분급수가 수렴하는 $\displaystyle\sum_{k=1}^{\infty} a_k$ 가 절대수렴하지 않는다고 가정하자.

급수 자신도 부분급수이므로 급수 자신은 수렴한다.

$b_n = \max(a_n, 0)$, $c_n = \max(-a_n, 0)$ 라 두면 $a_n = b_n - c_n$, $|a_n| = b_n + c_n$

$\displaystyle\sum_{k=1}^{\infty} (b_k - c_k)$ 는 수렴하고 $\displaystyle\sum_{k=1}^{\infty} (b_k + c_k)$ 는 발산하므로

$\displaystyle\sum_{k=1}^{\infty} \frac{1}{2}\{(b_k - c_k) + (b_k + c_k)\} = \sum_{k=1}^{\infty} b_k$ 는 발산한다.

a_n 중에서 $a_n \ge 0$ 인 항들을 선택한 부분급수는 발산한다. 모순

따라서 $\displaystyle\sum_{n=1}^{\infty} a_n$ 은 절대수렴한다.

(4) $\displaystyle\sum_{k=1}^{\infty} a_{f(k)}$ 를 $\displaystyle\sum_{k=1}^{\infty} a_k$ 의 임의의 재배열급수라 하자.

$K_n = \max\{ f(k) \mid 1 \le k \le n \}$ 라 두면

$\{ f(k) \mid 1 \le k \le n \} \subset \{ k \mid 1 \le k \le K_n \}$ 이므로 $\displaystyle\sum_{k=1}^{n} |a_{f(k)}| \le \sum_{k=1}^{K_n} |a_k|$

$\displaystyle\sum_{k=1}^{\infty} a_k$ 가 절대수렴하므로 $\displaystyle\sum_{k=1}^{K_n} |a_k|$ 는 수렴한다.

따라서 $\displaystyle\sum_{k=1}^{n} |a_{f(k)}|$ 는 수렴한다.

(5) 모든 재배열급수가 수렴하는 $\displaystyle\sum_{k=1}^{\infty} a_k$ 가 절대수렴하지 않는다고 가정하자.

급수 자신도 재배열급수이므로 자신은 수렴하고 절대수렴하지 않으므로
조건수렴하는 급수이다.

주어진 급수는 수렴하므로 일반항 a_n 은 0으로 수렴한다.

a_n 중에서 $a_n \geq 0$ 인 항들을 선택한 부분수열 a_{n_k}, 그 외의 항들을 선택한

부분수열 a_{m_k} 라 두면 $\displaystyle\sum_{k=1}^{\infty} a_{n_k}$ 와 $\displaystyle\sum_{k=1}^{\infty} a_{m_k}$ 는 각각 ∞ 와 $-\infty$ 로 발산한다.

$\displaystyle\sum_{k=1}^{\infty} a_{n_k}$ 는 단조증가하고 ∞ 로 발산하므로 모든 자연수 l 에 대하여

$\displaystyle\sum_{k=1}^{K_l} a_{n_k} \geq l$ 이 성립하는 증가하는 첨자수열 K_l 이 있다.

이때 a_{n_k} 들을 차례로 K_1 개 배열하고 그 다음 a_{m_1} 1개를 놓고, 이어서 a_{n_k}

들을 차례로 K_2 번 까지 배열하고 그 다음 a_{m_2} 1개를 놓는다. 계속 반복한다.

이러한 방법으로 재배열한 급수는 ∞ 로 발산한다.

모든 재배열급수가 수렴하는 조건에 모순

따라서 주어진 급수는 절대수렴한다.

재배열급수의 수렴성에 관하여 다음 정리가 성립한다.

[리만급수정리]

조건수렴하는 무한급수 $\displaystyle\sum_{n=1}^{\infty} a_n$ 는 다음과 같은 재배열급수가 있다.

(1) $\displaystyle\sum_{k=1}^{\infty} a_{f(k)}$ 는 $+\infty \,(-\infty)$로 발산하는 재배열함수 f 가 있다.

(2) 임의의 실수 x 에 대하여 $\displaystyle\sum_{k=1}^{\infty} a_{f(k)}$ 는 x 로 수렴하는 재배열함수 f 가 있다.

증명과정은 앞에서 제시한 [정리] (5)와 같이 a_n 의 양항 부분수열과 음항 부분
수열들을 조작하는 방법을 제시하는 것으로 구성되어 있다.

예제 1 다음 교대급수 L 를 재배열하여

$$L = 1 - \frac{1}{2} + \frac{1}{3} - \frac{1}{4} + \frac{1}{5} - \frac{1}{6} + \frac{1}{7} - \frac{1}{8} + \frac{1}{9} - \frac{1}{10} + \frac{1}{11} + \cdots$$

양수항의 수와 음수항의 수가 차례로

$p_1, n_1, p_2, n_2, p_3, n_3 \cdots$ 인 급수를 S_n 이라 하자.

예를 들어, $2, 1, 2, 1, 2, 1, \cdots$ 이면 S_n 은

$1 + \frac{1}{3} - \frac{1}{2} + \frac{1}{5} + \frac{1}{7} - \frac{1}{4} + \frac{1}{9} + \frac{1}{11} - \frac{1}{6} + \cdots$ 이다.

$P_k = p_1 + p_2 + \cdots + p_k$, $N_k = n_1 + n_2 + \cdots + n_k$ 라 두고

$\displaystyle\lim_{n\to\infty} \frac{P_n}{N_n} = r$ 일 때, $\displaystyle\lim_{n\to\infty}\left(1 + \frac{1}{2} + \frac{1}{3} + \cdots + \frac{1}{n} - \ln(n)\right) = \gamma$ (수렴)

임을 이용하여 $\displaystyle\lim_{n\to\infty} S_{P_n + N_n} = \ln(2\sqrt{r})$ 임을 보이시오.

$r = \infty$ 이도록 배열하면 발산함

풀이 $\lim_{n \to \infty}\left(1 + \dfrac{1}{2} + \dfrac{1}{3} + \cdots + \dfrac{1}{n} - \ln(n) - \gamma\right) = 0$ 에 $\dfrac{1}{2}$ 을 곱하면

$$\lim_{k \to \infty}\left(\dfrac{1}{2} + \dfrac{1}{4} + \cdots + \dfrac{1}{2n_k} - \dfrac{1}{2}\ln(n_k) - \dfrac{1}{2}\gamma\right) = 0$$

$n = 2n_k$ 라 두고 위 두 식을 **빼면**

$$\lim_{k \to \infty}\left(1 + \dfrac{1}{3} + \dfrac{1}{5} + \cdots + \dfrac{1}{2n_k - 1} - \dfrac{1}{2}\ln(4n_k) - \dfrac{1}{2}\gamma\right) = 0$$

따라서 $\lim_{k \to \infty}\left(\dfrac{1}{2} + \dfrac{1}{4} + \cdots + \dfrac{1}{2N_k} - \dfrac{1}{2}\ln(N_k) - \dfrac{1}{2}\gamma\right) = 0$ (음수항의 합)이며

$$\lim_{k \to \infty}\left(1 + \dfrac{1}{3} + \dfrac{1}{5} + \cdots + \dfrac{1}{2P_k - 1} - \dfrac{1}{2}\ln(4P_k) - \dfrac{1}{2}\gamma\right) = 0$$ (양수항의 합)이므로

두 식을 **빼면**

$$\lim_{n \to \infty}\left(1 + \dfrac{1}{3} + \dfrac{1}{5} + \cdots + \dfrac{1}{2P_n - 1} - \dfrac{1}{2} - \dfrac{1}{4} - \cdots - \dfrac{1}{2N_n} - \dfrac{1}{2}\ln\left(\dfrac{4P_n}{N_n}\right)\right) = 0$$

따라서 L 의 재배열급수 S 에 대하여 $\lim_{n \to \infty}\left(S_{P_n + N_n} - \dfrac{1}{2}\ln\left(\dfrac{4P_n}{N_n}\right)\right) = 0$

$\lim_{n \to \infty}\dfrac{P_n}{N_n} = r$ 이므로 $\lim_{n \to \infty}S_{P_n + N_n} = \ln(2\sqrt{r})$

예제 2 양항과 음항이 무한히 많은 무한급수 $\sum_{n=1}^{\infty} a_n$ 에 대하여 교대급수 $\sum_{k=1}^{\infty} A_k$ 가 수렴

하면 $\sum_{n=1}^{\infty} a_n$ 은 수렴함을 보이시오.

(단, $a_n \neq 0$ 이며 같은 부호를 갖는 a_n 항들의 중간합을 A_k 라 둔다.)

풀이 증명의 편의상 $A_1 > 0$ 라 하고 $S_n = \sum_{k=1}^{n} a_k$, $T_n = \sum_{k=1}^{n} A_k$ 라 놓자.

조건에 의해 집합 $\{\, n \mid a_n a_{n+1} < 0 \,\}$ 은 무한집합이며 이 첨자들을 증가하는 첨자수열
$\{\, m_k \,\} = \{\, n \mid a_n a_{n+1} < 0 \,\}$ 라 두자.

그리고 $m_0 = 0$ 라 두면 같은 부호를 갖는 항들의 중간합은

$$A_k = \sum_{n = m_{k-1} + 1}^{m_k} a_n = S_{m_k} - S_{m_{k-1}} \quad (\text{단, } k \geq 1,\ m_0 = 0,\ S_0 = 0)\text{이다.}$$

임의의 부분합 $S_n = \sum_{k=1}^{n} a_k$ 에 대하여 $m_{k-1} < n \leq m_k$ 인 m_k 가 있으며

S_n 은 T_{k-1} 과 T_k 사이에 있다.

또한 교대급수 $\sum_{k=1}^{\infty} A_k$ 는 수렴하므로 T_{k-1} 과 T_k 은 같은 극한으로 수렴한다.

따라서 조임정리에 의해 S_n 은 수렴한다.

위 예제의 증명을 이해하기 위하여 구체적인 사례를 들어보자.

$\sum\limits_{n=1}^{\infty} a_n = 1 + \dfrac{1}{2} - \dfrac{1}{3} - \dfrac{1}{4} - \dfrac{1}{5} + \dfrac{1}{6} + \dfrac{1}{7} - \dfrac{1}{8} + \dfrac{1}{9} + \dfrac{1}{10} - \dfrac{1}{11} + \cdots$ 이라 하자.

$a_2 a_3 < 0$, $a_5 a_6 < 0$, $a_7 a_8 < 0$, $a_8 a_9 < 0$, $a_{10} a_{11} < 0$, $\cdots$이므로

$s_1 = 2$, $s_2 = 5$, $s_3 = 7$, $s_4 = 8$, $s_5 = 10$, $\cdots$이며,

$A_1 = 1 + \dfrac{1}{2}$, $A_2 = -\dfrac{1}{3} - \dfrac{1}{4} - \dfrac{1}{5}$, $A_3 = \dfrac{1}{6} + \dfrac{1}{7}$, $A_4 = -\dfrac{1}{8}$, $A_5 = \dfrac{1}{9} + \dfrac{1}{10}$,

등이다. 수열 A_k 는 교대수열이며 $\sum\limits_{k=1}^{\infty} A_k$ 는 교대급수이다.

$T_1 = A_1$, $T_2 = A_1 + A_2$, $T_3 = A_1 + A_2 + A_3$, $T_4 = A_1 + A_2 + A_3 + A_4$ 이며

$0 \leq S_2 \leq T_1$, $T_2 \leq S_3 \leq T_1$, $T_2 \leq S_4 \leq T_1$, $T_2 \leq S_5 \leq T_1$,

$T_2 \leq S_6 \leq T_3$, $T_2 \leq S_7 \leq T_3$, $T_4 \leq S_8 \leq T_3$, $T_4 \leq S_9 \leq T_5$ 등등

이 부등식으로부터 T_k 가 수렴하면 조임정리에 따라 S_n 도 수렴함을 알 수 있다.

03 무한급수의 수렴판정법

1. 일반항 판정법과 비교 판정법

[**일반항 판정법**] 무한급수 $\sum\limits_{n=1}^{\infty} a_n$ 이 수렴하면 일반항 a_n 은 $\lim\limits_{n \to \infty} a_n = 0$ 으로 수렴한다.

증명 〉 부분합을 S_n 이라 두면 $a_1 = S_1$, $a_n = S_n - S_{n-1}$

S_n 이 S 로 수렴하면 $a_n = S_n - S_{n-1}$ 는 $S - S = 0$ 으로 수렴한다.

이 판정법은 대우를 이용하여 무한급수의 발산을 판정할 수 있다.

즉, 일반항 a_n 이 발산하거나 $\lim\limits_{n \to \infty} a_n \neq 0$ 이면 무한급수 $\sum\limits_{n=1}^{\infty} a_n$ 는 발산한다.

무한급수의 수렴/발산을 판정할 때, 초기의 몇 개의 항을 생략하더라도 수렴 발산에는 영향을 주지 않는다.

[**정의**] $\sum\limits_{k=1}^{\infty} a_k$ 가 수렴할 필요충분조건은 $\sum\limits_{k=K}^{\infty} a_k$ 가 수렴하는 것이다.

증명 〉 $\sum\limits_{k=1}^{\infty} a_k$ 의 부분합을 S_n 이라 두면 $\sum\limits_{k=K}^{\infty} a_k$ 의 부분합은 $S_n - S_{K-1}$

수열 S_n 이 수렴하면 $S_n - S_{K-1}$ 는 수렴한다.

역으로 $S_n - S_{K-1}$ 이 수렴하면 S_n 이 수렴한다.

$\displaystyle\sum_{k=1}^{\infty} a_k$ 의 수렴은 부분합 S_n 의 수렴으로 정의하므로

부분합 S_n 에 대하여 수열의 수렴에 관한 정리를 적용하면 무한급수 $\displaystyle\sum_{k=1}^{\infty} a_k$ 의 수렴을 알 수 있다.

다음에 소개할 여러 가지 판정법에 나타나지 않지만 수열 S_n 에 부분수열의 수렴에 관한 정리를 적용하거나 조임정리를 적용하는 등 다양한 무한급수의 수렴판정 방법이 있다.

[비교 판정법(Comparison Test)]

[단순비교] 두 급수 $\displaystyle\sum_{n=1}^{\infty} a_n$, $\displaystyle\sum_{n=1}^{\infty} b_n$ 사이에 $0 \le a_n \le cb_n$ (단, c는 양수)이 성립할 때,

$\displaystyle\sum_{n=1}^{\infty} b_n$ 이 수렴하면 $\displaystyle\sum_{n=1}^{\infty} a_n$ 도 수렴하고, $\displaystyle\sum_{n=1}^{\infty} a_n$ 이 발산하면 $\displaystyle\sum_{n=1}^{\infty} b_n$ 도 발산한다.

[극한비교] 두 양항급수 $\displaystyle\sum_{n=1}^{\infty} a_n$, $\displaystyle\sum_{n=1}^{\infty} b_n$ 에 대하여 $\displaystyle\lim_{n\to\infty}\frac{a_n}{b_n}$ 이 0 아닌 양의 실수이면 두 급수는 동시에 수렴 또는 발산한다. $\displaystyle\lim_{n\to\infty}\frac{a_n}{b_n}=0$ 이며 $\displaystyle\sum_{n=1}^{\infty} b_n$ 이 수렴하면 $\displaystyle\sum_{n=1}^{\infty} a_n$ 도 수렴한다.

증명 (단순비교) $\displaystyle\sum_{n=1}^{\infty} b_n = B$ 라 두면 $\displaystyle\sum_{k=1}^{\infty} a_k$ 의 부분합 S_n 은 위로 유계

$S_n \le cB$ 이며 $0 \le a_n$ 이므로 단조증가한다. 단조수렴정리에 따라 수렴한다.

(극한비교) $\displaystyle\lim_{n\to\infty}\frac{a_n}{b_n}=r$, $r>0$ 인 경우: $\epsilon = \dfrac{r}{2}$ 일 때,

적당한 K 가 존재하여 $K \le n$ 이면 $\dfrac{r}{2} < \dfrac{a_n}{b_n} < \dfrac{3r}{2}$

$K \le n$ 일 때 $b_n < \dfrac{2}{r} a_n$ 이므로 $\displaystyle\sum_{k=1}^{\infty} a_k$ 이 수렴하면 $\displaystyle\sum_{k=1}^{\infty} b_k$ 도 수렴하다.

$K \le n$ 일 때 $a_n < \dfrac{3r}{2} b_n$ 이므로 $\displaystyle\sum_{k=1}^{\infty} b_k$ 이 수렴하면 $\displaystyle\sum_{k=1}^{\infty} a_k$ 도 수렴하다.

따라서 $\displaystyle\sum_{k=1}^{\infty} a_k$ 과 $\displaystyle\sum_{k=1}^{\infty} b_k$ 는 동시에 수렴 또는 동시에 발산한다.

$r=0$ 인 경우: 적당한 K 가 존재하여 $K \le n$ 이면 $0 \le \dfrac{a_n}{b_n} < 1$

$K \le n$ 일 때 $0 \le a_n < b_n$ 이므로 $\displaystyle\sum_{k=1}^{\infty} b_k$ 이 수렴하면 $\displaystyle\sum_{k=1}^{\infty} a_k$ 도 수렴하다.

2. 급수의 절대수렴 판정법

[비율판정법]

$\dfrac{|a_{n+1}|}{|a_n|} \le r < 1$

이면 절대수렴,

$\dfrac{|a_{n+1}|}{|a_n|} \ge 1$

이면 발산

비/근이 수렴하면 r은 동일하다.

> **[비율 판정법(Ratio Test)]** 무한급수 $\displaystyle\sum_{n=1}^{\infty} a_n$ 에 대하여 $\displaystyle\lim_{n \to \infty} \dfrac{|a_{n+1}|}{|a_n|} = r$ 일 때,
>
> $0 \le r < 1$이면 $\displaystyle\sum_{n=1}^{\infty} a_n$ 는 절대수렴, $r > 1$이면 $\displaystyle\sum_{n=1}^{\infty} a_n$ 는 발산
>
> **[근 판정법(Root Test)]** 무한급수 $\displaystyle\sum_{n=1}^{\infty} a_n$ 에 대하여 $\displaystyle\overline{\lim_{n \to \infty}} \sqrt[n]{|a_n|} = r$ 일 때,
>
> $0 \le r < 1$이면 $\displaystyle\sum_{n=1}^{\infty} a_n$ 는 절대수렴, $r > 1$이면 $\displaystyle\sum_{n=1}^{\infty} a_n$ 는 발산

증명 (1) 비판정법

$r < 1$인 경우: $r < s < 1$인 실수 s를 택하면 $\epsilon = s - r$일 때

적당한 K가 존재하여 $K \le n$이면 $\dfrac{|a_{n+1}|}{|a_n|} < s$. $|a_{n+1}| < s |a_n|$

$K < k$이면 $|a_k| < s^{k-K} |a_K|$이며 $\displaystyle\sum_{k=K+1}^{\infty} s^{k-K} |a_K|$는 수렴

따라서 $\displaystyle\sum_{k=1}^{\infty} |a_k|$는 수렴한다.

$r > 1$인 경우: 적당한 K가 존재하여 $K \le n$이면 $\dfrac{|a_{n+1}|}{|a_n|} > 1$

$K \le k$이면 $|a_k| \ge |a_K| \ne 0$이므로 일반항 a_k는 0으로 수렴할 수 없다.

따라서 일반항 판정법에 따라 주어진 무한급수 $\displaystyle\sum_{k=1}^{\infty} a_k$는 발산한다.

(2) 근판정법

$r < 1$인 경우: $r < s < 1$인 실수 s를 택하면 $\epsilon = s - r$일 때
적당한 K가 존재하여 $K \le n$이면 $\sqrt[n]{|a_n|} < s$. $|a_n| < s^n$

$\displaystyle\sum_{k=K}^{\infty} s^k$는 수렴하므로 $\displaystyle\sum_{k=1}^{\infty} |a_k|$는 수렴한다.

$r > 1$인 경우: r로 수렴하는 부분수열 $\sqrt[n_k]{|a_{n_k}|}$가 있다.

적당한 K가 존재하여 $K \le n$이면 $\sqrt[n_k]{|a_{n_k}|} > 1$

$|a_{n_k}| > 1$이므로 일반항 a_k는 0으로 수렴할 수 없다.

따라서 일반항 판정법에 따라 주어진 무한급수 $\displaystyle\sum_{k=1}^{\infty} a_k$는 발산한다.

비율 판정법에서 극한을 상극한/하극한으로 교체할 때, 다음과 같다.

「$\displaystyle\overline{\lim_{n \to \infty}} \dfrac{|a_{n+1}|}{|a_n|} = r < 1$이면 절대수렴, $\displaystyle\underline{\lim} \dfrac{|a_{n+1}|}{|a_n|} = r > 1$이면 발산」

근판정의 수열 $\sqrt[n]{|a_n|}$이 수렴하면 $\displaystyle\overline{\lim_{n \to \infty}} \sqrt[n]{|a_n|} = \lim_{n \to \infty} \sqrt[n]{|a_n|}$임을 이용한다.

[적분 판정법(Integral Test)] 함수 $f: [1, \infty) \to \mathbb{R}$ 가 단조감소함수이며 $f(x) \geq 0$ 일 때, 무한급수 $\sum_{n=1}^{\infty} f(n)$ 이 수렴할 필요충분조건은 특이적분 $\int_1^{\infty} f(x)\,dx$ 이 수렴하는 것이다.

증명 $a_n = \int_n^{n+1} f(t)\,dt$ 라 두면, f 가 단조감소이며 $f(x) \geq 0$ 이므로

$$0 \leq a_n \leq f(n) \leq a_{n-1}$$

$\sum_{k=1}^{\infty} f(k)$ 가 수렴하면 비교판정법에 따라 $\sum_{k=1}^{\infty} a_k$ 는 수렴하므로 $\int_1^{\infty} f(x)\,dx$ 는 수렴한다.

$\int_1^{\infty} f(x)\,dx$ 가 수렴하면 $\sum_{k=2}^{\infty} a_{k-1}$ 는 수렴하며 비교판정법에 따라 $\sum_{k=1}^{\infty} f(k)$ 는 수렴한다.

함수 $f(x) = \dfrac{1}{x^p}$ 인 경우, 적분값이 $p > 1$ 이면 수렴, $p \leq 1$ 이면 발산하므로 무한급수 $\sum_{n=1}^{\infty} \dfrac{1}{n^p}$ 도 $p > 1$ 이면 수렴, $p \leq 1$ 이면 발산한다. $\sum_{n=1}^{\infty} \dfrac{1}{n^p}$ 를 p-급수라 하며 이 방법을 'p-급수 판정법'이라 한다.

비/근 판정법에서 $r = 1$ 일 때 수렴,발산을 판단할 수 있는 한가지 방법을 증명 없이 소개하자.

[라베 판정법(Raabe test)]
$\lim_{n \to \infty} n\left(1 - \dfrac{|a_{n+1}|}{|a_n|}\right) = \rho$(수렴)이라 하자.

$\rho > 1$ 이면 $\sum_{k=1}^{\infty} a_k$ 는 절대수렴, $\rho < 1$ 이면 $\sum_{k=1}^{\infty} |a_k|$ 는 발산

$\rho = 1$ 일 때는 다른 판정법을 사용해야 한다.

3. 급수의 조건수렴 판정법

[코시 판정법(Cauchy test)]
무한급수 $\sum_{n=1}^{\infty} a_n$ 이 수렴할 필요충분조건은 $\lim_{n, m \to \infty} \left|\sum_{k=n}^{m} a_k\right| = 0$

[교대급수 판정법] 수열 a_n 이 단조 감소이며, $\lim_{n \to \infty} a_n = 0$ 일 때, 교대급수 $\sum_{n=1}^{\infty} (-1)^{n+1} a_n$ 은 수렴한다.

교대급수 판정법을 코시판정법을 적용하여 증명하자.

증명 [코시판정법] $\sum_{k=1}^{\infty} a_k$ 의 부분합 S_n 에 대하여 $\left|\sum_{k=n}^{m} a_k\right| = |S_m - S_{n-1}|$

코시열 정리에 의하여 S_n 이 수렴할 필요충분조건은 $\lim\limits_{m,n\to\infty}|S_m - S_{n-1}| = 0$

[교대급수판정법] 부분합을 S_n 이라 두면, $n \le m$ 일 때,

$a_n - a_{n+1} + a_{n+2} - \cdots + (-1)^{m-n}a_m \ge 0$ 이므로

$|S_n - S_m| \le a_{n+1} - a_{n+2} + \cdots - (-1)^{m-n}a_m \le a_n$, $|S_n - S_m| \le a_n$

그리고 $\lim\limits_{n\to\infty} a_n = 0$ 이므로 S_n 은 코시열이다. 따라서 S_n 은 수렴한다.

교대급수 판정법에서 $(-1)^{n+1}$ 을 b_n 이라 놓아보자.

[디리클레 판정(Dirichlet test)]

수열 a_n 이 단조감소이며 $\lim\limits_{n\to\infty} a_n = 0$ 이고 $\sum\limits_{n=1}^{\infty} b_n$ 이 유계이면 무한급수 $\sum\limits_{n=1}^{\infty} a_n b_n$ 은 수렴한다.

[아벨 판정(Abel test)]

수열 a_n 이 단조 수렴하며 $\sum\limits_{n=1}^{\infty} b_n$ 이 수렴하면 무한급수 $\sum\limits_{n=1}^{\infty} a_n b_n$ 은 수렴한다.

증명 (1) 디리클레 판정

$B_n = \sum\limits_{k=1}^{n} b_k$ 라 두면 $\sum\limits_{k=n}^{m} a_k b_k = \sum\limits_{k=n}^{m}(a_k - a_{k+1})B_k - a_n B_{n-1} + a_{m+1}B_m$

$|B_n| \le M$ 이므로

$$\left|\sum_{k=n}^{m} a_k b_k\right| \le \sum_{k=n}^{m}(a_k - a_{k+1})M + |a_n|M + |a_{m+1}|M = 2\,|a_n|\,M$$

따라서 코시판정법에 따라 주어진 급수는 수렴한다.

(2) 아벨 판정

a_n 이 수렴하므로 유계수열이며 $|a_n| \le A$ 인 A 가 있다.

$B_n^* = \sum\limits_{k=n+1}^{\infty} b_k$ 라 두면, $\sum\limits_{k=1}^{\infty} b_k$ 가 수렴하므로 $\lim\limits_{n\to\infty} B_n^* = 0$ 이며

B_n^* 는 유계이다. $|B_n^*| \le M$ 인 M 이 있다.

$$\sum_{k=n}^{m} a_k b_k = \sum_{k=n}^{m}(a_{k+1} - a_k)B_k^* + a_n B_{n-1}^* - a_{m+1}B_m^* ,$$

$$\left|\sum_{k=n}^{m} a_k b_k\right| \le \sum_{k=n}^{m}|a_{k+1} - a_k||B_k^*| + |a_n||B_{n-1}^*| + |a_{m+1}||B_m^*|$$

$$\le \sum_{k=n}^{m}|a_{k+1} - a_k|M + A|B_{n-1}^*| + A|B_m^*|$$

$$= |a_{m+1} - a_n|M + A|B_{n-1}^*| + A|B_m^*|$$

$\lim\limits_{n\to\infty}|B_{n-1}^*| = 0$, $\lim\limits_{m\to\infty}|B_m^*| = 0$ 이며

a_n 이 수렴하므로 코시열이며 $\lim\limits_{n,m\to\infty}|a_{m+1} - a_n| = 0$

따라서 코시판정법에 따라 주어진 급수는 수렴한다.

증명에 사용되었던 두 공식:

$B_n = \sum_{k=1}^{n} b_k$, $B_n^* = \sum_{k=n+1}^{\infty} b_k$ 일 때

$$\sum_{k=n}^{m} a_k b_k = \sum_{k=n}^{m} (a_k - a_{k+1}) B_k - a_n B_{n-1} + a_{m+1} B_m ,$$

$$\sum_{k=n}^{m} a_k b_k = \sum_{k=n}^{m} (a_{k+1} - a_k) B_k^* + a_n B_{n-1}^* - a_{m+1} B_m^*$$

위 두 공식을 무한급수의 「부분합 공식」이라 한다.

단, $B_n^* = \sum_{k=n+1}^{\infty} b_k$ 는 $\sum_{k=1}^{\infty} b_k$ 가 수렴할 때만 사용할 수 있다.

예제 1 $a_n > 0$, $S_n = \sum_{k=1}^{n} a_k$ 는 발산할 때, 다음 명제를 증명하시오.

(1) $\sum_{n=1}^{\infty} \dfrac{a_n}{S_n^{2}}$ 는 수렴한다.

(2) $\sum_{n=1}^{\infty} \dfrac{a_n}{S_n}$ 는 발산한다.

풀이 (1) $\sum_{n=1}^{\infty} \dfrac{a_n}{S_n^{2}}$ 증가하는 급수이다.

$$\sum_{n=1}^{\infty} \frac{a_n}{S_n^{2}} = \frac{1}{S_1} + \sum_{n=2}^{\infty} \frac{S_n - S_{n-1}}{S_n^{2}} \leq \frac{1}{S_1} + \sum_{n=2}^{\infty} \frac{S_n - S_{n-1}}{S_n S_{n-1}}$$

$$= \frac{1}{S_1} + \sum_{n=2}^{\infty} \left(\frac{1}{S_{n-1}} - \frac{1}{S_n} \right) = \frac{2}{a_1} \ (\text{유계})$$

따라서 $\sum_{n=1}^{\infty} \dfrac{a_n}{S_n^{2}}$ 수렴한다.

(2) $a_n > 0$ 이며, $\sum_{n=1}^{\infty} a_n$ 이 발산하므로 $S_{n-1} < S_n$ 이며 $\lim_{n \to \infty} S_n = \infty$ 이다.

$\lim_{n \to \infty} S_n = \infty$ 이므로 $2 S_1 \leq S_{n_1}$ 이 성립하는 양의 정수 n_1 가 존재한다.

$\lim_{n \to \infty} S_n = \infty$ 이므로 $2 S_{n_1} \leq S_{n_2}$ 이 성립하는 양의 정수 n_2 가 존재한다.

귀납적으로 $\lim_{n \to \infty} S_n = \infty$ 이므로 $2 S_{n_{k-1}} \leq S_{n_k}$ 이 성립하는 양의 정수 n_k 가 존재한다. $(k \geq 2)$

$2 S_{n_{k-1}} \leq S_{n_k}$ 이므로 $\dfrac{S_{n_{k-1}}}{S_{n_k}} \leq \dfrac{1}{2}$ 이며

$$\frac{a_{n_{k-1}+1}}{S_{n_{k-1}+1}} + \cdots + \frac{a_{n_k}}{S_{n_k}} > \frac{a_{n_{k-1}+1}}{S_{n_k}} + \cdots + \frac{a_{n_k}}{S_{n_k}} = \frac{S_{n_k} - S_{n_{k-1}}}{S_{n_k}} = 1 - \frac{S_{n_{k-1}}}{S_{n_k}} \geq \frac{1}{2}$$

이므로 $\dfrac{a_1}{S_1} + \cdots + \dfrac{a_{n_1}}{S_{n_1}} > \dfrac{1}{2}$, $\dfrac{a_{n_1+1}}{S_{n_1+1}} + \cdots + \dfrac{a_{n_2}}{S_{n_2}} > \dfrac{1}{2}$,

$$\frac{a_{n_{k-1}+1}}{S_{n_{k-1}+1}} + \cdots + \frac{a_{n_k}}{S_{n_k}} > \frac{1}{2}$$

모두 합하면 $\dfrac{a_1}{S_1} + \cdots + \dfrac{a_{n_1}}{S_{n_1}} + \cdots + \dfrac{a_{n_{k-1}}}{S_{n_{k-1}}} + \cdots + \dfrac{a_{n_k}}{S_{n_k}} > \dfrac{1}{2} + \cdots + \dfrac{1}{2} = \dfrac{1}{2}k$

즉, $\displaystyle\sum_{i=1}^{n_K} \frac{a_i}{S_i} \geq \frac{K}{2}$

따라서 $K \to \infty$ 일 때 $\displaystyle\sum_{i=1}^{n_K} \frac{a_i}{S_i}$ 는 발산한다.

예제 2 양의 실수열 x_n 에 대하여 $\displaystyle\sum_{n=1}^{\infty} x_n^2$ 이 수렴할 때, $\dfrac{1}{2} < p$ 이면 $\displaystyle\sum_{n=1}^{\infty} \frac{x_n}{n^p}$ 이 수렴함을 보이시오.

풀이 산술-기하평균의 부등식 $0 \leq \dfrac{x_n}{n^p} \leq \dfrac{1}{2}\left(x_n^2 + \dfrac{1}{n^{2p}}\right)$ 이 성립한다.

조건에 의해 $\displaystyle\sum_{n=1}^{\infty} x_n^2$ 이 수렴하고 $1 < 2p$ 이므로 p-급수수렴판정법에 따라 $\displaystyle\sum_{n=1}^{\infty} \frac{1}{n^{2p}}$ 는 수렴하므로 $\displaystyle\sum_{n=1}^{\infty} \frac{1}{2}\left(x_n^2 + \frac{1}{n^{2p}}\right)$ 는 수렴한다.

따라서 비교판정하면 $\displaystyle\sum_{n=1}^{\infty} \frac{x_n}{n^p}$ 은 수렴한다.

예제 3 $a_n \leq b_n \leq c_n$ 이며 $\displaystyle\sum_{n=1}^{\infty} a_n$, $\displaystyle\sum_{n=1}^{\infty} c_n$ 이 수렴하면 $\displaystyle\sum_{n=1}^{\infty} b_n$ 도 수렴함을 보이시오.

풀이 $\displaystyle\sum_{n=1}^{\infty} a_n$, $\displaystyle\sum_{n=1}^{\infty} c_n$ 이 수렴하므로 $\displaystyle\sum_{n=1}^{\infty} (c_n - a_n)$ 는 수렴한다.

$0 \leq b_n - a_n \leq c_n - a_n$ 이므로 비교판정하면 $\displaystyle\sum_{n=1}^{\infty} (b_n - a_n)$ 는 수렴한다.

$\displaystyle\sum_{n=1}^{\infty} (b_n - a_n)$ 과 $\displaystyle\sum_{n=1}^{\infty} a_n$ 이 수렴하므로 $\displaystyle\sum_{n=1}^{\infty} b_n$ 는 수렴한다.

예제 4 $\displaystyle\sum_{k=1}^{\infty} a_k$ 는 A 로 절대수렴하고, $\displaystyle\sum_{k=1}^{\infty} b_k$ 는 B 로 수렴할 때, 코시곱 $\displaystyle\sum_{k=1}^{\infty} c_k$ 는 AB 로 수렴한다. (단, $c_k = \displaystyle\sum_{i=0}^{k} a_i b_{k-i}$, $a_0 = b_0 = 0$)

풀이 $A_n = \displaystyle\sum_{k=1}^{n} a_k$, $B_n = \displaystyle\sum_{k=1}^{n} b_k$, $C_n = \displaystyle\sum_{k=1}^{n} c_k$, $d_n = B - B_n$ 라 하자. d_n 은 0 으로 수렴하므로 유계수열이며 $|d_n| \leq M$ 인 양수 M 이 있다.

$M_m = \max\{|d_m|, |d_{m+1}|, \cdots, |d_{2m}|\}$ 라 놓으면 $\displaystyle\lim_{m \to \infty} M_m = 0$ 이다.

양의 정수 n 과 $m = [n/2]$ 일 때,

$$\left| \sum_{k=1}^{n} a_k d_{n-k} \right| \leq \sum_{k=1}^{m} |a_k d_{n-k}| + \sum_{k=m+1}^{n} |a_k d_{n-k}| \leq M_m \sum_{k=1}^{\infty} |a_k| + M \sum_{k=m}^{n} |a_k|$$

이며 코시정리에 따라 $\displaystyle\lim_{n\to\infty} \sum_{k=m}^{n} |a_k| = 0$ 이므로 $\displaystyle\lim_{n\to\infty} \sum_{i=1}^{n} a_i d_{n-i} = 0$

따라서 $C_n = \displaystyle\sum_{k=1}^{n} c_k = A_n B - \sum_{i=1}^{n} a_i d_{n-i}$ 이므로 C_n 은 AB 로 수렴한다.

04 멱급수(Power Series)

> **[정의] {수렴반경}** 미지수 x 를 포함하는 무한급수 $\displaystyle\sum_{n=0}^{\infty} a_n (x-x_0)^n$ 을 멱급수(power series)라 하고, 멱급수가 $|x-x_0| < r$ 인 모든 x 에서 수렴하고, $|x-x_0| > r$ 인 모든 x 에서 발산할 때, $0 \leq r \leq \infty$ 인 r 을 수렴반경(radius of convergence)이라 한다.

멱급수의 수렴반경은 다음 두 가지 방법으로 구할 수 있다.

> **[공식] {수렴반경 계산}**
> **(비율)** $r = \displaystyle\lim_{n\to\infty} \left| \dfrac{a_n}{a_{n+1}} \right|$ 또는
>
> **(거듭제곱근)** $r = \dfrac{1}{\displaystyle\lim_{n\to\infty} \sqrt[n]{|a_n|}}$ 일 때,
>
> $|x-x_0| < r$ 이면 $\displaystyle\sum_{n=0}^{\infty} a_n (x-x_0)^n$ 는 절대수렴한다.
>
> $|x-x_0| > r$ 이면 $\displaystyle\sum_{n=0}^{\infty} a_n (x-x_0)^n$ 는 발산한다.

거듭제곱근 공식은 필요충분조건이다.

증명 **(비율)** $\displaystyle\lim_{n\to\infty} \dfrac{|a_{n+1}(x-x_0)^{n+1}|}{|a_n(x-x_0)^n|} = \left(\lim_{n\to\infty} \dfrac{|a_{n+1}|}{|a_n|} \right) |x-x_0| = \dfrac{|x-x_0|}{r}$

이므로 비율판정법에 따라 $\dfrac{|x-x_0|}{r} < 1$ 이면 절대수렴,

$\dfrac{|x-x_0|}{r} > 1$ 이면 발산한다.

(거듭제곱근) $\displaystyle\overline{\lim_{n\to\infty}} \sqrt[n]{|a_n(x-x_0)^n|} = \left(\overline{\lim_{n\to\infty}} \sqrt[n]{|a_n|} \right) |x-x_0| = \dfrac{|x-x_0|}{r}$

이므로 근 판정법에 따라 $\dfrac{|x-x_0|}{r} < 1$ 이면 절대수렴,

$\dfrac{|x-x_0|}{r} > 1$ 이면 발산한다.

비율의 극한은 수렴하지 않는 경우가 있으나, 거듭제곱근의 상극한은 항상 수렴하거나 아니면 ∞ 의 값을 갖는다.

함수의 연속

Chapter 03

01 함수의 극한

1. 극한의 정의

$I \subset R$일 때, 함수$f : I \to R$ 와 I의 집적점(cluster point) a 에 대하여 임의의 양의 실수 $\epsilon > 0$에 대하여 다음 조건을 만족하는 양의 실수$\delta > 0$이 존재하는 실수 b가 있을 때 '$x \to a$ 일 때 $f(x)$ 는 b로 수렴한다'고 한다.

"$0 < |x - a| < \delta$인 임의의 x 에 대하여 $|f(x) - b| < \epsilon$"

> a에서 정의되지 않아도 된다.

[정의] {함수의 극한 (1)}

$\forall \epsilon > 0 \ \exists \delta > 0 \ \text{s.t.} \ 0 < |x - a| < \delta \ \to \ |f(x) - b| < \epsilon$

일 때, $x = a$에서 함수$f(x)$의 극한을 b라 하고 $\lim\limits_{x \to a} f(x) = b$ 로 쓴다.

또한, 극한 $\lim\limits_{x \to \infty} f(x) = b$ 는 다음과 같이 정의한다.

[정의] {함수의 극한 (2)}

$\forall \epsilon > 0 \ \exists x_1 \ \text{s.t.} \ x_1 < x \ \to \ |f(x) - b| < \epsilon$

일 때, $x \to \infty$일 때 함수$f(x)$의 극한을 b라 하고 $\lim\limits_{x \to \infty} f(x) = b$로 쓴다.

이와 유사하게 $\lim\limits_{x \to -\infty} f(x) = b$ 는

"$\forall \epsilon > 0 \ \exists x_1 \ \text{s.t.} \ x_1 > x \ \to \ |f(x) - b| < \epsilon$"이다.

극한의 정의를 확장하여 한 방향으로 수렴을 정의할 수 있다.

[정의] {좌극한, 우극한}

$\forall \epsilon > 0 \ \exists \delta > 0 \ \text{s.t.} \ a < x < a + \delta \ \to \ |f(x) - b| < \epsilon$

일 때, 우극한 $\lim\limits_{x \to a+} f(x) = b$ 또는 $\lim\limits_{x \searrow a} f(x) = b$라 쓰고, $b = f(a+)$ 라 쓰기도 한다.

$\forall \epsilon > 0 \ \exists \delta > 0 \ \text{s.t.} \ a - \delta < x < a \ \to \ |f(x) - b| < \epsilon$

일 때, 좌극한 $\lim\limits_{x \to a-} f(x) = b$ 또는 $\lim\limits_{x \nearrow a} f(x) = b$라 쓰고, $b = f(a-)$ 라 쓰기도 한다.

함수의 극한에 관하여 다음 성질이 성립한다.

[연산정리] $\lim\limits_{x \to x_0} f(x) = a$, $\lim\limits_{x \to x_0} g(x) = b$ 일 때,

(1) $\lim\limits_{x \to x_0} (f(x) + g(x)) = \lim\limits_{x \to x_0} f(x) + \lim\limits_{x \to x_0} g(x) = a + b$

(2) $\lim\limits_{x \to x_0} (f(x) \cdot g(x)) = \lim\limits_{x \to x_0} f(x) \cdot \lim\limits_{x \to x_0} g(x) = ab$

(3) $f(x) \neq 0$, $a \neq 0$ 이면 $\lim\limits_{x \to x_0} \dfrac{1}{f(x)} = \dfrac{1}{a}$

(4) $f(x) \leq g(x)$ 이면 $\lim\limits_{x \to x_0} f(x) \leq \lim\limits_{x \to x_0} g(x)$

증명 아래의 증명에서 ϵ 을 임의의 양의 실수라 하자.

(1) $\lim\limits_{x \to x_0} f(x) = a$, $\lim\limits_{x \to x_0} g(x) = b$ 의 정의에 따라

적당한 양의 실수 δ_1 이 존재하여 $0 < |x - x_0| < \delta_1$ 이면 $|f(x) - a| < \dfrac{\epsilon}{2}$

적당한 양의 실수 δ_2 이 존재하여 $0 < |x - x_0| < \delta_2$ 이면 $|g(x) - b| < \dfrac{\epsilon}{2}$

$\delta = \min(\delta_1, \delta_2)$ 라 정하면 $0 < |x - x_0| < \delta$ 일 때

$|(f(x) + g(x)) - (a + b)| \leq |f(x) - a| + |g(x) - b| < \dfrac{\epsilon}{2} + \dfrac{\epsilon}{2} = \epsilon$

따라서 $\lim\limits_{x \to x_0} (f(x) + g(x)) = a + b$

(2) 적당한 양의 실수 δ_1 이 존재하여 $0 < |x - x_0| < \delta_1$ 이면

$|f(x) - a| < \dfrac{\epsilon}{2|b| + 2}$

적당한 양의 실수 δ_2 이 존재하여 $0 < |x - x_0| < \delta_2$ 이면

$|g(x) - b| < \dfrac{\epsilon}{2|a| + 2}$

적당한 양의 실수 δ_3 이 존재하여 $0 < |x - x_0| < \delta_3$ 이면

$|g(x) - b| < 1$

$\delta = \min(\delta_1, \delta_2, \delta_3)$ 라 정하면 $0 < |x - x_0| < \delta$ 일 때

$|f(x) g(x) - ab| \leq |f(x) - a|(|g(x) - b| + |b|) + |a||g(x) - b|$

$\leq |f(x) - a|(1 + |b|) + (1 + |a|)|g(x) - b| < \dfrac{\epsilon}{2} + \dfrac{\epsilon}{2} = \epsilon$

따라서 $\lim\limits_{x \to x_0} f(x) g(x) = ab$

(3) $f(x)$ 가 a 로 수렴하므로 적당한 양의 실수 δ_1 이 존재하여

$0 < |x - x_0| < \delta_1$ 이면 $|f(x) - a| < \dfrac{a^2}{2} \epsilon$

적당한 양의 실수 δ_2 이 존재하여 $0 < |x - x_0| < \delta_2$ 이면 $|f(x) - a| < \dfrac{|a|}{2}$

이때 $\dfrac{|a|}{2} < |f(x)| < \dfrac{3|a|}{2}$

$\delta = \min(\delta_1, \delta_2)$ 라 정하면 $0 < |x - x_0| < \delta$ 일 때

$$\left| \frac{1}{f(x)} - \frac{1}{a} \right| = \frac{|f(x) - a|}{|f(x)\|a|} < \frac{2}{a^2} |f(x) - a| < \epsilon \ \text{이 성립한다.}$$

따라서 $\displaystyle\lim_{x \to x_0} \frac{1}{f(x)} = \frac{1}{a}$

(4) $h(x) = g(x) - f(x)$, $c = b - a$ 라 두면 위의 (1), (2)로부터 $h(x)$ 는 c 로 수렴한다. $h(x) \geq 0$ 일 때 $c \geq 0$ 임을 보이면 (4)는 증명된다.

(귀류법) $c < 0$ 라 가정하자. 양수 $\epsilon = -\dfrac{c}{2}$ 라 두면

적당한 양의 실수 δ_1 이 존재하여 $0 < |x - x_0| < \delta_1$ 이면 $|h(x) - c| < \dfrac{-c}{2}$

부등식을 정리하면 $c + \dfrac{c}{2} < h(x) < c - \dfrac{c}{2} = \dfrac{c}{2} < 0$. $h(x) \geq 0$ 임에 모순

따라서 $c \geq 0$ 이며 $a \leq b$ 이다.

상황에 따라 다음의 조임정리와 단조수렴정리가 성립한다.

[조임정리]

$g(x) \leq f(x) \leq h(x)$ 이고 $\displaystyle\lim_{x \to x_0} g(x) = \lim_{x \to x_0} h(x) = A$ 이면 $\displaystyle\lim_{x \to x_0} f(x) = A$ 이다.

증명 ϵ 을 임의의 양의 실수라 하자.

$\displaystyle\lim_{x \to a} g(x) = \lim_{x \to a} h(x) = A$ 이므로

적당한 양의 실수 δ_1 이 존재하여 $0 < |x - x_0| < \delta_1$ 이면 $|g(x) - A| < \epsilon$

적당한 양의 실수 δ_2 이 존재하여 $0 < |x - x_0| < \delta_2$ 이면 $|h(x) - A| < \epsilon$

$\delta = \min(\delta_1, \delta_2)$ 라 정하면 $0 < |x - x_0| < \delta$ 일 때

$A - \epsilon < g(x) \leq f(x) \leq h(x) < A + \epsilon$ 이며 $|f(x) - A| < \epsilon$ 이 성립한다.

따라서 $f(x)$ 는 A 로 수렴한다.

[단조수렴정리] $f(x)$ 가 x_0 근방에서 단조증가(또는 단조감소)함수이면

우극한 $\displaystyle\lim_{x \to x_0 +} f(x)$ 와 좌극한 $\displaystyle\lim_{x \to x_0 -} f(x)$ 는 각각 수렴(존재)한다.

증명 $f(x)$ 가 단조증가일 때 우극한, 좌극한이 수렴함을 보이자.

함수 $f(x)$ 는 단조증가하므로 $x_0 < x$ 일 때 $f(x_0) \leq f(x)$ 이므로 아래로 유계이다. 아래로 유계인 집합 $\{ f(x) \mid x_0 < x \}$ 은 완비공리에 의하여 하한을 갖는다. $a = \inf \{ f(x) \mid x_0 < x \}$ 라 하자.

하한의 정의에 의하여 다음 두 조건 (1), (2)이 성립한다.

(1) $x_0 < x$ 일 때 $a \leq f(x)$,

(2) 임의의 양의 실수 ϵ 에 대하여 적당한 x_1 (단, $x_0 < x_1$)이 존재하여

$$f(x_1) < a + \epsilon$$

(2)에 의하여 임의의 양의 실수 ϵ 에 대하여 $f(x_1) < a+\epsilon$, $x_0 < x_1$ 이 성립하는 x_1 이 존재한다.

$\delta = x_1 - x_0$ 라 정하면 $x_0 < x < x_0 + \delta = x_1$ 일 때,

f 는 단조증가하므로 $f(x) \le f(x_1)$ 이며

(1)에 의하여 $a \le f(x) \le f(x_1) < a+\epsilon$, $|f(x)-a| < \epsilon$ 이 성립한다.

따라서 우극한 $\lim\limits_{x \to x_0+} f(x)$ 는 a 로 수렴한다.

함수 $f(x)$ 는 단조증가하므로 $x_0 > x$ 일 때 $f(x_0) \ge f(x)$ 이므로 위로 유계이다. 위로 유계인 집합 $\{ f(x) \,|\, x_0 > x \}$ 은 완비공리에 의하여 상한을 갖는다.

$a = \sup \{ f(x) \,|\, x_0 > x \}$ 라 하자.

하한의 정의에 의하여 다음 두 조건 (1), (2)이 성립한다.

(1) $x_0 > x$ 일 때 $a \le f(x)$,

(2) 임의의 양의 실수 ϵ 에 대하여 적당한 x_1 (단, $x_0 > x_1$)이 존재하여

$\qquad f(x_1) > a - \epsilon$

(2)에 의하여 임의의 양의 실수 ϵ 에 대하여 $f(x_1) > a - \epsilon$, $x_0 > x_1$ 이 성립하는 x_1 이 존재한다.

$\delta = x_0 - x_1$ 라 정하면 $x_1 = x_0 - \delta < x < x_0$ 일 때,

f 는 단조증가하므로 $f(x_1) \le f(x)$ 이며

(1)에 의하여 $a - \epsilon \le f(x_1) \le f(x) < a$, $|f(x)-a| < \epsilon$ 이 성립한다.

따라서 좌극한 $\lim\limits_{x \to x_0-} f(x)$ 는 a 로 수렴한다.

위의 모든 극한에 관한 [연산정리]와 [조임정리]는 $\lim\limits_{x \to \infty} f(x)$, $\lim\limits_{x \to -\infty} f(x)$ 인 경우에도 성립한다. [단조수렴정리]는 $f(x)$ 가 유계함수일 때 성립한다.

우극한 $\lim\limits_{x \to a+} f(x)$ 와 좌극한 $\lim\limits_{x \to a-} f(x)$ 가 수렴할 때, 그 극한값을 간단히 각각 $f(a+)$, $f(a-)$ 라 쓰기도 한다.

극한 $\lim\limits_{x \to \infty} f(x)$ 와 $\lim\limits_{x \to -\infty} f(x)$ 가 수렴할 때, 그 극한값을 간단히 각각 $f(+\infty)$, $f(-\infty)$ 라 쓰기도 한다.

02 함수의 연속(Continuity)

1. 연속함수의 정의

함수 $f : I \to \mathbb{R}$ 와 점 $a \in I$ 에 대하여 함수 $f(x)$ 는 「a 에서 연속」 개념과 「연속함수」 개념을 다음과 같이 정의한다.

> **[정의] {점에서 연속, 연속}**
> $\forall \epsilon > 0 \quad \exists \delta > 0 \quad \text{s.t.} \quad |x-a| < \delta \;\to\; |f(x)-f(a)| < \epsilon$
> 일 때, 함수 $f(x)$ 는 「a 에서 연속」이라 한다.
> 정의역의 모든 점에서 연속이면 함수 $f(x)$ 를 연속함수라 한다.

> 극한과 달리 a 에서 정의되어야 한다.

이 정의는 동치인 다음과 같이 쓸 수 도 있다.
$$\forall \epsilon > 0 \quad \exists \delta > 0 \quad \text{s.t.} \quad (a-\delta, a+\delta) \subset f^{-1}((f(a)-\epsilon, f(a)-\epsilon))$$
즉, $f(a)$ 의 근방의 역상이 a 의 근방일 때, 함수 $f(x)$ 는 a 에서 연속이다.

절댓값 $|x-y|$ 대신 거리함수 $d(x,y)$ 를 이용하여 연속함수의 정의를 거리공간 사이에 정의된 연속함수의 정의로 확장할 수 있다.

함수의 연속성에 관한 몇 가지 성질을 살펴보자.

> **[정리]**
> (1) 함수 $f(x)$, $g(x)$ 가 x_0 에서 연속이면 $f(x)+g(x)$ 는 x_0 에서 연속이다.
> (2) 함수 $f(x)$, $g(x)$ 가 x_0 에서 연속이면 $f(x)g(x)$ 는 x_0 에서 연속이다.
> (3) 함수 $f(x)$ 가 x_0 에서 연속이고 $f(x_0) \neq 0$ 이면 $\dfrac{1}{f(x)}$ 는 x_0 에서 연속이다.
> (4) 함수 $f(x)$ 가 x_0 에서 연속이고 $g(x)$ 가 $f(x_0)$ 에서 연속이면, 합성함수 $g(f(x))$ 는 x_0 에서 연속이다.

증명 아래의 증명에서 ϵ 을 임의의 양의 실수라 하자.

(1) 연속의 정의에 따라

적당한 양의 실수 δ_1 이 존재하여 $|x-x_0| < \delta_1$ 이면 $|f(x)-f(x_0)| < \dfrac{\epsilon}{2}$

적당한 양의 실수 δ_2 이 존재하여 $|x-x_0| < \delta_2$ 이면 $|g(x)-g(x_0)| < \dfrac{\epsilon}{2}$

$\delta = \min(\delta_1, \delta_2)$ 라 정하면 $|x-x_0| < \delta$ 일 때
$$|(f(x)+g(x))-(f(x_0)+g(x_0))| \leq |f(x)-f(x_0)| + |g(x)-g(x_0)|$$
$$< \frac{\epsilon}{2} + \frac{\epsilon}{2} = \epsilon$$

따라서 $f(x)+g(x)$ 는 x_0 에서 연속이다.

(2) 적당한 양의 실수 δ_1 이 존재하여 $|x-x_0| < \delta_1$ 이면
$$|f(x)-f(x_0)| < \frac{\epsilon}{2|g(x_0)|+2}$$

적당한 양의 실수 δ_2 이 존재하여 $|x-x_0|<\delta_2$ 이면

$$|g(x)-g(x_0)|<\frac{\epsilon}{2|f(x_0)|+2}$$

적당한 양의 실수 δ_3 이 존재하여 $|x-x_0|<\delta_3$ 이면 $|g(x)-g(x_0)|<1$

$\delta=\min(\delta_1,\delta_2,\delta_3)$ 라 정하면 $|x-x_0|<\delta$ 일 때

$$\begin{aligned}|f(x)g(x)-f(x_0)g(x_0)| &\le |f(x)-f(x_0)|(|g(x)-g(x_0)|+|g(x_0)|) \\ &\quad + |f(x_0)||g(x)-g(x_0)| \\ &\le |f(x)-f(x_0)|(1+|g(x_0)|) \\ &\quad + (1+|f(x_0)|)|g(x)-g(x_0)|<\frac{\epsilon}{2}+\frac{\epsilon}{2}=\epsilon\end{aligned}$$

따라서 $f(x)g(x)$ 는 x_0 에서 연속이다.

(3) $f(x_0)\ne0$ 이므로 $\dfrac{|f(x_0)|}{2}>0$, $\dfrac{f(x_0)^2\epsilon}{2}>0$ 이다.

$f(x)$ 가 x_0 에서 연속이므로 적당한 양의 실수 δ_1 이 존재하여

$|x-x_0|<\delta_1$ 이면 $|f(x)-f(x_0)|<\dfrac{f(x_0)^2}{2}\epsilon$

적당한 양의 실수 δ_2 이 존재하여 $|x-x_0|<\delta_2$ 이면

$$|f(x)-f(x_0)|<\frac{|f(x_0)|}{2}$$

이때 $\dfrac{|f(x_0)|}{2}<|f(x)|<\dfrac{3|f(x_0)|}{2}$

$\delta=\min(\delta_1,\delta_2)$ 라 정하면 $|x-x_0|<\delta$ 일 때

$$\left|\frac{1}{f(x)}-\frac{1}{f(x_0)}\right|=\frac{|f(x)-f(x_0)|}{|f(x)||f(x_0)|}<\frac{2}{f(x_0)^2}|f(x)-f(x_0)|<\epsilon$$

따라서 $\dfrac{1}{f(x)}$ 는 x_0 에서 연속이다.

(4) g 가 $f(x_0)$ 에서 연속이므로, $|y-f(x_0)|<\delta_0$ 이면

$|g(y)-g(f(x_0))|<\epsilon$ 이 성립하는 적당한 양의 실수 $\delta_0>0$가 존재한다.

또한 함수 f 가 x_0 에서 연속이므로, $|x-x_0|<\delta$ 이면 $|f(x)-f(x_0)|<\delta_0$

이 성립하는 적당한 양의 실수 $\delta>0$가 존재한다.

$|x-x_0|<\delta$ 일 때, $y=f(x)$ 를 대입하여 $|g(f(x))-g(f(x_0))|<\epsilon$ 이 성립한다.

따라서 합성함수 $g(f(x))$ 는 x_0 에서 연속이다.

[정리] $|x-a| \le r$ 일 때 $|f(x)-f(a)| \le K|x-a|^c$ (단, $r, K, c > 0$)이면 $f(x)$는 a에서 연속이다.

증명) 임의의 양의 실수 ϵ에 관하여 양의 실수 $\delta = \min(r, (\epsilon/K)^{1/c})$라 정하면 $|x-a| < \delta$일 때, $|f(x)-f(a)| \le K|x-a|^c < K\delta^c \le \epsilon$
따라서 $f(x)$는 a에서 연속이다.

위 정리의 증명에서 절댓값 $|x-y|$ 대신 거리함수 $d(x, y)$를 이용하면 아래의 정리를 얻는다.

[정리] 거리공간 (X, d_1), (Y, d_2)과 그들 사이의 함수 $f : X \to Y$와 한 점 $x_0 \in X$에 대하여 $d_1(x, x_0) \le r$일 때, $d_2(f(x), f(x_0)) \le K[d_1(x, x_0)]^c$ (단, $r, K, c > 0$)이면 $f(x)$는 x_0에서 연속이다.

연속성과 수렴성을 관계를 보여주는 다음과 같은 정리가 성립한다.

[점열연속정리] 함수 $f : I \to \mathbb{R}$와 $a \in I$에 대하여 함수 f가 a에서 연속일 필요충분조건은 a로 수렴하는 모든 수열 x_n에 관하여 $f(x_n)$은 $f(a)$로 수렴하는 것이다.

증명) ($\to$) ϵ을 임의의 양의 실수라 하자.
함수 f가 a에서 연속이므로, $|x-a| < \delta$이면 $|f(x)-f(a)| < \epsilon$이 성립하는 적당한 양의 실수 $\delta > 0$가 존재한다.
그리고 수열 x_n이 a로 수렴하므로, $n_1 \le n$이면 $|x_n - a| < \delta$이 성립하는 양의 정수 n_1이 존재한다.
이때, $n_1 \le n$이면 $x = x_n$을 대입하여 $|f(x_n)-f(a)| < \epsilon$이 성립한다.
따라서 $f(x_n)$은 $f(a)$로 수렴한다.
($\leftarrow$ 대우증명) 함수 f가 a에서 불연속이면 양수 ϵ_0가 존재하여 모든 양수 δ에 관하여 $|x-a| < \delta$이지만 $|f(x)-f(a)| \ge \epsilon_0$인 x가 존재한다.
$\delta = \dfrac{1}{n}$이면 $|x_n - a| < \delta$, $|f(x_n)-f(a)| \ge \epsilon_0$인 수열 x_n이 있다.
따라서 대우명제는 참이다.

이 정리의 결과를 간단히 요약하면, $\lim\limits_{n\to\infty} f(x_n) = f(\lim\limits_{n\to\infty} x_n)$이다. 그러나 이 식에서 중요한 점은 x_n의 극한에서 f가 연속이어야 한다는 점이다.

[정리] 함수 $f : I \to \mathbb{R}$에 대하여 f가 연속함수이면 I의 임의의 부분집합 A에 관하여 $f(\overline{A}) \subset \overline{f(A)}$이 성립한다.

증명) 임의의 $y \in f(\overline{A})$에 대하여 $y = f(x)$, $x \in \overline{A}$인 x가 있다.
$x \in \overline{A}$이므로 $\lim\limits_{n\to\infty} a_n = x$, $a_n \in A$인 수열 a_n이 있다.

$c = 1$일 때 Lipschitz 조건

역명제도 참이다.
필요충분명제이다.

48 Part 01 해석학

f 가 x 에서 연속이므로 $\lim_{n\to\infty} f(a_n) = f(x)$ 이며 $f(a_n) \in f(A)$ 이다.

따라서 $f(x) \in \overline{f(A)}$ 이며 $f(\overline{A}) \subset \overline{f(A)}$

함수의 연속성에 관한 중요한 결과로서 다음 두 정리가 있다.

[최대 최솟값 정리] 폐구간 $[a,b]$ 에서 연속인 함수 $f(x)$ 는 폐구간 $[a,b]$ 에서 최댓값과 최솟값을 갖는다.

증명 첫째, 함수 $f(x)$ 는 위로 유계임을 보이자.
만약 위로 유계가 아니라 하면 $f(x_k) \geq k$, $x_k \in [a,b]$ 인 수열 x_k 가 있다.
볼자노-바이어스트라스 정리에 의하여 $[a,b]$ 에서 수렴하는 부분수열 x_{n_k} 가 있다. x_{n_k} 가 $[a,b]$ 에서 수렴하므로 $f(x_{n_k})$ 는 수렴한다. 모순
따라서 함수 $f(x)$ 는 위로 유계이다.
둘째, 함수 $f(x)$ 는 $[a,b]$ 에서 최댓값을 가짐을 보이자.
$f(x)$ 는 위로 유계이므로 완비성공리에 따라 $s = \sup(f([a,b]))$ 가 존재한다.
$f(x_n) > s - \dfrac{1}{n}$, $x_n \in [a,b]$ 인 수열 x_n 이 있다.
볼자노-바이어스트라스 정리에 의하여 $[a,b]$ 에서 수렴하는 부분수열 x_{n_k} 라 있다. x_{n_k} 의 극한을 c 라 두면 $f(x_{n_k})$ 는 $f(c)$ 로 수렴하며 $c \in [a,b]$
$s \geq f(x_{n_k}) > s - \dfrac{1}{n_k}$ 이므로 조임정리에 의하여 $f(c) = s$
따라서 $f(x)$ 는 $[a,b]$ 에서 최댓값을 갖는다.
최솟값은 $-f(x)$ 라 두고 위의 증명과정을 반복하면 $f(x)$ 는 $[a,b]$ 에서 최솟값을 갖는다.

[중간값정리] 함수 $f(x)$ 가 구간 $[a,b]$ 에서 연속이라 하면 $f(a), f(b)$ 사이의 임의의 실수 d 에 대하여 $f(c) = d$ 인 $c \in [a,b]$ 가 존재한다.

증명 $f(a) \leq d \leq f(b)$ 인 경우를 증명하자.
$f(a) = d$ 또는 $f(b) = d$ 인 경우는 증명 끝
$f(a) < d < f(b)$ 인 경우: 집합 $A = \{ x \in [a,b] \mid f(x) < d \}$ 라 두자.
$a \in A$ 이므로 $A \neq \varnothing$ 이며 A 는 유계이므로 완비성공리에 의하여 상한 $c = \sup(A)$ 가 존재하며, $A \subset [a,b]$ 이므로 $c \leq b$ 이고 $c \in [a,b]$
만약 $f(c) < d$ 라 가정하면 f 는 c 에서 연속이므로 적당한 $(c-\delta, c+\delta)$ 에서 $f(x) < d$ 이며 $(c-\delta, c+\delta) \subset A$. 이는 $c = \sup(A)$ 임에 모순
만약 $f(c) > d$ 라 가정하면 f 는 c 에서 연속이므로 적당한 $(c-\delta, c+\delta)$ 에서 $f(x) > d$ 이며 $(c-\delta, c+\delta) \cap A = \varnothing$. 이는 $c = \sup(A)$ 임에 모순
따라서 $f(c) = d$
두 정리를 결합하면 다음 정리를 얻는다.

[구간보존정리]
(1) 함수 $f(x)$ 가 $[a,b]$ 에서 연속이면 $f([a,b]) = [c,d]$ 인 실수 c, d 가 있다.
(2) 구간 I 에서 정의된 함수 $f : I \to \mathbb{R}$ 가 연속이면 $f(I)$ 는 구간이다.

최대최솟값 정리는 compact성과 중간값정리는 연결성과 관련한다.

실수의 부분집합 A 에 관하여 함수 $\chi_A(x) = \begin{cases} 1 & , x \in A \\ 0 & , x \notin A \end{cases}$ 를 A 의 특성함수라

한다. $\chi_A(x)$ 는 A 의 내점 또는 $\mathbb{R} - A$ 의 내점에서 연속이며, A 의 경계에 놓인 점에서 불연속이다.

$A = \mathbb{Q}$ 인 경우, 집합 $\mathbb{Q}$ 의 경계는 $\mathbb{R}$ 이므로 특성함수 $\chi_{\mathbb{Q}}(x)$ 는 모든 실수에서 불연속인 함수이다.

연속인 점이 있는 함수로서, 단조함수는 항상 연속인 점을 갖는다.

[정리] 구간 I 에서 정의된 함수 $f(x)$ 일 때,
함수 $f(x)$ 가 단조증가(감소)이면 $f(x)$ 가 불연속인 점들 전체의 집합은 가산집합이다.

증명 증명의 편의상 $f(x)$ 가 단조증가라 하자.
f 는 단조함수이므로 모든 $a \in I$ 에 대하여 $f(a+)$, $f(a-)$ 가 존재하며, $f(a-) \le f(a) \le f(a+)$ 가 성립한다.
따라서 f 가 a 에서 연속일 필요충분조건은 $f(a+) = f(a-)$ 인 것이다.
대우명제는 f 가 a 에서 불연속일 필요충분조건은 $f(a+) - f(a-) > 0$ 인 것이다.
이때, $f(a+) - f(a-) \ge \dfrac{1}{n} > 0$ 인 양의 정수 n 이 존재한다.
집합 $D_n = \left\{ a \in I \ \middle| \ \dfrac{1}{n} \le f(a+) - f(a-) \right\}$ 이라 놓으면 $a \in D_n$ 이다.
임의의 양의 정수 n 에 관하여 $a \in D_n$ 이면 $f(a+) - f(a-) > 0$ 이므로 f 는 a 에서 불연속이다.
따라서 함수 f 의 불연속점들 전체의 집합은 $\displaystyle\bigcup_{n=1}^{\infty} D_n$ 이다.
임의의 유계폐구간 $[a,b] \subset I$ 에 대하여 $D_n \cap [a,b]$ 의 원소의 개수를 K (무한을 포함)라 하면 부등식 $f(b) - f(a) \ge \dfrac{K}{n}$ 으로인해 K 는 무한이 될 수 없다.
따라서 $D_n \cap [a,b]$ 는 항상 유한집합이므로 D_n 은 가산집합이다.
즉, 가산합집합 $\displaystyle\bigcup_{n=1}^{\infty} D_n$ 도 가산집합이다.
그러므로 f 의 불연속점들 전체의 집합은 가산집합이다.

구간 I에서 정의된 일반적인 함수 $f : I \to \mathbb{R}$에 관하여 f가 연속인 점들 전체의 집합을 C_f라 쓰기로 하면 $a \in C_f$, $\epsilon = \dfrac{1}{n}$일 때, 연속의 정의를 만족하는 양수 δ가 있으며 이 δ를 $\delta_n(a)$라 쓰자.

이때, 개집합 $G_n = \bigcup_{a \in C_f} (a - \delta_n(a),\ a + \delta_n(a))$라 하면 $C_f = \bigcap_{n=1}^{\infty} G_n$이다.

즉, C_f는 가산개의 개집합 G_n들의 교집합이 된다.

$\mathbb{Q}$는 가산개의 개집합들의 교집합으로 나타낼 수 없음을 위상수학에서 증명할 수 있다.

예제 1 함수 $f(x) = \begin{cases} \dfrac{1}{m} & ,\ x = \dfrac{n}{m} \in \mathbb{Q} \\ 0 & ,\ x \not\in \mathbb{Q} \end{cases}$ (단, $\dfrac{n}{m}$은 기약, $m > 0$)

0의 기약분수는 $0/1$이므로 $f(0) = 1$

(1) $f(x)$는 모든 유리수에서 불연속임을 보이시오.
(2) 모든 무리수에서 연속임을 보이시오.

풀이 (1) 임의의 유리수 a에 대하여 a로 수렴하는 무리수열 $x_n = a + \dfrac{\pi}{n}$을 택하면

$\lim_{n\to\infty} f(x_n) \neq f(a)$이므로 a에서 연속이 아니다.

(2) a를 임의의 무리수라 하고 $\epsilon > 0$을 임의의 양의 실수라 하자.

"$|x - a| < \delta$이면 x가 무리수이든 유리수이든 항상 $|f(x) - f(a)| < \epsilon$"

이 성립하는 양의 실수 δ를 찾아보자.

집합 $A = \left\{ \dfrac{n}{m} \in (a-1, a+1) \ \Big|\ 0 < m \le \dfrac{1}{\epsilon},\ n \in \mathbb{Z} \right\}$라 두면

A는 유한집합이며 $\delta = \min \left\{ \left| a - \dfrac{n}{m} \right|, 1 \ \Big|\ \dfrac{n}{m} \in A \right\}$라 놓자.

a는 무리수이므로 $\left| a - \dfrac{n}{m} \right| > 0$이며 $\delta > 0$이다.

이렇게 구한 δ에 대하여 "$|x-a| < \delta$이면 $|f(x) - f(a)| < \epsilon$"이 성립하는 지 알아보자.

① x가 $|x-a| < \delta$인 무리수일 때, $f(x) = 0$이므로
$|f(x) - f(a)| = 0 < \epsilon$

② x가 $|x-a| < \delta$인 유리수일 때, $x = \dfrac{n}{m}$(기약분수, $m > 0$)이라 하면

$x = \dfrac{n}{m} \not\in A$이므로 $m > \dfrac{1}{\epsilon}$이며 $|f(x) - f(a)| = \dfrac{1}{m} < \epsilon$

따라서 $|x-a| < \delta$이면 x가 무리수이든 유리수이든 항상 $|f(x) - f(a)| < \epsilon$이다.

그러므로 $f(x)$는 $x = a$에서 연속이다.

위 예제의 함수를 디리클레 팝콘함수 또는 Thomae함수라 한다.

예제 2 실수집합의 조밀한 부분집합에서 0인 연속함수는 항등적으로 0임을 보이시오.

풀이 조밀한 부분집합을 A라 두면, 임의의 실수 a에 대하여 a로 수렴하는 수열 $a_n \in A$가 존재한다. 이때, 연속함수 f에 대하여,

$f(a) = f(\lim_{n\to\infty} a_n) = \lim_{n\to\infty} f(a_n) = \lim_{n\to\infty} 0 = 0$

예제 3 ◖ 함수 $f(x)$ 가 연속이며, $\lim\limits_{n \to \infty} f(n) = \infty$, $\lim\limits_{n \to \infty} f(-n) = -\infty$ 이면, $f(x)$ 가 전사함수임을 보이시오.

풀이 ◖ y_0 를 임의의 실수라 하자.

$\lim\limits_{n \to \infty} f(n) = \infty$ 이므로 $f(n_1) \geq y_0$ 인 양의 정수 n_1 이 존재하며,

$\lim\limits_{n \to \infty} f(-n) = -\infty$ 이므로 $f(-n_2) \leq y_0$ 인 양의 정수 n_2 이 존재한다.

이때, $f(-n_2) \leq y_0 \leq f(n_1)$ 이며, f 가 연속함수이므로 중간값정리에 의하여

$f(x_0) = y_0$, $-n_2 \leq x_0 \leq n_1$ 인 x_0 가 존재한다.

따라서 f 는 전사(onto)이다.

예제 4 ◖ $f : \mathbb{R} \to \mathbb{R}$ 는 감소함수이며 $e^x f(x)$ 는 증가함수일 때, $f(x)$ 는 임의의 실수 a 에서 연속임을 보이시오.

풀이 ◖ $f(x)$ 는 감소함수이므로 $\lim\limits_{x \to a-} f(x) \geq f(a) \geq \lim\limits_{x \to a+} f(x)$

$e^a f(a) \leq \lim\limits_{x \to a+} e^x f(x) = e^a \lim\limits_{x \to a+} f(x)$ 이므로 $f(a) \leq \lim\limits_{x \to a+} f(x)$

$e^a f(a) \geq \lim\limits_{x \to a-} e^x f(x) = e^a \lim\limits_{x \to a-} f(x)$ 이므로 $f(a) \geq \lim\limits_{x \to a-} f(x)$

따라서 $\lim\limits_{x \to a-} f(x) = f(a) = \lim\limits_{x \to a+} f(x)$ 이므로 $f(x)$ 는 a 에서 연속이다.

예제 5 ◖ $f(x)$ 가 $\mathbb{R}$ 에서 연속이고 $f(x+1) = f(x)$ 일 때, $f(c+\pi) = f(c)$ 인 실수 c 가 존재함을 보이시오.

풀이 ◖ $F(x) = f(x+\pi) - f(x)$ 라 두면 $f(x)$ 가 연속함수이므로 $F(x)$ 도 연속함수이다.

$f(x)$ 에 구간 $[0,1]$ 에서 최대최솟값정리에 의하여 $f(x)$ 의 최댓값 $f(a)$, 최솟값 $f(b)$ 이 존재한다.

$F(a) = f(a+\pi) - f(a) \leq 0$, $F(b) = f(b+\pi) - f(b) \geq 0$ 이므로

중간값정리에 의하여 $F(c) = f(c+\pi) - f(c) = 0$ 인 c 가 a , b 사이에 있다.

따라서 $f(c+\pi) = f(c)$ 인 실수 c 가 존재한다.

예제 6 ◖ 연속함수 $f(x)$, $g(x)$ 에 대하여 $g(x) \geq 0$ 일 때
$$\int_0^1 f(x) g(x)\, dx = f(c) \int_0^1 g(x)\, dx$$ 인 실수 c 가 있음을 보이시오.

풀이 ◖ $F(t) = \int_0^1 (f(t) - f(x)) g(x)\, dx$ 라 두고, $f(t)$ 에 최대최솟값정리 적용하면 구간 $[0,1]$ 에서 $f(t)$ 의 최댓값 $f(t_1)$, 최솟값 $f(t_2)$ 을 갖는다.

함수 $g(x) \geq 0$ 이므로 $F(t_1) \geq 0$ 이며 $F(t_2) \leq 0$

따라서 중간값정리에 의하여 $F(c) = 0$, $c \in [0,1]$ 인 c 가 있으며
$$\int_0^1 f(x) g(x)\, dx = f(c) \int_0^1 g(x)\, dx$$ 이다.

예제 7 연속함수 $f : [0, \infty) \to \mathbb{R}$ 가 $\lim\limits_{x \to \infty} \{ f(x+1) - f(x) \} = A$ 이면

$\lim\limits_{x \to \infty} \dfrac{f(x)}{x} = A$ 임을 보이시오.

증명 $g(x) = f(x) - Ax$ 라 두면 $\lim\limits_{x \to \infty} \{ g(x+1) - g(x) \} = 0$ 이다.

ϵ 이 임의의 양의 실수라 하자.

$h(x) = g(x) - g(x-1)$ 라 놓으면 $\lim\limits_{x \to \infty} h(x) = 0$ 이므로 적당한 양의 정수 R_1 이

존재하여 $R_1 \le x$ 이면 $|h(x)| < \dfrac{\epsilon}{2}$ 이 성립한다.

유계 폐구간 $[0, R_1]$ 에서 $g(x)$ 는 연속이므로 최대최솟값정리에 의하여 $g(x)$ 는

$[0, R_1]$ 에서 유계이며 $|g(x)| \le M$ 인 양수 M 이 있다.

$\dfrac{2M}{\epsilon} \le R_2$ 인 양수 R_2 가 존재한다.

$R = \max(R_1, R_2)$ 라 정하면 $R < x$ 일 때, 정수 $n_x = [x - R_1]$ 라 놓으면

$\dfrac{g(x)}{x} = \dfrac{h(x) + h(x-1) + \cdots + h(x - n_x)}{x} + \dfrac{g(x - n_x - 1)}{x}$

$x - R_1 - 1 < n_x \le x - R_1$ 이며 $x - n_x - 1 < R_1 \le x - n_x$ 이므로

$\dfrac{|g(x - n_x - 1)|}{x} \le \dfrac{M}{x} < \dfrac{M}{R} \le \dfrac{M}{R_2} \le \dfrac{\epsilon}{2}$,

$\dfrac{|h(x) + h(x-1) + \cdots + h(x - n_x)|}{x} \le \dfrac{(n_x + 1)\, \epsilon / 2}{n_x + 1} \times \dfrac{n_x + 1}{x} < \dfrac{\epsilon}{2}$

$\left| \dfrac{g(x)}{x} \right| \le \dfrac{|h(x) + h(x-1) + \cdots + h(x - n_x)|}{x} + \dfrac{|g(x - n_x - 1)|}{x} < \epsilon$

따라서 $\lim\limits_{x \to \infty} \dfrac{g(x)}{x} = 0$ 이며 $\lim\limits_{x \to \infty} \dfrac{f(x)}{x} = A$ 이다.

예제 8 $f : \mathbb{R} \to \mathbb{R}$ 는 연속이며 $\lim\limits_{x \to \infty} f(x) = \lim\limits_{x \to -\infty} f(x) = L$ 이면 f 는 최댓값 또는 최솟값을 가짐을 보이시오.

증명 첫째, 모든 실수 x 에 관하여 $f(x) = L$ 인 상수함수인 경우

L 은 $f(x)$ 의 최댓값이며 최솟값이므로 f 는 최댓값과 최솟값을 갖는다.

둘째, $f(a) > L$ 인 실수 a 가 존재하는 경우

$\lim\limits_{x \to \infty} f(x) = \lim\limits_{x \to -\infty} f(x) = L$ 이므로 양수 $\epsilon = \dfrac{f(a) - L}{2}$ 에 관하여

$|x| > r$ 이면 $|f(x) - L| < \epsilon$ 이 성립하는 양수 r 이 있다.

이때, $|f(a) - L| > \epsilon$ 이므로 $a \in [-r, r]$ 이다.

f 는 연속함수이므로 유계 폐구간 $[-r, r]$ 에서 최댓값정리를 적용하면

구간 $[-r, r]$ 에서 f 의 최댓값 $m = f(c)$, $c \in [-r, r]$ 인 c 가 존재한다.

모든 $x \in [-r, r]$ 에 대하여 $f(x) \le f(c) = m$ 이다.

$a \in [-r, r]$ 이므로 $f(a) \le f(c) = m$ 이다.

모든 $x \notin [-r, r]$ 에 대하여 $|x| > r$ 이므로 $|f(x) - L| < \epsilon$ 이며

$$f(x) < L + \epsilon = \frac{f(a) + L}{2} < f(a) \le f(c) = m$$

따라서 모든 실수 x 에 대하여 $f(x) \le f(c) = m$ 이 성립하므로 f 는 최댓값을 갖는다.

셋째, $f(a) < L$ 인 실수 a 가 존재하는 경우

$$\lim_{x \to \infty} f(x) = \lim_{x \to -\infty} f(x) = L \text{ 이므로 양수 } \epsilon = \frac{L - f(a)}{2} \text{ 에 관하여}$$

$|x| > r$ 이면 $|f(x) - L| < \epsilon$ 이 성립하는 양수 r 이 있다.

이때, $|f(a) - L| > \epsilon$ 이므로 $a \in [-r, r]$ 이다.

f 는 연속함수이므로 유계 폐구간 $[-r, r]$ 에서 최대최솟값정리를 적용하면 구간 $[-r, r]$ 에서 f 의 최솟값 $m = f(c)$,

$c \in [-r, r]$ 인 c 가 존재한다.

모든 $x \in [-r, r]$ 에 대하여 $f(x) \ge f(c) = m$ 이다.

$a \in [-r, r]$ 이므로 $f(a) \ge f(c) = m$ 이다.

모든 $x \not\in [-r, r]$ 에 대하여 $|x| > r$ 이므로 $|f(x) - L| < \epsilon$ 이며

$$f(x) > L - \epsilon = \frac{L + f(a)}{2} > f(a) \ge f(c) = m$$

따라서 모든 실수 x 에 대하여 $f(x) \ge f(c) = m$ 이 성립하므로 f 는 최솟값을 갖는다.

그러므로 함수 f 는 최댓값 또는 최솟값을 갖는다.

예제 9 K 는 컴팩트 위상공간이며 $f : K \to \mathbb{R}$ 는 연속이면 f 는 K 에서 최댓값(최솟값)을 가짐을 보이시오.

증명 K 는 컴팩트공간이며 f 는 연속사상이므로 $f(K)$ 는 컴팩트집합이다.

하이네-보렐 정리에 의하여 컴팩트집합 $f(K)$ 는 유계 폐집합이다.

$f(K)$ 는 유계집합이므로 연속성공리에 의하여 상한(최소상계)

$\sup(f(K)) = m$ 을 갖는다.

만약 $m \in \mathbb{R} - f(K)$ 이라 가정하면 $\mathbb{R} - f(K)$ 는 개집합이므로

$(m - r, m + r) \subset \mathbb{R} - f(K)$ 인 적당한 양수 r 이 존재한다.

$f(K) \cap (m - r, m + r) = \varnothing$ 이므로 $\sup(f(K)) = m$ 임에 모순

따라서 $m \in f(K)$ 이므로 $m = f(k)$, $k \in K$ 인 원소 k 가 있다.

그러므로 $f(x)$ 는 최댓값 m 을 갖는다.

개구간 I 조건을 폐구간 I 로 바꾸면 명제는 거짓

예제 10 개구간 I 에서 정의된 $f : I \to \mathbb{R}$ 가 볼록함수 조건 「 $0 \le t \le 1$ 이면 $f((1-t)x + ty) \le (1-t)f(x) + tf(y)$ 」 (#) 을 만족하면 $f(x)$ 는 임의의 실수 $a \in I$ 에서 연속임을 보이시오.

풀이 임의의 실수 $a \in I$ 에 대하여 I 는 개구간이므로

$a \in [b_1, b_2] \subset I$, $b_1 < a < b_2$ 인 실수 b_1, b_2 가 있다.

$b_1 \le x_1 < a < x_2 \le b_2$ 일 때 부등식(#)으로부터 $i = 1, 2$ 에 대하여

$$x_i = (1-t)a + tb_i \text{ 즉, } \frac{x_i - a}{b_i - a} = t \text{ 라 두면 } 0 \le t \le 1 \text{ 이므로}$$

$$f(x_i) \le (1-t)f(a) + tf(b_i), \ f(x_i) - f(a) \le t\{f(b_i) - f(a)\},$$

$$f(x_i) - f(a) \le \frac{x_i - a}{b_i - a}\{f(b_i) - f(a)\}$$

$i = 1, 2$ 를 대입하면

$$\frac{f(b_1)-f(a)}{b_1-a} \le \frac{f(x_1)-f(a)}{x_1-a} \text{ 이며}, \frac{f(x_2)-f(a)}{x_2-a} \le \frac{f(b_2)-f(a)}{b_2-a} \quad \cdots\cdots ①$$

또한 $t = \dfrac{a-x_1}{x_2-x_1}$ 라 두면 $f(a)-f(x_1) \le \dfrac{a-x_1}{x_2-x_1}\{f(x_2)-f(x_1)\}$

$(x_2-a+a-x_1)\{f(a)-f(x_1)\} \le (a-x_1)\{f(x_2)-f(x_1)\},$

$(x_2-a)\{f(a)-f(x_1)\} \le (a-x_1)\{f(x_2)-f(a)\},$

$$\frac{f(a)-f(x_1)}{a-x_1} \le \frac{f(x_2)-f(a)}{x_2-a} \quad \cdots\cdots ②$$

①, ②로부터

$$\frac{f(b_1)-f(a)}{b_1-a} \le \frac{f(x_1)-f(a)}{x_1-a} \le \frac{f(x_2)-f(a)}{x_2-a} \le \frac{f(b_2)-f(a)}{b_2-a}$$

$x \in [b_1, b_2]-\{a\}$ 이면 $\dfrac{f(b_1)-f(a)}{b_1-a} \le \dfrac{f(x)-f(a)}{x-a} \le \dfrac{f(b_2)-f(a)}{b_2-a}$

$M = \max\left(\left|\dfrac{f(b_1)-f(a)}{b_1-a}\right|, \left|\dfrac{f(b_2)-f(a)}{b_2-a}\right|\right)$ 라 두면

$\left|\dfrac{f(x)-f(a)}{x-a}\right| \le M$ 이며, $|f(x)-f(a)| \le M|x-a|$

임의의 양수 $\epsilon > 0$ 에 대하여 $\delta = \min(\dfrac{\epsilon}{M}, |b_2-a|, |b_1-a|)$ 라 정하면

$|x-a| < \delta$ 일 때 $x \in (b_1, b_2)$ 이며

$|f(x)-f(a)| \le M|x-a| < M\dfrac{\epsilon}{M} = \epsilon$ 이 성립한다.

그러므로 $f(x)$ 는 a 에서 연속이다.

03 함수의 균등연속(Uniform Continuity)

> **[정리]** {균등연속} 함수 $f : I \to \mathbb{R}$ 가
> $$\forall \epsilon > 0 \;\; \exists \delta > 0 \;\; \text{s.t.} \;\; |x_1 - x_2| < \delta \;\to\; |f(x_1) - f(x_2)| < \epsilon$$
> 을 만족할 때 균등(평등, 고른)연속 (uniformly continuous)이라 한다.

균등연속의 정의에서 주의할 점은 δ가 점 x_1, x_2에 의존하지 않는다는 것이다.
균등연속과 수열의 관련성에 관한 다음 정리가 성립한다.

> **[정리]**
> (1) 함수 $f : I \to \mathbb{R}$ 가 균등연속일 필요충분조건은 「수열 a_n, $b_n \in I$에 대하여
> $\lim\limits_{n \to \infty} |a_n - b_n| = 0$ 이면 $\lim\limits_{n \to \infty} |f(a_n) - f(b_n)| = 0$」
> (2) 함수 $f : I \to \mathbb{R}$ 가 균등연속이고 수열 $x_n \in I$이 코시열이면 $f(x_n)$도 코시열이다.

증명 (1) ($\to$) ϵ을 임의의 양의 실수라 하자.

f는 I에서 균등연속이므로 적당한 양의 실수 δ가 존재하여 $|x_1 - x_2| < \delta$ 이면

$|f(x_1) - f(x_2)| < \epsilon$ 이 성립한다.

$\lim\limits_{n \to \infty} |a_n - b_n| = 0$ 이면 적당한 양의 정수 K가 존재하여 $K \le n$이면

$|a_n - b_n| < \delta$ 이 성립한다.

따라서 $|f(a_n) - f(b_n)| < \epsilon$ 이며 $\lim\limits_{n \to \infty} |f(a_n) - f(b_n)| = 0$ 이다.

($\leftarrow$) (대우명제)를 증명하자. f가 I에서 균등연속이 아니라 하자.

적당한 양의 실수 ϵ_1가 존재하여 모든 양수 δ에 대하여 $|x_1 - x_2| < \delta$ 이며
$|f(x_1) - f(x_2)| \ge \epsilon_1$ 인 x_1, $x_2 \in I$가 있다.

$\delta = \dfrac{1}{n}$ 을 대입할 때마다 $|a_n - b_n| < \dfrac{1}{n}$, $|f(a_n) - f(b_n)| \ge \epsilon_1$ 이 성립하는

수열 a_n, $b_n \in I$이 존재한다. 따라서 문제의 조건을 만족하지 않는다.

(2) ϵ을 임의의 양의 실수라 하자.

함수 f가 균등연속이므로, $|x_1 - x_2| < \delta$이면 $|f(x_1) - f(x_2)| < \epsilon$이 성립하
는 적당한 양의 실수 $\delta > 0$가 존재한다.

수열 x_n이 코시열이므로, $n_1 \le n, m$ 이면 $|x_n - x_m| < \delta$이 성립하는 양의
정수 n_1이 존재한다.

이때, $n_1 \le n, m$ 이면 $x_1 = x_n$, $x_2 = x_m$을 대입하여 $|f(x_n) - f(x_m)| < \epsilon$
이 성립한다.

따라서 $f(x_n)$은 코시열이다.

위의 정리에서 $f(x_n)$은 공역 $\mathbb{R}$의 수열이므로 $f(x_n)$은 수렴하게 된다. 따라
서 f가 균등연속이면, 수열 x_n이 I에서 수렴하지 않는 코시열인 경우도
$f(x_n)$은 수렴한다.

연속은 변량이 1개
균등연속은 2개

01

균등연속의 정의에 의해, 균등연속 함수는 연속함수이다.
역은 일반적으로 성립하지 않는다. 특별한 조건이 필요하다.

[균등연속 정리] 유계 폐구간에서 정의된 연속함수는 균등연속이다.

증명 (귀류법) f 가 I 에서 균등연속이 아니라 하자.

$|a_n - b_n| < \dfrac{1}{n}$, $|f(a_n) - f(b_n)| \geq \epsilon_1$ 이 성립하는 수열 a_n , $b_n \in I$ 과 양수 ϵ_1 이

있다.

I 는 유계이므로 볼자노-바이어스트라스 정리에 의하여 수렴하는 부분수열 a_{n_k} 가 존재하며 I 는 폐집합이므로 a_{n_k} 의 극한 c 는 I 에 속한다.

$k \to \infty$ 이면 $|a_{n_k} - b_{n_k}| < \dfrac{1}{n_k} \to 0$ 이므로 a_{n_k} 와 b_{n_k} 는 c 로 수렴한다.

f 는 c 에서 연속이므로 $\displaystyle\lim_{k \to \infty} |f(a_{n_k}) - f(b_{n_k})| = |f(c) - f(c)| = 0$

$|f(a_n) - f(b_n)| \geq \epsilon_1$ 와 모순!

따라서 f 는 I 에서 균등연속이다.

유계 폐구간은 유계 폐집합으로 바꿔도 성립하며, 정의역이 유계 폐집합이면 '연속'과 '균등연속'은 동치이다.
균등연속임을 증명하는 몇 가지 방법을 살펴보자.

[정리] $|f(x) - f(y)| \leq K|x-y|^c$ (단, $K, c > 0$)이면, $f(x)$ 는 균등연속이다.

증명 임의의 양의 실수 ϵ 에 관하여 양의 실수 $\delta = (\epsilon/K)^{1/c}$ 라 하면,

$|x_1 - x_2| < \delta$ 일 때, $|f(x_1) - f(x_2)| \leq K|x_1 - x_2|^c < K\delta^c = \epsilon$ 이 성립한다.

따라서 $f(x)$ 는 균등연속이다.

[정리] 연결구간 I 에서 미분가능인 함수 $f(x)$ 의 도함수가 유계 즉, $|f'(x)| \leq$ M 이면 f 는 I 에서 균등연속이다.

> 연결 조건이 중요하다.

증명 임의의 서로 다른 두 실수 x_1 , x_2 사이 구간에서 평균값정리를 적용하

면 $\dfrac{f(x_1) - f(x_2)}{x_1 - x_2} = f'(t)$ 인 t 가 x_1 , x_2 사이에 있다.

절댓값을 취하고, 유계조건을 이용하면

부등식 $|f(x_1) - f(x_2)| \leq M|x_1 - x_2|$ 이 성립함을 알 수 있다.

임의의 양의 실수 ϵ 에 관하여 양의 실수 $\delta = \epsilon/M$ 라 하면,

$|x_1 - x_2| < \delta$ 일 때, $|f(x_1) - f(x_2)| \leq M|x_1 - x_2| < M\delta = \epsilon$ 이다.

따라서 $f(x)$ 는 균등연속이다.

연속함수가 균등연속이 되기 위한 조건으로 다음 정리가 성립한다.

[연속확장 정리]

(1) $I = (a, b)$일 때, 함수 $f : I \to \mathbb{R}$ 가 균등연속이면 $\overline{I} = [a, b]$ 로 정의역을 확장한 연속함수 $F : \overline{I} \to \mathbb{R}$, $F|_I = f$ 가 존재한다.

(2) 함수 $f : I \to \mathbb{R}$ 가 균등연속이면 $F|_I = f$ 인 연속함수 $F : \overline{I} \to \mathbb{R}$ 가 존재한다.

> 정의역 I 는 구간이 아니어도 성립한다.

증명 (1) 수열 $a_n = a + \dfrac{b-a}{n+1}$, $b_n = b - \dfrac{b-a}{n+1}$ 라 두면 $a_n, b_n \in I$ 이며

$\mathbb{R}$ 에서 a_n, b_n 은 각각 a, b 로 수렴하므로 코시열이다.

따라서 a_n, b_n 은 I 의 코시열이며, f 는 균등연속이므로 $f(a_n), f(b_n)$ 는 $\mathbb{R}$ 의 코시열이다.

코시열 $f(a_n), f(b_n)$ 는 $\mathbb{R}$ 에서 수렴하므로 각각 극한을 A, B 라 하자.

이때 I 에서 $F = f$, $F(a) = A$, $F(b) = B$ 라 함수 F 를 정의하자.

f 는 I 에서 연속이며 I 는 개구간이므로 F 도 I 에서 연속이다.

a 로 수렴하는 임의의 수열 $x_n \in I$ 에 대하여 $\lim\limits_{n \to \infty} |x_n - a_n| = 0$ 이며 f 는

I 에서 균등연속이므로 $\lim\limits_{n \to \infty} |f(x_n) - f(a_n)| = 0$

$f(a_n)$ 이 A 로 수렴하므로 $\lim\limits_{n \to \infty} |f(x_n) - A| = 0$, $\lim\limits_{n \to \infty} f(x_n) = A$

따라서 $\lim\limits_{n \to \infty} F(x_n) = F(a)$ 이며 F 는 a 에서 연속이다.

b 로 수렴하는 임의의 수열 $x_n \in I$ 에 대하여 동일한 방법을 적용하면 $\lim\limits_{n \to \infty} F(x_n) = F(b)$ 이며 F 는 b 에서 연속이다.

그러므로 F 는 $\overline{I}$ 에서 연속이며 f 의 확장함수이다.

(2) 임의의 $x \in \overline{I}$ 에 대하여 $\lim\limits_{n \to \infty} a_n = x$, $a_n \in I$ 인 수열이 존재한다.

a_n 은 코시열이므로 $f(a_n)$ 도 코시열이며 $f(a_n)$ 은 $\mathbb{R}$ 에 수렴한다.

$f(a_n)$ 의 극한을 y 라 할 때 $F(x) = y$ 이라 함수 $F : \overline{I} \to \mathbb{R}$ 를 정의하자.

첫째, F 는 잘 정의된 함수임을 보이자.

$x \in \overline{I}$ 에 대하여 $\lim\limits_{n \to \infty} a_n = x$, $\lim\limits_{n \to \infty} b_n = x$ 인 두 수열 a_n, b_n 이 있을 때,

수열 $c_n = \begin{cases} a_k, & n = 2k-1 \\ b_k, & n = 2k \end{cases}$ 이라 두면 $\lim\limits_{n \to \infty} c_n = x$ 이므로 c_n 은 코시열이며

$f(c_n)$ 도 코시열이며 $f(c_n)$ 은 $\mathbb{R}$ 에 수렴한다. 극한을 y 라 하자.

$f(c_{2k-1})$ 과 $f(c_{2k})$ 는 $f(c_n)$ 의 부분수열이므로 $f(c_{2k-1})$ 과 $f(c_{2k})$ 는 y 로 수렴한다.

즉, $f(a_k)$ 와 $f(b_k)$ 는 같은 극한으로 수렴한다.

따라서 $F(x) = y$ 의 함숫값 y 는 수열 a_n 의 선택에 관계없이 같은 실수이므로 F 는 잘 정의된 함수이다.

둘째, F 는 연속사상임을 보이자.

임의의 $c \in \overline{I}$ 와 양의 실수 ϵ 이 주어져 있다.

58 Part 01 해석학

01

f 는 균등연속이므로 $|x_1 - x_2| < \delta_1$ 이면 $|f(x_1) - f(x_2)| < \dfrac{\epsilon}{2}$ 이 성립하는 양의 실수 δ_1 가 존재한다.

$\delta = \dfrac{1}{3}\delta_1$ 라 정하자.

$|x - c| < \delta$, $x \in \overline{I}$ 일 때, $\lim\limits_{n\to\infty} x_n = x$, $\lim\limits_{n\to\infty} c_n = c$, $x_n, c_n \in I$ 이라 하자.

F 의 정의에 의하여 $\lim\limits_{n\to\infty} f(x_n) = F(x)$, $\lim\limits_{n\to\infty} f(c_n) = F(c)$

$\lim\limits_{n\to\infty} x_n = x$ 이므로 $K_1 < n$ 이면 $|x_n - x| < \delta$ 인 양의 정수 K_1 이 있다.

$\lim\limits_{n\to\infty} c_n = c$ 이므로 $K_2 < n$ 이면 $|c_n - c| < \delta$ 인 양의 정수 K_2 가 있다.

$K = \max(K_1, K_2)$ 라 놓고 $K < n$ 이면

$|x_n - c_n| \le |x_n - x| + |x - c| + |c - c_n| < 3\delta = \delta_1$ 이므로

$|f(x_n) - f(c_n)| < \dfrac{\epsilon}{2}$ 이다.

극한을 구하면 $\lim\limits_{n\to\infty} |f(x_n) - f(c_n)| \le \dfrac{\epsilon}{2} < \epsilon$

따라서 $|F(x) - F(c)| < \epsilon$ 이 성립한다.

셋째, $F|_I = f$ 임을 보이자.

$x \in I$ 일 때, $\lim\limits_{n\to\infty} a_n = x$, $a_n \in I$ 인 수열 a_n 에 대하여 f 는 연속이므로

$f(a_n)$ 은 $f(x)$ 로 수렴한다.

따라서 $F(x) = f(x)$ 이며 $F|_I = f$ 이다.

위의 정리는 I 가 유계 개구간이 아닌 일반적인 집합인 경우도 성립한다.
균등연속함수의 정의역을 축소한 제한사상도 균등연속이다.

균등연속함수의 유계성에 관한 정리를 살펴보자.

[정리] 유계집합 A 에서 $f : A \to \mathbb{R}$ 이 균등연속이면 f 는 A 에서 유계이다.

증명 f 가 유계함수가 아니라고 가정하자.

임의의 양의 정수 k 에 대하여 $|f(x_k)| \ge k$, $x_k \in A$ 인 수열 x_k 가 존재한다.

$x_k \in A$ 이며 A 는 유계이므로 Bolzano-Weierstrass정리에 의해 $\mathbb{R}$ 에서 수렴하는 부분수열 $\{x_{n_k}\}$ 가 존재한다.

따라서 $\{x_{n_k}\}$ 는 수렴하므로 A 에서 코시열이다.

f 가 균등연속이므로 수열$\{f(x_{n_k})\}$ 는 코시열이며 $\mathbb{R}$ 에서 유계수열이다.

그러나 $|f(x_{n_k})| \ge n_k$ 이며 $\lim\limits_{n\to\infty} n_k = \infty$ 이므로 $\mathbb{R}$ 에서 유계임에 위배된다.

그러므로 f 는 유계함수이다.

[정리] $f : \mathbb{R} \to \mathbb{R}$ 가 균등연속이면 $|f(x)| \le A|x| + B$ 인 적당한 양의 실수 A, B가 있다.

증명 $f(x)$는 균등연속이므로 양수 $\epsilon = 1$ 에 대하여 $|x_1 - x_2| < \delta$ 이면
$|f(x_1) - f(x_2)| < \epsilon = 1$ 이 성립하는 양수 δ 가 존재한다.
임의의 실수 $x \in \mathbb{R}$ 에 대하여 아르키메데스 정리와 자연수의 정렬성에 의하여
$n \dfrac{\delta}{2} < |x| \le (n+1) \dfrac{\delta}{2}$ 인 양의 정수 n 이 존재한다.

이때 $x \ge 0$ 이면 $x_k = k \dfrac{\delta}{2}$, $x < 0$ 이면 $x_k = -k \dfrac{\delta}{2}$ 라 두자.

각 k 에 대하여 $|x_k - x_{k-1}| = \dfrac{\delta}{2} < \delta$ 이므로 $|f(x_k) - f(x_{k-1})| < 1$ 이며,

$|x - x_n| < \dfrac{\delta}{2} < \delta$ 이므로 $|f(x) - f(x_n)| < 1$ 이다.

$$|f(x)| \le |f(x) - f(x_n)| + |f(x_n) - f(0)| + |f(0)|$$
$$\le |f(x) - f(x_n)| + \sum_{k=1}^{n} |f(x_k) - f(x_{k-1})| + |f(0)|$$
$$\le 1 + n + |f(0)| \ \le \ \dfrac{2}{\delta}|x| + 1 + |f(0)|$$

따라서 $A = \dfrac{2}{\delta}$, $B = 1 + |f(0)|$ 라 두면 $|f(x)| \le A|x| + B$ 이다.

균등연속인 범위를 넓히는 것과 관련된 다음 정리가 성립한다.

[정리] 함수 $f(x)$가 각각 구간 $(-\infty, a)$ 와 (a, ∞) 에서 균등연속이고 점 a 에서 연속이면, $(-\infty, \infty)$ 에서 균등연속이다.

증명 ϵ 을 임의의 양의 실수라 하자. $f(x)$가 구간 $(-\infty, a)$ 와 (a, ∞) 에서
균등연속이므로 $|x - y| < \delta_1$, $a < x, y$ 이면 $|f(x) - f(y)| < \epsilon$
$\qquad\qquad |x - y| < \delta_2$, $x, y < a$ 이면 $|f(x) - f(y)| < \epsilon$
이 성립하는 양의 실수 δ_1, δ_2 가 존재한다.
또한 $f(x)$가 점 a 에서 연속이므로, 적당한 양의 실수 δ_3 가 존재하여

$|x - a| < \delta_3$ 이면 $|f(x) - f(a)| < \dfrac{\epsilon}{2}$ 이다. $\delta = \min(\delta_1, \delta_2, \delta_3)$ 라 두면,

$|x_1 - x_2| < \delta$ 일 때,

(1) $x_1, x_2 > a$ 이면 $|f(x_1) - f(x_2)| < \epsilon$

(2) $x_1, x_2 < a$ 이면 $|f(x_1) - f(x_2)| < \epsilon$

(3) $x_1 \le a \le x_2$ 또는 $x_2 \le a \le x_1$ 이면 $|x_1 - a|, |x_2 - a| < \delta$ 이므로

$\quad |f(x_i) - f(a)| < \dfrac{\epsilon}{2}$ 이며,

$\quad |f(x_1) - f(x_2)| \le |f(x_1) - f(a)| + |f(x_2) - f(a)| < \dfrac{\epsilon}{2} + \dfrac{\epsilon}{2} = \epsilon$

따라서 $|x_1 - x_2| < \delta$ 이면 $|f(x_1) - f(x_2)| < \epsilon$ 이다.

그러므로 함수 $f(x)$는 $(-\infty, \infty)$ 에서 균등연속이다.

위 정리의 증명과정을 적용하면 아래 명제를 얻는다.

[정리] 함수 $f(x)$ 가 각각 구간 (a, b) 와 (b, c) 에서 균등연속이고 점 b 에서 연속이면 (a, c) 에서 균등연속이다.

균등연속이 되는 영역을 확장하는 것과 조밀성사이의 관계에 관한 명제를 살펴보자.

[명제] 연속함수 $f : \mathbb{R} \to \mathbb{R}$ 의 제한사상 $f|_A$ 가 'A 에서 균등연속'이고, $\overline{A} = \mathbb{R}$ 이면 함수 f 는 $\mathbb{R}$ 에서 균등연속이다.

증명 ┊ ϵ 을 임의의 양의 실수라 하자.

$f|_A$ 는 A 에서 균등연속이므로

적당한 양수 δ_0 존재하여 $|t_1 - t_2| < \delta_0$, $t_1, t_2 \in A$ 이면

$|f(t_1) - f(t_2)| < \dfrac{\epsilon}{3}$ 이 성립한다.

$|x_1 - x_2| < \delta_0$, $x_1, x_2 \in \mathbb{R}$, $x_1 < x_2$ 일 때

f 는 x_1 에서 연속이므로 양수 δ_1 존재하여 $|t - x_1| < \delta_1$ 이면

$|f(t) - f(x_1)| < \dfrac{\epsilon}{3}$

f 는 x_2 에서 연속이므로 양수 δ_2 존재하여 $|t - x_2| < \delta_2$ 이면

$|f(t) - f(x_2)| < \dfrac{\epsilon}{3}$

$\overline{A} = \mathbb{R}$ 이므로 $t_1 \in (x_1, x_1 + \delta_1) \cap (x_1, x_2) \cap A$,

$t_2 \in (x_2 - \delta_2, x_2) \cap (x_1, x_2) \cap A$ 인 $t_1, t_2 \in A$ 가 있다.

$|t_1 - t_2| \le |x_1 - x_2| < \delta_0$, $|t_1 - x_1| < \delta_1$, $|t_2 - x_2| < \delta_2$ 이므로

$|f(x_1) - f(x_2)| \le |f(x_1) - f(t_1)| + |f(t_1) - f(t_2)| + |f(t_2) - f(x_2)|$

$$< \frac{\epsilon}{3} + \frac{\epsilon}{3} + \frac{\epsilon}{3} = \epsilon$$

그러므로 $f(x)$ 는 $\mathbb{R}$ 에서 균등연속이다.

[정리] 유계집합 I 에서 정의된 함수 $f : I \to \mathbb{R}$ 가 있다.
모든 코시열 x_n 에 대하여 수열 $f(x_n)$ 이 코시열인 함수 $f(x)$ 는 균등연속이다.

증명 ┊ 함수 $f(x)$ 가 균등연속이 아니라 가정하자.

$\lim\limits_{n \to \infty} |a_n - b_n| = 0$, $|f(a_n) - f(b_n)| \ge \epsilon_0 > 0$, $a_n, b_n \in I$ 인 수열 a_n, b_n 과 양수 ϵ_0 이 존재한다.

I 가 유계이므로 a_n 은 유계수열이며 B-W정리에 의하여 $\mathbb{R}$ 에서 수렴하는 부분수열 a_{n_k} 가 있다.

$\lim\limits_{k \to \infty} |a_{n_k} - b_{n_k}| = 0$ 이며 a_{n_k} 는 수렴하는 수열이므로 b_{n_k} 도 $\mathbb{R}$ 에서 같은 극한

으로 수렴하는 수열이다.

수열 $c_n = \begin{cases} a_{n_k} , & n = 2k-1 \\ b_{n_k} , & n = 2k \end{cases}$ 이라 놓으면 c_n 은 $\mathbb{R}$ 에서 수렴하는 수열이다.

따라서 c_n 은 I 에서 코시열이다.

c_n 은 I 에서 코시열이므로 $f(c_n)$ 는 코시열이다.

그런데 $|f(c_{2k-1}) - f(c_{2k})| = |f(a_{n_k}) - f(b_{n_k})| \geq \epsilon_0$ 이므로 $f(c_n)$ 는 코시열이

아니다. 모순

그러므로 함수 $f(x)$ 는 균등연속이다.

예제 1 연속함수 $f : \mathbb{R} \to \mathbb{R}$ 가 $\lim\limits_{|x| \to \infty} f(x) = 0$ 을 만족할 때, 함수 f 는 균등연속함수

임을 보이시오.

풀이 ϵ 을 임의의 양의 실수라 하자.

$\lim\limits_{|x| \to \infty} f(x) = 0$ 이므로, $R \leq |x|$ 이면 $|f(x)| < \dfrac{\epsilon}{2}$ 이 성립하는 양수 R 이 존재한다.

그리고 $f(x)$ 가 연속함수이므로 균등연속정리에 의하여 $f(x)$ 는 폐구간

$[-R-1, R+1]$ 에서 균등연속이다.

따라서 $x_1, x_2 \in [-R-1, R+1]$ 이며, $|x_1 - x_2| < \delta$ 이면

$|f(x_1) - f(x_2)| < \epsilon$ 이 성립하는 양의 실수 δ 가 존재한다.

이때 $\delta_1 = \min(\delta, 1)$ 라 정하면, $|x_1 - x_2| < \delta_1$ 일 때,

$|x_1 - x_2| < 1$ 이므로 $R \leq |x_1|, |x_2|$ 또는 $|x_1|, |x_2| \leq R+1$ 이며

(1) $R \leq |x_1|, |x_2|$ 이면 $|f(x_1) - f(x_2)| \leq |f(x_1)| + |f(x_2)| < \dfrac{\epsilon}{2} + \dfrac{\epsilon}{2} = \epsilon$

(2) $|x_1|, |x_2| \leq R+1$ 이면 $|x_1 - x_2| < \delta$ 이므로 $|f(x_1) - f(x_2)| < \epsilon$ 이 성립한다.

그러므로 (1), (2)에 의하여 $f(x)$ 는 균등연속함수이다.

예제 2 개구간 $(0,1)$ 에서 균등연속인 함수는 유계임을 보여라.

증명 함수 $f(x)$ 가 구간 $(0,1)$ 에서 균등연속이면 연속확장정리를 적용하여

새로운 함수 $F(x)$ 를 「$0 < x < 1$ 일 때 $F(x) = f(x)$, $F(0) = a$, $F(1) = b$」로

정의하면 함수 $F(x)$ 는 폐구간 $[0, 1]$ 에서 정의된 연속함수이다.

따라서 최댓값, 최솟값 정리에 의하여 함수 $F(x)$ 는 구간 $[0.1]$ 에서 최댓값 M,

최솟값 m을 갖는다. 즉, 모든 $x \in [0,1]$ 에 대하여 m$\leq F(x) \leq$M이 성립한다.

그런데 $x \in (0,1)$ 일 때, $F(x) = f(x)$ 이므로 m$\leq f(x) \leq$M이 성립한다.

그러므로 함수 $f(x)$ 는 유계이다.

예제 3 함수 $f(x) = x^2$ 의 균등연속성을 구간 $[0,1]$ 과 실수전체 $\mathbb{R}$에서 조사하여라.

풀이 구간 $[0,1]$ 에서 $|f(x) - f(y)| = |x^2 - y^2| = |x+y||x-y| \leq 2|x-y|$ 이므로 균등연속이다.

그러나 실수전체 $\mathbb{R}$에서 균등연속이 아니다.

왜냐하면 임의의 양의 실수 δ에 대하여 $x = \dfrac{1}{2\delta} + \dfrac{\delta}{2}$, $y = \dfrac{1}{2\delta} - \dfrac{\delta}{2}$ 라 두면

$|x-y| = \delta$ 이지만 $|f(x) - f(y)| = 1$ 이다.

예제 4 연속함수 $f : \mathbb{R} \to \mathbb{R}$ 는 모든 실수 x 에 관하여 $f(x+1) = f(x)$ 일 때, 함수 f 가 균등연속함수 임을 보이시오.

풀이 ϵ 을 임의의 양의 실수라 하자.

$f(x)$ 가 연속이므로 균등연속정리에 의하여 $f(x)$ 는 폐구간 $[-1, 1]$ 에서 균등연속이다.

따라서 적당한 양의 실수 δ 가 존재하여 $x_1, x_2 \in [-1, 1]$ 이며, $|x_1 - x_2| < \delta$ 이면 $|f(x_1) - f(x_2)| < \epsilon$ 이 성립한다. …… (*)

> 폐구간의 길이가 주기의 2배여야

이때 $\delta_1 = \min(\delta, 1)$ 라 정하면, $|x_1 - x_2| < \delta_1$ 일 때,

$|x_1 - x_2| < 1$ 이므로 $n-1 < x_1$, $x_2 < n+1$ 인 정수n 이 존재하며,

> 여기 부등식에 맞는 n 이 존재한다.

$x_1 - n$, $x_2 - n \in [-1, 1]$

$|(x_1 - n) - (x_2 - n)| = |x_1 - x_2| < \delta$ 이므로 명제(*)에 의하여

$|f(x_1 - n) - f(x_2 - n)| < \epsilon$ 이 성립한다.

그런데 $f(x)$ 가 조건 $f(x+1) = f(x)$ 을 만족하므로

$f(x_1 - n) = f(x_1)$, $f(x_2 - n) = f(x_2)$ 이다.

따라서 $|x_1 - x_2| < \delta_1$ 일 때 $|f(x_1) - f(x_2)| = |f(x_1 - n) - f(x_2 - n)| < \epsilon$ 이 성립한다.

그러므로 $f(x)$ 는 균등연속함수이다.

Chapter 04 함수열의 수렴

01 함수열의 수렴

1. 함수열의 점별수렴(Pointwise Convergence)

$\mathbb{R}$ 의 부분집합 I 에서 정의된 함수열 $\{f_n\}$ 에 대하여 각각의 $x \in I$ 에서 수열 $\{f_n(x)\}_{n=1}^{\infty}$ 이 수렴하고 각각의 극한(limit)을 $f(x)$ 라 할 때, 함수열 $\{f_n\}$ 는 I 에서 극한함수(limit function) $f(x)$ 로 점별 수렴(pointwise convergent)한다고 하고 $\lim\limits_{n \to \infty} f_n(x) = f(x)$ 라 쓴다.

> **[정의] {점별수렴}**
> $\forall x \in I \ \ \forall \epsilon > 0 \ \ \exists N \text{ s.t. } n \geq N \Rightarrow |f_n(x) - f(x)| < \epsilon$

「함수열 f_n 이 f 로 점별수렴」할 때, 줄여서 「함수열 f_n 이 f 로 수렴」한다고 한다.

점별수렴의 정의에 따라 극한함수를 구할 때, 정의역의 점 x 를 고정하고 n 에 관하여 극한을 구해야 한다.

즉, n 에 따라 x 의 값을 수열처럼 처리하지 않아야 한다.

예를 들어, $f_n(x) = x - n$ 이라 하면 $\lim\limits_{n\to\infty} f_n(x)$ 을 구할 때 $\lim\limits_{n\to\infty} f_n(n)$ 처럼 생각하지 말아야 한다.

$\lim\limits_{n\to\infty} f_n(x)$ 을 구할 때 x 는 고정한 점으로 생각하며 $n \to \infty$ 일 때

$f_n(x) = x - n \ \to \ x - \infty = -\infty$ 로 이해해야 하며

$f_n(x)$ 은 모든 x 에 관하여 발산한다.

함수급수 $\sum\limits_{k=1}^{\infty} f_k(x)$ 의 점별수렴도 같은 방법으로 x 의 값을 고정하고 단순히 무한급수의 수렴과 같은 개념으로 파악하면 된다.

즉, 함수급수의 점별수렴은 무한급수의 수렴판정법을 적용해도 무방하다.

02 함수열의 균등수렴(Uniform Convergence)

1. 균등수렴(Uniform Convergence)

함수열 $\{f_n\}$ 에 대하여 I에서 극한함수 $f(x)$로 평등(균등)수렴(uniformly convergent)한다 함은 다음이 성립할 때이다.

> **[정의] {균등수렴}**
> $\forall \epsilon > 0 \;\; \exists N \text{ s.t. } n \geq N \rightarrow \forall x \in I, |f_n(x) - f(x)| < \epsilon$

위의 정의에서 '$\forall x \in I, |f_n(x) - f(x)| < \epsilon$'이면
$\{|f_n(x) - f(x)| : x \in I\}$ 은 유계집합이며 $\sup\{|f_n(x) - f(x)| : x \in I\}$ 이 존재한다.

역으로 $\sup\{|f_n(x) - f(x)| : x \in I\} < \epsilon$ 이면 $\forall x \in I, |f_n(x) - f(x)| < \epsilon$ 이 성립한다.

위의 정의에서 $\sup\{|f_n - f|\} < \epsilon$ 으로 바꿔도 동치명제이다.

다만, $|f_n - f|$ 이 위로 유계가 아니면 $\sup\{|f_n - f|\}$ 이 존재하지 않는다.

따라서 $\{f_n\}$ 이 $f(x)$ 로 균등수렴하기위한 필요충분조건으로 다음 극한식을 얻는다.

$|f(x) - g(x)|$ 가 정의역 I에서 위로 유계일 때, 다음 sup-노름을 정의하자.
$$\|f - g\| = \sup\{|f(x) - g(x)| : x \in I\}$$

> **[정리]** 함수열 $\{f_n\}$ 이 $f(x)$ 로 점별수렴한다고 하자.
> (1) $\{f_n\}$ 이 $f(x)$ 로 균등수렴할 필요충분조건은 적당한 K 가 있어서 $K < n$ 에 대하여 $\|f_n - f\|$ 이 존재하며 $\lim_{n \to \infty} \|f_n - f\| = 0$ 이다.
> (2) 함수열 f_n 이 f 로 균등수렴할 필요충분조건은 정의역 I의 모든 수열 x_n 에 대하여 $\lim_{n \to \infty} |f_n(x_n) - f(x_n)| = 0$ 이 성립하는 것이다.

증명 (1) ($\rightarrow$) f_n 이 f 로 균등수렴하므로 적당한 양의 정수 K 가 존재하여 $K < n$ 이면 모든 x 에 관하여 $|f_n(x) - f(x)| < 1$ 이 성립한다.

$K < n$ 이면 $|f_n - f|$ 는 위로 유계이므로 $\|f_n - f\|$ 이 존재한다.

ϵ 을 임의의 양의 실수라 하자.

f_n 이 f 로 균등수렴하므로 적당한 양의 정수 N 이 존재하여 $N < n$ 이면 모든 x 에 관하여 $|f_n(x) - f(x)| < \epsilon/2$ 이 성립한다.

$N < n$ 이면 $|f_n - f|$ 는 위로 유계이므로 $\|f_n - f\|$ 이 존재하며 $\|f_n - f\| \leq \epsilon/2 < \epsilon$ 이다.

따라서 $\lim_{n \to \infty} \|f_n - f\| = 0$ 이다.

($\leftarrow$) 적당한 K 가 있어서 $K < n$ 에 대하여 $\|f_n - f\|$ 이 존재한다.

ϵ 을 임의의 양의 실수라 하자.

$\lim\limits_{n \to \infty} \|f_n - f\| = 0$ 이므로 $N < n$ 이면 $\|f_n - f\| < \epsilon$ 이 성립하는 K 보다 큰

양의 정수 N 이 있다.

$N < n$ 일 때, 모든 x 에 관하여 $|f_n(x) - f(x)| \le \|f_n - f\| < \epsilon$ 이다.

따라서 f_n 은 f 로 균등수렴한다.

(2) ($\to$) f_n 이 f 로 균등수렴하므로 적당한 양의 정수 K 가 존재하여 $K \le n$

이면 상한노름 $\|f_n - f\|$ 가 존재하며 $\lim\limits_{n \to \infty} \|f_n - f\| = 0$ 이다.

$K \le n$ 이면 정의역 I 의 임의의 수열 x_n 에 대하여 부등식

$|f_n(x_n) - f(x_n)| \le \|f_n - f\|$ 가 성립하므로

$\lim\limits_{n \to \infty} |f_n(x_n) - f(x_n)| = 0$ 이다.

($\leftarrow$) 대우명제를 증명하자.

f_n 이 f 로 균등수렴하지 않는다고 하면 적당한 양의 실수 ϵ 과 정의역 I 의

적당한 수열 a_k 와 양의 정수열 n_k 가 존재하여 $|f_{n_k}(a_k) - f(a_k)| \ge \epsilon > 0$ 이다.

이때, 수열 $x_n = \begin{cases} a_k \ , \ n = n_k \\ a_1 \ , \ \text{그 외} \end{cases}$ 이라 정의하면

$|f_{n_k}(x_{n_k}) - f(x_{n_k})| = |f_{n_k}(a_k) - f(a_k)| \ge \epsilon > 0$ 이므로

$|f_n(x_n) - f(x_n)|$ 은 0으로 수렴할 수 없다.

따라서 $\lim\limits_{n \to \infty} |f_n(x_n) - f(x_n)| \ne 0$ 인 적당한 수열 $x_n \in I$ 이 존재한다.

$\{f_n\}$ 은 $f(x)$ 로 균등수렴하지 않을 필요충분조건은

$|f_{n_k} - f|$ 이 위로 유계가 아닌 n_k 가 있거나 $\lim\limits_{n \to \infty} \|f_n - f\| \ne 0$ 이다.

요약하여 균등수렴을 부정하려면 다음과 같은 정리를 이용할 수 있다.

[정리] $\{f_n\}$ 이 $f(x)$ 로 균등수렴하지 않을 필요충분조건은
$|f_{n_k}(x_k) - f(x_k)| \ge \epsilon > 0$ 인 적당한 x_k , n_k , ϵ 이 있는 것이다.

균등수렴에 관하여 다음 성질이 성립한다.

[정리] 함수열 $\{f_n\}$ 이 $f(x)$ 로 균등수렴하면 $\{f_n\}$ 은 $f(x)$ 로 점별수렴한다.

증명 $\lim\limits_{n \to \infty} \|f_n - f\| = 0$ 이며 $|f_n(x) - f(x)| \le \|f_n - f\|$ 이므로

$\lim\limits_{n \to \infty} f_n(x) = f(x)$

[균등수렴에 관한 코시판정법]

(1) $\{f_n\}$ 이 균등수렴할 필요충분조건은 $\displaystyle\lim_{n,m\to\infty}\|f_n-f_m\|=0$ (평등코시열)이다.

(2) $f(x)$ 가 함수열 $f_n(x)$ 의 극한함수일 때, $|f_n(x)-f(x)|\le M_n$ (수열), $\displaystyle\lim_{n\to\infty}M_n=0$ 이면, 함수열 $f_n(x)$ 는 함수 $f(x)$ 로 균등수렴한다.

증명 (1) ($\to$) f_n 이 f 로 균등수렴한다고 하면 적당한 양의 정수 K 가 존재하여 $K\le n$ 일 때, $\displaystyle\lim_{n\to\infty}\|f_n-f\|=0$

$\|f_n-f_m\|\le\|f_n-f\|+\|f_m-f\|$ 이므로 $\displaystyle\lim_{n,m\to\infty}\|f_n-f_m\|=0$

($\leftarrow$) $|f_n(x)-f_m(x)|\le\|f_n-f_m\|$ 이며 $\displaystyle\lim_{n,m\to\infty}\|f_n-f_m\|=0$ 이므로

$f_n(x)$ 는 코시열이며 점별수렴한다. 극한함수를 f 라 두자.

ϵ 을 임의의 양의 실수라 하자.

$\displaystyle\lim_{n,m\to\infty}\|f_n-f_m\|=0$ 이므로 적당한 양의 정수 K 가 존재하여 $K\le n,m$

이면 모든 x 에 대하여 $|f_n(x)-f_m(x)|<\dfrac{\epsilon}{2}$ 이 성립한다.

양변에 극한 $m\to\infty$ 을 구하면 $|f_n(x)-f(x)|\le\dfrac{\epsilon}{2}<\epsilon$ 이 성립한다.

따라서 함수열 f_n 은 f 로 균등수렴한다.

(2) 임의의 양의 실수 ϵ 에 대하여 $K<n$ 이면 $M_n<\epsilon$ 인 정수 K 가 있다.

$K<n$ 일 때, 모든 x 에 대하여 $|f_n(x)-f(x)|\le M_n<\epsilon$ 이 성립한다.

따라서 함수열 $f_n(x)$ 는 함수 $f(x)$ 로 균등수렴한다.

복소수집합 $\mathbb{C}$ 의 영역 D 에서 정의한 함수들 $f_n:D\to\mathbb{C}$, $f:D\to\mathbb{C}$ 에 관한 균등수렴개념도 같은 방식으로 정의한다.

[정의] {복소함수의 균등수렴}

복소함수열 $\{f_n(z)\}$ 와 복소함수 $f(z)$ 가 있을 때,

영역 D 에서 $f_n(z)$ 가 $f(z)$ 로 균등수렴함의 정의는 다음과 같다.

$\forall\,\epsilon>0\ \ \exists\,N\ \text{s.t.}\ \ n\ge N\ \Rightarrow\ \forall z\in D\,,\ |f_n(z)-f(z)|<\epsilon$

실함수열의 균등수렴과 정의함의 차이는 절댓값이 복소수에 관한 것이라는 뿐이다. 점별수렴도 같은 방법으로 정의하므로 별다른 차이는 없다.

함수열의 균등수렴에 관한 앞에서 소개한 정리들은 동일한 증명으로 복소함수열에 대하여 성립한다.

균등수렴에 관한 코시판정법이나 뒤에 나올 M-판정법은 복소함수열에 그대로 적용할 수 있다.

2. 함수항 급수의 균등수렴(Uniform Convergence)

함수열 $\{f_n\}$ 에 대하여 부분합함수 $S_n(x) = \displaystyle\sum_{k=1}^{n} f_k(x)$ 라 할 때,

함수급수 $\displaystyle\sum_{k=1}^{\infty} f_k(x)$ 의 점별수렴과 균등수렴은 함수열 $S_n(x)$ 의 점별수렴과 균등수렴으로 정의한다.

일반항이 함수열인 무한급수의 균등수렴성을 판정하기 위한 방법을 살펴보자.

[Cauchy 판정 정리]

$\displaystyle\sum_{n=1}^{\infty} f_n(x)$ 가 균등수렴할 필요충분조건은 $\displaystyle\lim_{n,m \to \infty} \left\| \sum_{k=n}^{m} f_k \right\| = 0$ 이다.

특히, $\left| \displaystyle\sum_{k=n}^{m} f_k \right| \le M_{n,m}$, $\displaystyle\lim_{n,m \to \infty} M_{n,m} = 0$ 이면 $\displaystyle\sum_{n=1}^{\infty} f_n(x)$ 는 균등수렴한다.

[Weierstrass M-판정 정리] 함수열 $\{f_n\}$ 에 대하여 수열 $\{M_n\}$ 이 $|f_n(x)| \le M_n$ 이고

$\displaystyle\sum_{n=1}^{\infty} M_n$ 이 수렴하면 $\displaystyle\sum_{n=1}^{\infty} f_n(x)$ 는 균등수렴한다.

증명 [코시 판정 정리] $S_n(x) = \displaystyle\sum_{k=1}^{n} f_k(x)$ 라 두고 균등수렴에 관한 코시판정법에 적용하면 된다.

[바이어스트라스 M-판정정리]

$$\left| \sum_{k=n}^{m} f_k(x) \right| \le \sum_{k=n}^{m} |f_k(x)| \le \sum_{k=n}^{m} M_k \text{ 이며 } \sum_{n=1}^{\infty} M_n \text{ 이 수렴하므로}$$

$$\lim_{n,m \to \infty} \left\| \sum_{k=n}^{m} f_k \right\| = 0 \text{ 이다.}$$

따라서 코시 판정 정리에 따라 $\displaystyle\sum_{n=1}^{\infty} f_n(x)$ 는 균등수렴한다.

위의 두 정리에서 $M_{n,m}$ 과 M_n 는 x 의 영향을 받지 않는 수열이다.

증명과정에서 $M_n = \dfrac{|x|}{n}$ 와 같이 두지 않도록 주의해야 한다.

무한급수의 수렴판정법의 여러 가지 방법을 적절히 손질하면 함수급수의 균등수렴을 위한 정리를 얻을 수도 있다.

코시 판정 정리으로부터 함수급수열의 균등수렴을 판정할 수 있는 특수한 정리들이 있다.

[디리클레 판정]

$0 \leq f_{n+1} \leq f_n$ 이며 $\{f_n\}$ 이 0으로 균등수렴하며 $\left| \sum_{k=1}^{n} g_k \right| \leq M$ (평등유계)이면

$\sum_{n=1}^{\infty} f_n g_n$ 는 균등수렴한다.

[아벨 판정]

f_n 는 평등유계 단조증가(감소)열이며 $\sum_{k=1}^{n} g_k$ 는 균등수렴하면 $\sum_{n=1}^{\infty} f_n g_n$ 는 균등수렴한다.

(f_n 의 단조증가(감소) 조건 대신 $\sum_{k=1}^{\infty} |f_{k+1} - f_k|$ 가 평등유계 조건도 성립)

[일반항 판정]

함수열$\{f_n\}$ 에 대하여 $\sum_{n=1}^{\infty} f_n$ 이 균등수렴하면 $\{f_n\}$ 은 0으로 균등수렴한다.

[교대급수 판정]

$0 \leq f_{n+1} \leq f_n$ 이며 $\{f_n\}$ 이 0으로 균등수렴하면 $\sum_{n=1}^{\infty} (-1)^n f_n$ 은 균등수렴한다.

> f_n 은 유계단조이므로 점별수렴한다.

증명 (1) 디리클레 판정

$G_k = \sum_{i=1}^{k} g_i$ 라 두면, 부분합공식

$$\sum_{k=n}^{m} f_k g_k = \sum_{k=n}^{m} (f_k - f_{k+1}) G_k - f_n G_{n-1} + f_{m+1} G_m$$

$|G_k| \leq M$ 이며 $0 \leq f_k - f_{k+1}$ 이므로 $|(f_k - f_{k+1}) G_k| \leq M(f_k - f_{k+1})$,

$$\left| \sum_{k=n}^{m} f_k g_k \right| \leq M \sum_{k=n}^{m} (f_k - f_{k+1}) + M f_n + M f_{m+1} = 2M f_n$$

f_n 이 0으로 균등수렴하므로 $\lim_{n \to \infty} 2M \|f_n\| = 0$

따라서 코시판정 정리에 의하여 $\sum_{k=1}^{\infty} f_k g_k$ 는 균등수렴한다.

(2) 아벨 판정

$G_k = \sum_{i=k+1}^{\infty} g_i$ 라 두면, 부분합공식

$$\sum_{k=n}^{m} f_k g_k = \sum_{k=n}^{m} (f_{k+1} - f_k) G_k + f_n G_{n-1} - f_{m+1} G_m$$

$\sum_{k=1}^{n} g_k$ 이 $\sum_{k=1}^{\infty} g_k$ 로 균등수렴하므로 $G_k = \sum_{i=1}^{\infty} g_i - \sum_{i=1}^{k} g_i$ 는 0으로 균등수렴한다.

f_n 는 단조증가 평등유계이므로 $0 \leq f_{k+1} - f_k$ 이며 $|f_k| \leq M$ 인 양수 M 이 있다.

임의의 양의 실수 ϵ 에 대하여 $K \leq k$ 이면 $\|G_k\| < \dfrac{\epsilon}{4M}$ 이 성립하는 양의 정수 K 가 있다.

$K < n \leq m$ 일 때,

$$\left|\sum_{k=n}^{m} f_k g_k\right| \leq \sum_{k=n}^{m}(f_{k+1}-f_k)\|G_k\| + |f_n|\|G_{n-1}\| + |f_{m+1}|\|G_m\|$$

$$< \sum_{k=n}^{m}(f_{k+1}-f_k)\frac{\epsilon}{4M} + |f_n|\frac{\epsilon}{4M} + |f_{m+1}|\frac{\epsilon}{4M}$$

$$\leq (f_{m+1}-f_n)\frac{\epsilon}{4M} + 2M\frac{\epsilon}{4M} \leq \epsilon$$

따라서 코시판정 정리에 의하여 $\sum\limits_{k=1}^{\infty} f_k g_k$는 균등수렴한다.

(3) 일반항 판정

$\sum\limits_{n=1}^{\infty} f_n$ 이 균등수렴하면 코시판정 정리에 의해 $n=m$ 일 때

$$\lim_{n\to\infty}\left\|\sum_{k=n}^{n} f_k\right\| = \lim_{n\to\infty}\|f_n\| = 0$$

따라서 $\{f_n\}$ 은 0으로 균등수렴한다.

(4) 교대급수 판정

$0 \leq f_{n+1} \leq f_n$ 이므로 $\left|\sum\limits_{k=n}^{m}(-1)^k f_k\right| \leq |f_n|$ 이며 $\{f_n\}$ 이 0으로 균등수렴하므로 코시판정 정리에 의하여 $\sum\limits_{n=1}^{\infty}(-1)^n f_n$ 은 균등수렴한다.

3. 멱급수와 삼각급수의 수렴성(Uniform Convergence)

멱급수나 삼각급수로 주어진 함수열의 수렴성을 조사해보자.

(1) 멱급수의 수렴성

멱급수 $S_n(x) = \sum\limits_{k=0}^{n} a_k(x-c)^k$ 에 대하여 수렴반경 $\dfrac{1}{\varlimsup\limits_{k\to\infty}\sqrt[k]{|a_k|}} = r > 0$ 이라 하자.

첫째, $x = c\pm r$ 에서 수렴하지 않는 경우

구간 $(c-r, c+r)$ 에서 멱급수는 점별수렴하며, $|x-c| > r$ 일 때 모든 점에서 멱급수는 발산한다.

구간 $I = [c-s, c+s] \subset (c-r, c+r)$ 라 두자.

$x \in I$ 일 때 $|a_k(x-c)^k| \leq |a_k|s^k$ 이며 $\varlimsup\limits_{k\to\infty}\sqrt[k]{|a_k|s^k} = \varlimsup\limits_{k\to\infty}\sqrt[k]{|a_k|}\, s = \dfrac{s}{r} < 1$ 이므로 근판정법에 따라 $\sum\limits_{k=0}^{\infty}|a_k|s^k$는 수렴한다. Weierstrass M-판정법에 따라

$S_n(x) = \sum\limits_{k=0}^{n} a_k(x-c)^k$ 는 구간 $I = [c-s, c+s]$ 에서 균등수렴한다.

둘째, $x = c+r$ 에서 수렴하는 경우

구간 $I = (c-r, c+r]$ 에서 멱급수는 점별수렴한다. 구간 I의 부분구간 $I_1 = [c, c+r]$ 라 두자.

$x \in I_1$ 일 때 $0 \le (\frac{x-c}{r})^{k+1} \le (\frac{x-c}{r})^k \le 1$ 이며, $(\frac{x-c}{r})^k$ 는 점별수렴하고, $\displaystyle\sum_{k=1}^{n} a_k r^k$ 는 수렴하므로 균등수렴한다.

따라서 아벨판정법에 따라 $S_n(x) = \displaystyle\sum_{k=0}^{n} a_k r^k (\frac{x-c}{r})^k$ 는 구간 $I_1 = [c, c+r]$ 에서 균등수렴한다.

셋째, $x = c-r$ 에서 수렴하는 경우

구간 $I = [c-r, c+r)$ 에서 멱급수는 점별수렴한다. 구간 I의 부분구간 $I_2 = [c-r, c]$ 라 두자.

$x \in I_2$ 일 때 $0 \le (\frac{c-x}{r})^{k+1} \le (\frac{c-x}{r})^k \le 1$ 이며, $(\frac{c-x}{r})^k$ 는 점별수렴하고, $\displaystyle\sum_{k=1}^{n} a_k (-r)^k$ 는 수렴하므로 균등수렴한다.

따라서 아벨판정법에 따라 $S_n(x) = \displaystyle\sum_{k=0}^{n} a_k (-r)^k (\frac{c-x}{r})^k$ 는 구간 $I_2 = [c-r, c]$ 에서 균등수렴한다.

[멱급수 기본정리]

멱급수 $\displaystyle\sum_{n=0}^{\infty} a_n x^n$ 의 수렴반경이 $r > 0$ 일 때

(1) 멱급수 $\displaystyle\sum_{n=1}^{\infty} n a_n x^{n-1}$ 의 수렴반경은 r 이다.

(2) 멱급수 $\displaystyle\sum_{n=0}^{\infty} \frac{a_n}{n+1} x^{n+1}$ 의 수렴반경은 r 이다.

(3) 구간 $(-r, r)$ 에서 함수 $f(x) = \displaystyle\sum_{n=0}^{\infty} a_n x^n$ 라 놓으면 $f(x)$ 는 미분가능하고

$f'(x) = \displaystyle\sum_{n=1}^{\infty} n a_n x^{n-1}$ 이며 $\displaystyle\int_0^x f(t)\, dt = \sum_{n=0}^{\infty} \frac{a_n}{n+1} x^{n+1}$

(4) 구간 $(-r, r)$ 에서 $f(x)$ 는 무한번 미분가능하며 $a_n = \dfrac{f^{(n)}(0)}{n!}$

(5) (Abel) 멱급수로 주어진 함수 $f(x) = \displaystyle\sum_{k=0}^{\infty} a_k x^k$ 는 $(-r, r)$ 에서 수렴하며

$f(r) = \displaystyle\sum_{k=0}^{\infty} a_k r^k = L$ 이면 $\displaystyle\lim_{x \to r-0} f(x) = L$ (수렴)이다.

---

(5) (Abel)정리는 아벨판정법과 같은 증명법을 이용하여 증명할 수 있다.

(2) 삼각급수의 수렴성

삼각급수 $S_n(x) = \sum_{k=1}^{n} a_k \sin(kx)$, $C_n(x) = \sum_{k=1}^{n} a_k \cos(kx)$의 수렴성에 대하여 살펴보자.

삼각급수의 일반적인 수렴성을 판단하려면 푸리에(Fourier) 급수를 학습해야 한다. 여기서는 제한적인 몇 가지 경우만 살펴본다.

첫째, 수열 a_k 가 단조감소수열이며 0으로 수렴하는 경우

$$A_n = \sum_{k=1}^{n} \sin(kx) = \frac{\sin(\frac{(n+1)x}{2}) \sin(\frac{nx}{2})}{\sin(\frac{x}{2})},$$

$$B_n = \sum_{k=0}^{n} \cos(kx) = \frac{\sin(\frac{(n+1)x}{2}) \cos(\frac{nx}{2})}{\sin(\frac{x}{2})}$$

따라서 $|A_n| \leq \frac{1}{|\sin(x/2)|}$, $|B_n| \leq \frac{1}{|\sin(x/2)|}$ 이 성립한다.

디리클레 판정 정리에 따라 구간 $(0, 2\pi)$ 에서

$S_n(x) = \sum_{k=1}^{n} a_k \sin(kx)$, $C_n(x) = \sum_{k=1}^{n} a_k \cos(kx)$ 는 점별수렴한다.

$0 < r < \pi$ 일 때, 구간 $I = [r, 2\pi - r]$ 에서

$|A_n| \leq \frac{1}{|\sin(r/2)|}$, $|B_n| \leq \frac{1}{|\sin(r/2)|}$ 이며

상수함수열 a_k 는 단조감소이며 0으로 균등수렴하므로 디리클레판정 정리에

의해 $S_n(x) = \sum_{k=1}^{n} a_k \sin(kx)$, $C_n(x) = \sum_{k=1}^{n} a_k \cos(kx)$ 는 균등수렴한다.

[정리]
(1) 정의역이 구간 $I = [r, 2\pi - r]$ 일 때, (단, $0 < r < \pi$)

   a_k 는 단조감소이며 0으로 수렴하면

   $S_n(x) = \sum_{k=1}^{n} a_k \sin(kx)$, $C_n(x) = \sum_{k=1}^{n} a_k \cos(kx)$ 는 균등수렴한다.

(2) 정의역이 실수전체 $\mathbb{R}$ 이며 a_k 는 단조감소이며 0으로 수렴할 때,

   $S_n(x) = \sum_{k=1}^{n} a_k \sin(kx)$ 이 균등수렴 $\leftrightarrow$ $\lim_{n \to \infty} n a_n = 0$

(1)과 (2)의 차이점은 정의역의 차이에 있다.

정리 (2)는 푸리에 급수의 성질을 배운 후 증명할 수 있다.

둘째, 수열 $a_k = \begin{cases} c_n & , k = b_n \\ 0 & , k \neq b_n \end{cases}$ (단, b_n 는 증가하는 자연수열)인 경우

$\sum_{n=1}^{\infty} c_n$ 이 절대수렴할 때, $|c_n \sin(b_n x)| \leq |c_n|$, $|c_n \cos(b_n x)| \leq |c_n|$ 이므로

Weierstrass M-판정하면 $\sum_{n=1}^{\infty} c_n \sin(b_n x)$, $\sum_{n=1}^{\infty} c_n \cos(b_n x)$ 는 균등수렴한다.

4. 균등수렴(Uniform Convergence)에 관한 성질

> **[정리]** 균등수렴하는 연속함수열 $\{f_n\}$ 의 극한함수 $f(x)$ 는 연속함수이다.

증명 x 를 정의역의 임의 원소라 하고, ϵ 을 임의의 양의 실수라 하자.
f_n 이 f 로 균등수렴하므로 적당한 양의 정수 n_1 이 존재하여

$n_1 < n$ 이면 모든 t 에 대하여 $|f_n(t) - f(t)| < \dfrac{\epsilon}{3}$ 이 성립한다.

$n_1 < n$ 인 f_n 이 x 에서 연속이므로 적당한 양의 실수 δ_x 가 존재하여

$|t - x| < \delta_x$ 이면 $|f_n(t) - f_n(x)| < \dfrac{\epsilon}{3}$ 이 성립한다.

이때 $|t - x| < \delta_x$ 이면
$$|f(t) - f(x)| \leq |f(t) - f_n(t)| + |f_n(t) - f_n(x)| + |f_n(x) - f(x)|$$
$$< \frac{\epsilon}{3} + \frac{\epsilon}{3} + \frac{\epsilon}{3} = \epsilon$$

따라서 f 는 x 에서 연속이다.

위의 정리에서 '연속함수' 대신 '점에서 연속', '균등연속'으로 대신해도 명제는 참이다.
연속성과 균등수렴성 사이에 다음과 같은 정리가 성립한다.

> **[디니(Dini) 정리]** 구간 $[a, b]$ 에서 연속함수열 g_n 는 단조열이며 연속함수 g 로 점별수렴하면 g_n 는 g 로 균등수렴한다.

풀이 g_n 이 단조감소열이라 하고, $f_n = g_n - g$ 라 두자.
$f_n(x)$ 는 $[a, b]$ 에서 연속이므로 최댓값 $f_n(x_n)$ 인 수열 $x_n \in [a, b]$ 이 있다.
$0 \leq f_{n+1}(x) \leq f_n(x)$ 이므로 $0 \leq f_{n+1}(x_{n+1}) \leq f_n(x_{n+1}) \leq f_n(x_n)$
볼자노-바이어스트라스 정리에 의해 수렴하는 부분수열 x_{n_k} 가 있다.
x_{n_k} 의 극한을 c 라 두면 $c \in [a, b]$ 이다.
임의의 $\epsilon > 0$ 이라 하자.

$\lim\limits_{k \to \infty} f_{n_k}(c) = 0$ 이므로 $K \leq k$ 이면 $0 \leq f_{n_k}(c) < \dfrac{\epsilon}{2}$ 이 성립하는 양의 정수 K 가 존재한다.

$f_{n_K}(x)$ 는 $x = c$ 에서 연속이므로 $|x - c| < \delta$ 이면 $|f_{n_K}(x) - f_{n_K}(c)| < \dfrac{\epsilon}{2}$ 이 성립하는 양수 δ 가 존재한다.

$\lim\limits_{k \to \infty} x_{n_k} = c$ 이므로 $L \leq k$ 이면 $|x_{n_k} - c| < \delta$ 이 성립하는 자연수 L 이 있다.

$M = n_{\max(K, L)}$ 라 정하면 $M \leq n$ 일 때
$$0 \leq f_n(x_n) \leq f_M(x_M) \leq f_{n_K}(x_M)$$
$$\leq |f_{n_K}(x_M) - f_{n_K}(c)| + f_{n_K}(c) < \frac{\epsilon}{2} + \frac{\epsilon}{2} = \epsilon$$

따라서 조임정리에 의해 $\lim\limits_{n \to \infty} \|f_n\| = \lim\limits_{n \to \infty} f_n(x_n) = 0$

그러므로 함수열 $f_n(x)$ 은 균등수렴하며 g_n 는 g 로 균등수렴한다.

균등 수렴과 관련된 다음 정리는 Weierstrass의 연구에 기인한다.

[Weierstrass의 다항식 근사 정리] 유계 폐구간 $[a,b]$ 에서 정의된 연속함수 $f(x)$ 에 대하여 $f(x)$ 로 균등수렴하는 다항식 함수열 $\{p_n(x)\}$ 가 존재한다.

증명 구간 $[0,1]$ 에서 증명하여도 충분하다.

n 차 다항식 함수열 $p_n(x) = \sum_{k=0}^{n} f(\frac{k}{n})\, _n\mathrm{C}_k\, x^k(1-x)^{n-k}$ 이라 정하자.

우선 증명에 필요한 다음 등식을 보이자.

$$\sum_{k=0}^{n} \left(\frac{k}{n}-x\right)^2 {}_n\mathrm{C}_k\, x^k(1-x)^{n-k} = \sum_{k=0}^{n}\left\{\left(\frac{k}{n}\right)^2 - 2x\frac{k}{n}+x^2\right\} {}_n\mathrm{C}_k\, x^k(1-x)^{n-k}$$

$$= x^2 + \frac{x-x^2}{n} - 2x^2 + x^2 = \frac{x-x^2}{n}$$

유계 폐구간 $[0,1]$ 에서 연속함수 $f(x)$ 는 균등연속이며 유계이다.
임의의 양의 실수 ϵ 에 대하여 적당한 양수 δ 가 존재하여
$|x_1 - x_2| < \delta$ 이면 $|f(x_1) - f(x_2)| < \epsilon/2$ 이 성립한다.
$f(x)$ 는 유계이므로 $|f(x)| \le M$ 인 양수 M 이 존재한다.
$\frac{M}{\delta^2 \epsilon} < N$ 인 양의 정수 N 을 정하자.

$N < n$ 일 때, 실수 $x \in [0,1]$ 에 대하여
첨자집합 $K_1 = \left\{ k \,\middle|\, 0 \le k \le n,\, \left|\frac{k}{n}-x\right| < \delta \right\}$,

$\qquad\qquad K_2 = \left\{ k \,\middle|\, 0 \le k \le n,\, \left|\frac{k}{n}-x\right| \ge \delta \right\}$ 이라 놓으면

$$|p_n(x) - f(x)| \le \sum_{k=0}^{n}\left|f(\frac{k}{n})-f(x)\right| {}_n\mathrm{C}_k\, x^k(1-x)^{n-k}$$

$$= \sum_{k \in K_1}\left|f(\frac{k}{n})-f(x)\right| {}_n\mathrm{C}_k\, x^k(1-x)^{n-k}$$

$$+ \sum_{k \in K_2}\left|f(\frac{k}{n})-f(x)\right| {}_n\mathrm{C}_k\, x^k(1-x)^{n-k}$$

$$\le \sum_{k \in K_1}\frac{\epsilon}{2}\, {}_n\mathrm{C}_k\, x^k(1-x)^{n-k} + \sum_{k \in K_2} 2M\, {}_n\mathrm{C}_k\, x^k(1-x)^{n-k}$$

$$\le \frac{\epsilon}{2}\sum_{k=0}^{n} {}_n\mathrm{C}_k\, x^k(1-x)^{n-k} + 2M\sum_{k \in K_2}\frac{1}{\delta^2}\left(\frac{k}{n}-x\right)^2 {}_n\mathrm{C}_k\, x^k(1-x)^{n-k}$$

$$\le \frac{\epsilon}{2} + \frac{2M}{\delta^2}\sum_{k=0}^{n}\left(\frac{k}{n}-x\right)^2 {}_n\mathrm{C}_k\, x^k(1-x)^{n-k}$$

$$= \frac{\epsilon}{2} + \frac{2M}{\delta^2}\frac{x-x^2}{n} \le \frac{\epsilon}{2} + \frac{2M}{\delta^2}\frac{1}{4n} < \frac{\epsilon}{2} + \frac{\epsilon}{2} = \epsilon$$

따라서 다항식 함수열 $p_n(x)$ 은 $f(x)$ 로 균등수렴한다.

이 정리를 Weierstrass의 균등수렴 정리라고 부르기도 한다.

[정리] 함수열 $\{f_n\}$ 이 I 에서 f 로 균등수렴하고 I 의 임의의 수열 $\{x_n\}$ 에 대하여 $\lim\limits_{n \to \infty} f(x_n)$ 이 수렴하면 $\lim\limits_{n \to \infty} f(x_n) = \lim\limits_{n \to \infty} f_n(x_n)$

증명 ϵ 을 임의의 양의 실수라 하자. f_n 이 f 로 균등수렴하므로 $n_1 < n$ 이면 모든 t 에 대하여 $|f_n(t) - f(t)| < \dfrac{\epsilon}{2}$ 이 성립하는 양의 정수 n_1 이 있다.

$t = x_n$ 을 대입하면 $|f_n(x_n) - f(x_n)| < \dfrac{\epsilon}{2}$ 이므로

$\lim\limits_{n \to \infty} |f_n(x_n) - f(x_n)| = 0$

$\lim\limits_{n \to \infty} f(x_n)$ 이 수렴하는 경우 $\lim\limits_{n \to \infty} f(x_n) = A$ 라 하면. $n_2 < n$ 이면

$|f(x_n) - A| < \dfrac{\epsilon}{2}$ 이 성립하는 양의 정수 n_2 가 있다.

$\max(n_1, n_2) < n$ 이면

$|f_n(x_n) - A| \leq |f_n(x_n) - f(x_n)| + |f(x_n) - A| < \dfrac{\epsilon}{2} + \dfrac{\epsilon}{2} = \epsilon$ 이다.

그러므로 $\lim\limits_{n \to \infty} f_n(x_n) = A = \lim\limits_{n \to \infty} f(x_n)$ 이다.

위 정리의 증명에서 x_n 의 수렴여부는 관계없다. 즉, 수열 x_n 이 수렴하지 않아도 위 정리는 참이다. 더 나아가 수열 x_n 이 수렴하면 다음과 같은 결과를 얻을 수 있다.

[정리]
(1) 연속함수열 f_n 이 I 에서 균등수렴하고, 수열 $x_m \in I$ 이 수렴하면

$\lim\limits_{n \to \infty} \lim\limits_{m \to \infty} f_n(x_m) = \lim\limits_{m \to \infty} \lim\limits_{n \to \infty} f_n(x_m) = \lim\limits_{n \to \infty} f_n(x_n) = \lim\limits_{n \to \infty} f(x_n)$

(2) 함수열 f_n 이 f 로 균등수렴하고 $\lim\limits_{x \to a} f_n(x)$ 이 모두 수렴하면

$\lim\limits_{x \to a} f(x)$ 는 수렴하며 $\lim\limits_{n \to \infty} \lim\limits_{x \to a} f_n(x) = \lim\limits_{x \to a} \lim\limits_{n \to \infty} f_n(x)$ 로 수렴한다.

그리고 위의 정리의 결과를 무한급수에 적용하면 다음이 성립한다.

[정리]
연속함수 $f_n(x)$ 의 급수 $\sum\limits_{n=1}^{\infty} f_n(x)$ 이 균등수렴하면 $\lim\limits_{x \to a} \sum\limits_{n=1}^{\infty} f_n(x) = \sum\limits_{n=1}^{\infty} \lim\limits_{x \to a} f_n(x)$

균등수렴을 정적분에 응용하면 다음 정리가 성립한다.

> **[정리]**
> (1) $[a,b]$ 에서 리만적분가능 함수열 $\{f_n\}$ 이 f 로 균등수렴하면 f 는 $[a,b]$ 에서 리만적분
>   가능이며 $\lim\limits_{n\to\infty}\int_a^b f_n(x)\,dx = \int_a^b \lim\limits_{n\to\infty} f_n(x)\,dx$
> (2) $[a,b]$ 에서 리만적분가능 함수열 $\{f_n\}$ 이 평등유계이며 f 로 점별수렴하고 f 도 $[a,b]$
>   에서 리만적분가능이면 $\lim\limits_{n\to\infty}\int_a^b f_n(x)\,dx = \int_a^b \lim\limits_{n\to\infty} f_n(x)\,dx$

증명은 르베그적분 개념을 이용한다.

증명 [정리] 중에서 (1)을 증명하자.

(1) ϵ 을 임의의 양의 실수라 하자. $\lim\limits_{n\to\infty} f_n(x) = f(x)$ 라 두면,

$\{f_n\}$ 이 f 로 균등수렴하므로 $n_1 < n$ 이면 $|f_n(t)-f(t)| < \dfrac{\epsilon}{b-a}$ 이 성립
하는 양의 정수 n_1 이 존재한다.

$$\left|\int_a^b f_n(x)\,dx - \int_a^b f(x)\,dx\right| \le \int_a^b |f_n(x)-f(x)|\,dx < \int_a^b \frac{\epsilon}{b-a}\,dx = \epsilon$$

이 성립한다. 따라서 $\lim\limits_{n\to\infty}\int_a^b f_n(x)\,dx = \int_a^b f(x)\,dx$ 이다.

(2) $\{f_n\}$ 이 평등유계이므로 $|f_n| \le M$ 인 양수 M 이 있다.

$\{f_n\}$ 이 f 로 점별수렴하므로 위 부등식에 극한을 적용하면 $|f| \le M$
따라서 $|f_n - f| \le 2M$ 이며 $g_n(x) = \sup\{|f_k(x)-f(x)| : k \ge n\}$ 는 잘
정의된 함수이며 $0 \le g_{n+1} \le g_n$ 이며 $\lim\limits_{n\to\infty} g_n = 0$ 이다.

증명내용이 해석학의 수준을 벗어난다.

함수열 $\{f_n\}$ 과 함수 f 가 리만적분가능이므로 g_n 은 르베그적분가능함수
이다.

르베그 지배수렴 정리(Lebesgue Dominated Convergence Theorem)로부터

$$\lim_{n\to\infty}\int_a^b g_n\,dx = 0$$

또한 $\left|\int_a^b f_n\,dx - \int_a^b f\,dx\right| \le \int_a^b |f_n - f|\,dx \le \int_a^b g_n\,dx$

이므로 르베그적분의 의미에서 $\lim\limits_{n\to\infty}\int_a^b f_n\,dx = \lim\limits_{n\to\infty}\int_a^b f\,dx$

함수 f_n 과 함수 f 가 리만적분가능이므로 르베그적분과 리만적분은 같다.

그러므로 리만적분의 의미에서 $\lim\limits_{n\to\infty}\int_a^b f_n\,dx = \lim\limits_{n\to\infty}\int_a^b f\,dx$

미분에 대해서는 다음과 같은 정리가 성립한다.

[정리]
함수열 f_n 들은 구간 I 에서 미분가능하며, 구간 I 의 한 점 x_1 에서 $\lim_{n \to \infty} f_n(x_1)$ 는 수렴하고,
도함수열 $\{f_n{}'\}$ 이 g 로 균등수렴하면 $\{f_n\}$ 은 I 에서 점별수렴하고
f_n 의 극한함수 f 는 미분가능하고 도함수 $f' = g$ 이다.

> I 가 유계구간이면
> f_n 은 균등수렴한다.

증명 ϵ 을 임의의 양의 실수라 하고 임의의 점을 $c \in I$ 라 하자.
$c, x_1 \in [a, b] \subset I$ 인 구간 $[a, b]$ 를 선택할 수 있다.
$f_n(x_1)$ 과 $f_n{}'$ 의 조건에 의하여 적당한 양의 정수 K_1, K_2 가 존재하여
$K_1 \le n, m$ 이면 $|f_m(x_1) - f_n(x_1)| < \epsilon$ 이며,

$K_2 \le n, m$ 이면 $|f_m{}'(x) - f_n{}'(x)| < \dfrac{\epsilon}{b - a}$ 이 성립한다.

$K = \max(K_1, K_2)$ 라 놓고 $K \le n, m$ 이라 하자.
$x \in [a, b]$ 일 때, 함수 $f_m - f_n$ 에 평균값 정리를 적용하면

$|f_m(x) - f_n(x) - f_m(x_1) + f_n(x_1)| \le |x - x_1| \dfrac{\epsilon}{|b - a|} \le \epsilon$ 이며,

$|f_m(x) - f_n(x)| \le |f_m(x) - f_n(x) - f_m(x_1) + f_n(x_1)| + |f_m(x_1) - f_n(x_1)| \le 2\epsilon$
이므로 f_n 은 구간 $[a, b]$ 에서 균등수렴한다.
따라서 임의의 점 $c \in I$ 에서 $f_n(c)$ 는 수렴하므로 f_n 은 I 에서 점별수렴하며
극한함수 $f(x)$ 를 갖는다.

$x \in [a, b] - \{c\}$ 에 대하여 함수열 $g_n(x) = \dfrac{f_n(x) - f_n(c)}{x - c}$ 라 놓으면
평균값 정리에 의하여 x, c 사이의 적당한 t 가 존재하여
$g_m(x) - g_n(x) = \dfrac{f_m(x) - f_n(x) - f_m(c) + f_n(c)}{x - c} = f_m{}'(t) - f_n{}'(t)$

$f_n{}'$ 은 I 에서 균등수렴하므로 적당한 양의 정수 K 가 존재하여
$K \le n, m$ 일 때 $|g_m(x) - g_n(x)| = |f_m{}'(t) - f_n{}'(t)| < \epsilon$
따라서 $[a, b] - \{c\}$ 에서 $g_n(x)$ 는 함수 $\dfrac{f(x) - f(c)}{x - c}$ 로 균등수렴한다.
또한 f_n 이 c 에서 미분가능하므로 $\lim_{x \to c} g_n(x) = f_n{}'(c)$ 이며,
$\{f_n{}'\}$ 는 $g(x)$ 로 균등수렴하므로
$\lim_{x \to c} \dfrac{f(x) - f(c)}{x - c} = \lim_{x \to c} \lim_{n \to \infty} g_n(x) = \lim_{n \to \infty} \lim_{x \to c} g_n(x) = \lim_{n \to \infty} f_n{}'(c) = g(c)$
따라서 임의의 점 $c \in I$ 에서 f 는 c 에서 미분가능하고 $f'(c) = g(c)$ 이다.
그러므로 f 는 I 에서 미분가능하며 도함수 $f'(x) = g(x)$ 이다.

참고 위의 정리에서 I 가 유계구간이면 $\{f_n(x)\}$ 는 I 에서 균등수렴한다.

위 정리의 f_n 을 함수열의 부분합 $S_N(x) = \sum_{n=1}^{N} f_n(x)$ 라 두면, 아래와 같은 따름 정리를 얻는다.

> **[정리]** 함수열 f_n 들이 미분가능하고
>
> $\sum_{n=1}^{\infty} f_n(x)$ 가 수렴하며 $\sum_{n=1}^{\infty} f_n{}'(x)$ 가 균등수렴하면,
>
> $\sum_{n=1}^{\infty} f_n(x)$ 는 미분가능하고 도함수는 $\left(\sum_{n=1}^{\infty} f_n(x)\right)' = \sum_{n=1}^{\infty} f_n{}'(x)$ 이다.

복소수집합 $\mathbb{C}$ 의 영역 D 에서 정의한 함수들 $f_n : D \to \mathbb{C}$, $f : D \to \mathbb{C}$ 일 때, $f_n(z)$ 와 $f(z)$ 사이의 관계에 관하여 실함수열과 비슷한 정리가 성립한다. 복소함수열에 관한 몇 가지 정리들을 소개하자.

첫째, 연속에 관한 정리

> **[정리]** 영역 D 의 임의의 컴팩트부분집합에서 복소함수열 $f_n(z)$ 가 복소함수 $f(z)$ 로 균등 수렴할 때, $f_n(z)$ 가 연속이면 $f(z)$ 도 연속이다.

둘째, 미분에 관한 정리

> **[정리]** 개집합영역 D 의 임의의 컴팩트 부분집합에서 복소함수열 $f_n(z)$ 가 복소함수 $f(z)$ 로 균등수렴할 때, $f_n(z)$ 가 D 에서 해석적이면 $f(z)$ 도 D 에서 해석적이며
> $$\lim_{n \to \infty} f_n{}'(z) = f'(z)$$

셋째, 선적분에 관한 정리

> **[정리]**
> 적분경로 C 상에서 복소함수열 $f_n(z)$ 가 복소함수 $f(z)$ 로 균등수렴하며
> $f_n(z)$ 는 C 상에서 연속이면
> $$\lim_{n \to \infty} \int_C f_n(z)\, dz = \int_C \lim_{n \to \infty} f_n(z)\, dz = \int_C f(z)\, dz$$

위의 정리에서 $f_n(z) = \sum_{k=1}^{n} g_k(z)$ 와 같이 급수항 함수열로 주어진 경우에도 명제들은 성립한다.

예제 1 $|x| > 1$ 일 때 $\dfrac{d}{dx}\left(\displaystyle\sum_{k=1}^{\infty} \dfrac{k}{x^k}\right) = \displaystyle\sum_{k=1}^{\infty} \dfrac{-k^2}{x^{k+1}}$ 임을 보이시오.

> 영역 $|x| > 1$ 에서 균등수렴하지 않는다.
> $\displaystyle\sum_{k=1}^{n} kx^k$ 를 이용 증명할 수도 있다.

풀이 ① $|x| > 1$ 일 때 $\displaystyle\sum_{k=1}^{n} \dfrac{k}{x^k}$ 는 미분가능하며 $\dfrac{d}{dx}\left(\displaystyle\sum_{k=1}^{n} \dfrac{k}{x^k}\right) = \displaystyle\sum_{k=1}^{n} \dfrac{-k^2}{x^{k+1}}$

② $r > 1$ 인 r 에 대하여 $|x| > r$ 일 때 $\left|\dfrac{k}{x^k}\right| < \dfrac{k}{r^k}$, $\left|\dfrac{-k^2}{x^{k+1}}\right| < \dfrac{k^2}{r^{k+1}}$ 이며

비율판정하면 $\displaystyle\sum_{k=1}^{n} \dfrac{k}{r^k}$ 와 $\displaystyle\sum_{k=1}^{n} \dfrac{k^2}{r^{k+1}}$ 는 수렴하므로 바이어스트라스 M-판정법에 의

하여 $|x| > r$ 에서 $\displaystyle\sum_{k=1}^{n} \dfrac{k}{x^k}$ 와 $\displaystyle\sum_{k=1}^{n} \dfrac{-k^2}{x^{k+1}}$ 는 균등수렴한다.

③ ①, ②로부터 미분과 균등수렴에 관한 정리에 의하여

$\displaystyle\sum_{k=1}^{\infty} \dfrac{k}{x^k}$ 는 $|x| > r$ 에서 미분가능하며 $\dfrac{d}{dx}\left(\displaystyle\sum_{k=1}^{\infty} \dfrac{k}{x^k}\right) = \displaystyle\sum_{k=1}^{\infty} \dfrac{-k^2}{x^{k+1}}$

따라서 $r > 1$ 인 r 에 대하여 $|x| > r$ 일 때 $\displaystyle\sum_{k=1}^{\infty} \dfrac{k}{x^k}$ 는 미분가능하므로

$|x| > 1$ 에서도 미분가능하며 $\dfrac{d}{dx}\left(\displaystyle\sum_{k=1}^{\infty} \dfrac{k}{x^k}\right) = \displaystyle\sum_{k=1}^{\infty} \dfrac{-k^2}{x^{k+1}}$

예제 2 $x \in (0, 2\pi)$ 일 때 $\dfrac{d}{dx}\left(\displaystyle\sum_{k=1}^{\infty} \dfrac{\sin(kx)}{k^2}\right) = \displaystyle\sum_{k=1}^{\infty} \dfrac{\cos(kx)}{k}$ 임을 보이시오.

> $x = 2n\pi$ 에서 점별수렴하지 않는다.

풀이 ① $\left|\dfrac{\sin(kx)}{k^2}\right| \le \dfrac{1}{k^2}$ 이며 $\displaystyle\sum_{k=1}^{\infty} \dfrac{1}{k^2}$ 는 p-급수수렴판정하면 수렴하므로 바이

어스트라스 M-판정법에 의하여 $\displaystyle\sum_{k=1}^{n} \dfrac{\sin(kx)}{k^2}$ 는 $(0, 2\pi)$ 에서 균등수렴한다.

$\mathbb{R}$ 에서 $\sin(kx)$ 는 미분가능함수이며 $\dfrac{d}{dx}\left(\displaystyle\sum_{k=1}^{n} \dfrac{\sin(kx)}{k^2}\right) = \displaystyle\sum_{k=1}^{n} \dfrac{\cos(kx)}{k}$

② $0 < a < \pi$ 일 때 $(a, 2\pi - a)$ 에서 $\left|\displaystyle\sum_{k=1}^{n} \cos(kx)\right| \le \dfrac{1}{\sin(a/2)}$ 이므로

$\displaystyle\sum_{k=1}^{n} \cos(kx)$ 는 $(a, 2\pi - a)$ 에서 평등유계이며, $\dfrac{1}{k}$ 는 0으로 균등수렴한다.

따라서 디리클레 균등수렴판정법에 의하여 $\displaystyle\sum_{k=1}^{n} \dfrac{\cos(kx)}{k}$ 는 $(a, 2\pi - a)$ 에서 균

등수렴한다.

③ ①, ②로부터 미분과 균등수렴에 관한 정리에 의하여 $\displaystyle\sum_{k=1}^{\infty} \dfrac{\sin(kx)}{k^2}$ 는

$(a, 2\pi - a)$ 에서 미분가능하며 $\dfrac{d}{dx}\left(\displaystyle\sum_{k=1}^{\infty} \dfrac{\sin(kx)}{k^2}\right) = \displaystyle\sum_{k=1}^{\infty} \dfrac{\cos(kx)}{k}$

따라서 $0 < a < \pi$ 일 때 $\displaystyle\sum_{k=1}^{\infty} \dfrac{\sin(kx)}{k^2}$ 는 $(a, 2\pi - a)$ 에서 미분가능하며

$$\frac{d}{dx}\left(\sum_{k=1}^{\infty}\frac{\sin(kx)}{k^2}\right)=\sum_{k=1}^{\infty}\frac{\cos(kx)}{k}\ \text{이므로 구간}\ (a,\,2\pi-a)\ \text{을 확장하여}$$

$$(0,\,2\pi)\ \text{에서}\ \sum_{k=1}^{\infty}\frac{\sin(kx)}{k^2}\ \text{는 미분가능이며}$$

$$\frac{d}{dx}\left(\sum_{k=1}^{\infty}\frac{\sin(kx)}{k^2}\right)=\sum_{k=1}^{\infty}\frac{\cos(kx)}{k}$$

예제 3 $f(x)=\sum_{n=0}^{\infty}\frac{1}{2^n}\sin(4^n x)$ 는 0에서 미분불가능임을 보이시오.

풀이 $f(0)=0$ 이므로

$$\frac{f(h)-f(0)}{h}=\sum_{n=0}^{\infty}\frac{1}{2^n h}\sin(4^n h)=\sum_{n=0}^{\infty}2^n\frac{\sin(4^n h)}{4^n h}$$

수열$h_m=\dfrac{\pi}{2\times 4^m}$ 라 두면,

$m<n$ 일 때 $4^n h_m=2\pi\times 4^{n-m-1}$ 이므로 $\sin(4^n h_m)=0$,

$m\geq n$ 일 때 $0<4^n h_m\leq\dfrac{\pi}{2}$ 이므로 $\sin(4^n h_m)\geq\dfrac{2}{\pi}\times 4^n h_m$

$$\frac{f(h_m)-f(0)}{h_m}=\sum_{n=0}^{\infty}2^n\frac{\sin(4^n h_m)}{4^n h_m}=\sum_{n=0}^{m}2^n\frac{\sin(4^n h_m)}{4^n h_m}\geq\sum_{n=0}^{m}2^n\frac{2}{\pi}$$

$$\geq(2^{m+1}-1)\frac{2}{\pi}$$

$\lim\limits_{m\to\infty}\dfrac{f(h_m)-f(0)}{h_m}=\infty$ 이므로 $\lim\limits_{h\to 0}\dfrac{f(h)-f(0)}{h}$ 은 수렴하지 않는다.

따라서 $f(x)$ 는 0에서 미분불가능이다.

Weierstrass에 의하여 위 예제의 함수는 모든 실수에서 미분불가능임이 증명되었으며 모든 실수에서 연속인 함수이지만 미분가능인 점이 없는 함수이다.

예제 4 연속함수 $f(x)$ 가 음 아닌 모든 정수 n 에 대하여 $\int_0^1 x^n f(x)dx=0$이면 함수$f(x)$ 는 구간 $[0,1]$ 에서 항등적으로 0임을 보여라.

풀이 Weierstrass의 다항식 근사 정리에 따라 $f(x)$ 로 균등수렴하는 다항식열을 $p_n(x)$ 가 있다. $f(x)$ 는 유계이므로 $f(x)p_n(x)$ 는 $f(x)^2$ 으로 균등수렴한다.

$0\leq n$ 이면 $\int_0^1 x^n f(x)dx=0$ 이므로 $\int_0^1 p_n(x)f(x)dx=0$ 이다.

$$\int_0^1 f(x)^2\,dx=\int_0^1 \lim_{n\to\infty}p_n(x)f(x)\,dx=\lim_{n\to\infty}\int_0^1 p_n(x)f(x)\,dx=0$$

따라서 $f(x)=0$

hᆼ

예제 5 정의역 $I=[a,b]$ 이며 $f_n : I \to \mathbb{R}$ 일 때, 구간 (a,b) 에서 함수열 f_n 이 f 로 균등수렴하며 모든 f_n 이 연속이면 f_n 은 균등수렴 함을 보여라.

풀이 각각의 n 에 관하여 f_n 이 a 에서 연속이므로 $|x-a|<\delta_n$ 이면 $|f_n(x)-f_n(a)|<\dfrac{1}{n}$ 이 성립하는 양의 실수 δ_n 이 존재한다.

이때 $I=[a,b]$ 에서 수열 a_n 을 $|a_n-a|<\min(\dfrac{1}{n},\delta_n)$ 이 되도록 선택하자.

그러면 $\lim\limits_{n\to\infty}|f_n(a_n)-f_n(a)|=0$ 이며 $\lim\limits_{n\to\infty}a_n=a$ 이다.

$\lim\limits_{n\to\infty}|f_n(a_n)-f_n(a)|=0$ 이며 $\lim\limits_{n\to\infty}|f_n(a_n)-f(a_n)|=0$ 이므로

$\lim\limits_{n\to\infty}|f_n(a)-f(a_n)|=0$

f_n 는 $I=[a,b]$ 에서 균등연속이므로 구간 (a,b) 에서 균등연속이다.

구간 (a,b) 에서 함수열 f_n 이 f 로 균등수렴하므로 f 는 구간 (a,b) 에서 균등연속이다.

a_n 이 코시열이므로 $f(a_n)$ 도 코시열이다.

$f(a_n)$ 는 수렴하므로 $f_n(a)$ 는 수렴한다. 이 극한을 $f(a)$ 의 값으로 정하자.

b 에서도 같은 방식을 적용하면 $f_n(b)$ 도 수렴하며 이 극한을 $f(b)$ 의 값으로 정하자.

임의의 양의 실수 ϵ 에 대하여 f_n 는 (a,b) 에서 균등수렴하므로 적당한 양의 정수 K_1 가 존재하여 $K_1<n$ 이면 (a,b) 에서 $|f_n(x)-f(x)|<\epsilon$ 이다.

또한 $f_n(a)$ 과 $f_n(b)$ 도 수렴하므로 적당한 양의 정수 K_2, K_3 가 존재하여 $K_2<n$ 이면 $|f_n(a)-f(a)|<\epsilon$ 이며, $K_3<n$ 이면 $|f_n(b)-f(b)|<\epsilon$

$K=\max(K_1,K_2,K_3)$ 라 정하면 $K<n$ 이면 $|f_n(x)-f(x)|<\epsilon$

따라서 $f_n(x)$ 는 $[a,b]$ 에서 균등수렴한다.

예제 6 구간 $[0,1]$ 에서 정의된 함수열 $f_n(x)$ 가 극한함수 $f(x)$ 로 점별수렴하며, 모든 양의 정수 n 과 모든 $x,y \in [0,1]$ 에 관하여 $|f_n(x)-f_n(y)| \le |x-y|$ 을 만족하면 $f_n(x)$ 는 $f(x)$ 로 평등수렴함을 보이시오.

풀이 우선 $|f(x)-f(y)|=\lim\limits_{n\to\infty}|f_n(x)-f_n(y)| \le |x-y|$ 이다.

ϵ 을 임의의 양의 실수라 하자.

아르키메데스 정리에 따라 $\dfrac{3}{\epsilon}<m$ 인 양의 정수 m 이 존재한다.

$f_n(x)$ 가 $f(x)$ 로 점별수렴하므로 $k=1,\cdots,m$ 인 각 k 마다 적당한 양의 정수 N_k 가 존재하여 $N_k \le n$ 이면 $\left|f_n(\dfrac{k}{m})-f(\dfrac{k}{m})\right|<\dfrac{\epsilon}{3}$ 이 성립한다.

이제 $K=\max\{N_1,\cdots,N_m\}$ 라 정하자.

$K \le n$ 일 때, 실수 $x \in [0,1]$ 에 관하여 $\dfrac{k-1}{m} \le x \le \dfrac{k}{m}$ 인 k 를 선택하면

Chapter 04 함수열의 수렴　**81**

$$|f_n(x) - f(x)| \leq \left|f_n(x) - f_n(\frac{k}{m})\right| + \left|f_n(\frac{k}{m}) - f(\frac{k}{m})\right| + \left|f(\frac{k}{m}) - f(x)\right|$$

$$\leq \left|x - \frac{k}{m}\right| + \left|f_n(\frac{k}{m}) - f(\frac{k}{m})\right| + \left|\frac{k}{m} - x\right|$$

$$< \frac{1}{m} + \frac{\epsilon}{3} + \frac{1}{m} < \frac{\epsilon}{3} + \frac{\epsilon}{3} + \frac{\epsilon}{3} = \epsilon$$

따라서 구간 $[0, 1]$ 에서 $f_n(x)$ 는 $f(x)$ 로 평등수렴한다.

예제 7 $\mathbb{R}$ 에서 다항식 함수열 $f_n(x)$ 는 $f(x)$ 로 점별수렴할 때, $\deg(f_n) \leq m$ 이면 $\deg(f) \leq m$ 임을 보이시오.

풀이 $\deg(f_n) \leq m$ 이므로

다항식 함수열 $f_n(x) = \sum_{k=0}^{m} a_{n,k} x(x-1) \cdots (x-k+1)$ 라 쓸 수 있다.

$$f(0) = \lim_{n \to \infty} f_n(0) = \lim_{n \to \infty} a_{n,0}$$

$$f(1) = \lim_{n \to \infty} f_n(1) = \lim_{n \to \infty} (a_{n,0} + a_{n,1})$$

......

$$f(m) = \lim_{n \to \infty} f_n(m) = \lim_{n \to \infty} (a_{n,0} + m a_{n,1} + \cdots + m! a_{n,m})$$

이므로 모든 k 에 대하여 $\lim_{n \to \infty} a_{n,k}$ 는 수렴한다. 극한을 b_k 라 놓자.

$$f(x) = \lim_{n \to \infty} f_n(x) = \sum_{k=0}^{m} \lim_{n \to \infty} a_{n,k} x(x-1) \cdots (x-k+1)$$

$$= \sum_{k=0}^{m} b_k x(x-1) \cdots (x-k+1)$$

따라서 $\deg(f) \leq m$ 이다.

예제 8 함수 $f_n : \mathbb{R} \to \mathbb{R}$ 이 연속이고 함수열 $f_n(x)$ 이 $f(x)$ 로 균등수렴할 때 함수열 $g_n(x) = f_n\left(x + \frac{1}{n}\right)$ 이라 정의할 때 함수열 $g_n(x)$ 는 $f(x)$ 로 점별수렴함을 보이시오.

풀이 ϵ 을 임의의 양의 실수라 하자. x 를 정의역의 임의의 실수라 하자.
$f_n(x)$ 이 연속이며 함수열 $f_n(x)$ 이 $f(x)$ 로 균등수렴하므로 함수 $f(x)$ 는 연속이다.
함수 $f(x)$ 가 x 에서 연속이므로

$$|t - x| < \delta \text{이므로 } |f(t) - f(x)| < \frac{\epsilon}{2} \quad \cdots\cdots \text{①}$$

이 성립하는 양의 실수 δ 가 존재한다.
함수열 $f_n(x)$ 이 $f(x)$ 로 균등수렴하므로 적당한 양의 정수 K 이 존재하여 $K \leq n$ 이

면 모든 t 에 대하여 $|f_n(t) - f(t)| < \frac{\epsilon}{2}$ 이 성립한다. $\cdots\cdots$ ②

$\max(\frac{1}{\delta}, K) < n_1$ 인 양의 정수 n_1 을 택하면 $n_1 < n$ 일 때,

$\left| \left(x + \dfrac{1}{n} \right) - x \right| = \dfrac{1}{n} < \dfrac{1}{n_1} < \delta$ 이므로 ①, ②에 $t = x + \dfrac{1}{n}$ 을 대입하면

$$| g_n(x) - f(x) | = \left| f_n \left(x + \frac{1}{n} \right) - f(x) \right|$$

$$\leq \left| f_n \left(x + \frac{1}{n} \right) - f \left(x + \frac{1}{n} \right) \right| + \left| f \left(x + \frac{1}{n} \right) - f(x) \right| < \frac{\epsilon}{2} + \frac{\epsilon}{2} = \epsilon$$

따라서 g_n 은 $f(x)$ 로 점별수렴한다.

> **예제 9** 함수 $f : \mathbb{R} \to \mathbb{R}$ 이 균등연속이고 함수열 $f_n(x) = f \left(x + \dfrac{1}{n} \right)$ 이라 정의할 때 f_n 이 $f(x)$ 로 균등수렴함을 보이시오.

풀이 ϵ 을 임의의 양의 실수라 하자.

함수 $f(x)$ 가 균등연속이므로 적당한 양의 실수 δ 가 존재하여

$| x_1 - x_2 | < \delta$ 이므로 $| f(x_1) - f(x_2) | < \epsilon$

$\dfrac{1}{\delta} < n_1$ 인 양의 정수 n_1 을 택하면 $n_1 < n$ 일 때,

모든 x 에 대하여 $\left| \left(x + \dfrac{1}{n} \right) - x \right| = \dfrac{1}{n} < \dfrac{1}{n_1} < \delta$ 이므로

$$| f_n(x) - f(x) | = \left| f \left(x + \frac{1}{n} \right) - f(x) \right| < \epsilon$$

따라서 f_n 은 $f(x)$ 로 균등수렴한다.

> **예제 10** $\mathbb{R}$ 에서 연속함수열 f_n 이 함수 f 로 균등수렴할 때, 어떤 유계 폐집합 A 와 개집합 G 에 관하여 $f(A) \subset G$ 이면 $f_n(A) \subset G$ 인 적당한 양의 정수 n 이 있음을 보이시오.

풀이 f_n 이 연속이므로 f 는 연속이다.

A 는 컴팩트이므로 $f(A)$ 는 컴팩트이다.

$f(A) \subset G$ 이므로 $f(A) \cap G^c = \varnothing$ 이다.

실수 $r = \inf \{ | x - y | : x \in G^c ,\ y \in f(A) \}$ 이라 놓자.

만약 $r = 0$ 이라 가정하면 $\lim\limits_{n \to \infty} | x_n - y_n | = 0$, $x_n \in G^c$, $y_n \in f(A)$ 인 두 수열

x_n , y_n 이 있다. $y_n \in f(A)$ 이므로 $y_n = f(a_n)$, $a_n \in A$ 인 수열 a_n 이 있다.

A 는 컴팩트이므로 수렴하는 부분점열 a_{n_k} 가 있으며 극한을 b 라 하면 $b \in A$

f 는 연속이므로 $\lim\limits_{k \to \infty} y_{n_k} = \lim\limits_{k \to \infty} f(a_{n_k}) = f(b)$

$\lim\limits_{n \to \infty} | x_{n_k} - y_{n_k} | = 0$ 이며 $\lim\limits_{k \to \infty} y_{n_k} = f(b)$ 이므로 $\lim\limits_{k \to \infty} x_{n_k} = f(b)$

$x_{n_k} \in G^c$ 이며 G^c 는 폐집합이므로 $f(b) \in G^c$ 이다. $f(A) \cap G^c = \varnothing$ 임에 모순

따라서 $r > 0$ 이다.

f_n 이 f 로 균등수렴하므로 $K \leq k$ 이면 $| f_k(x) - f(x) | < r$ 이 성립하는 양의 정수 K 가 있다.

$K \leq k$ 일 때, 임의의 원소 $a \in A$ 에 대하여 $| f_k(a) - f(a) | < r$ 이다.

만약 $f_k(a) \not\in G$ 이라 가정하면 $f_k(a) \in G^c$ 이며 $f(a) \in f(A)$ 이므로 r 의 정의에 따라 $r \leq |f_k(a) - f(a)|$. 모순

따라서 모든 원소 $a \in A$에 대하여 $f_k(a) \in G$ 이므로 $K \leq k$ 일 때 $f_k(A) \subset G$ 이다.

> **예제 11** $f_n = \sum_{k=1}^{n} g_k$ 이 균등수렴하며 $0 \leq g_{k+1} \leq g_k$ 이면 $k\,g_k$ 는 0 으로 균등수렴함을 보이시오.

풀이 $0 \leq g_{k+1} \leq g_k$ 이므로

$$|f_n - f_{[n/2]}| = \left| \sum_{k=[n/2]+1}^{n} g_k(x) \right| \geq \sum_{k=[n/2]+1}^{n} g_n(x) \geq \frac{n}{2} g_n(x)$$

f_n 이 균등수렴하므로 $\lim_{n\to\infty} \|f_n - f_{[n/2]}\| = 0$

따라서 $\lim_{n\to\infty} \left\| \frac{1}{2} n g_n(x) - 0 \right\| = 0$ 이며 $\lim_{n\to\infty} \|n g_n(x) - 0\| = 0$

그러므로 $n g_n(x)$ 는 0 으로 균등수렴한다.

05 미분

01 함수의 미분(differentiation)

1. 미분의 정의

[정의] {미분}

함수 $f(x)$ 가 구간 (a, b) 에서 연속이고, $c \in (a, b)$ 에 대하여 극한 $\lim\limits_{x \to c} \dfrac{f(x) - f(c)}{x - c}$ 가 수렴할 때, 함수 $f(x)$ 는 $x = c$ 에서 미분가능이라 하고 그 극한값을 미분계수라 하고 $f'(c)$ 로 쓴다.

그리고 구간전체에서 미분 가능할 때, 함수 $f'(x)$ 를 도함수(derivative)라 한다.

예제 1 함수 $f(x) = \begin{cases} x + \pi x^2 \sin\left(\dfrac{1}{x}\right) & , \text{if } x \neq 0 \\ 0 & , \text{if } x = 0 \end{cases}$ 에 대하여 다음 물음에 답하시오.

(1) $f(x)$ 는 0에서 미분가능하며, $f'(0) = 1$ 임을 보이시오.

(2) 0의 근방에서 $f(x)$ 는 증가함수가 아님을 보이시오.

풀이 (1) $\lim\limits_{x \to 0} \dfrac{f(x) - f(0)}{x} = \lim\limits_{x \to 0}\left(1 + \pi x \sin \dfrac{1}{x}\right) = 1$ 이므로 0에서 미분가능하고

$f'(0) = 1$

(2) $a_n = \dfrac{1}{2n\pi}$ 라 두면 $f'(a_n) = 1 - \pi < 0$ 이므로 a_n 근방에서 $f(x)$ 는 증가함수 가 아니다. a_n 은 0으로 수렴하므로 0 근방에 항상 a_n 이 있다.

따라서 0의 근방에서 $f(x)$ 는 증가함수가 아니다.

예제 2 함수 $f : \mathbb{R} \to \mathbb{R}$ 이 c 에서 미분가능이고, $f(c) = 0$ 일 때, $g(x) = |f(x)|$ 가 c 에서 미분가능일 필요충분조건은 $f'(c) = 0$ 임을 보여라.

풀이 $(\to)$ $g'(c) = \lim\limits_{x \to c+0} \dfrac{|f(x)|}{x - c} \geq 0$, $g'(c) = \lim\limits_{x \to c-0} \dfrac{|f(x)|}{x - c} \leq 0$

이므로 $g'(c) = 0$. 따라서 다음 식에 의하여 $f'(c) = 0$

$|f'(c)| = \left|\lim\limits_{x \to c} \dfrac{f(x) - f(c)}{x - c}\right| = \lim\limits_{x \to c} \dfrac{|f(x)|}{|x - c|} = \lim\limits_{x \to c} \left|\dfrac{g(x) - g(c)}{x - c}\right| = |g'(c)| = 0$

$(\leftarrow)$ $f'(c) = 0$ 이므로 $\lim\limits_{x \to c} \left|\dfrac{g(x) - g(c)}{x - c}\right| = 0$ 이며 $\lim\limits_{x \to c} \dfrac{g(x) - g(c)}{x - c} = 0$

따라서 $g(x)$ 는 c 에서 미분가능이다.

2. 도함수(derivative)와 n계 미분

(1) n계 도함수

함수 $f(x)$ 가 구간 I 에서 미분가능하고 도함수 $f'(x)$ 가 연속일 때, 함수 $f(x)$ 를 C^1-급 함수(또는 1 급 함수)라 한다.

그리고 도함수 $f'(x)$ 가 구간 I 에서 미분가능할 때, 함수 $f(x)$ 를 2계 미분가능이라 하며, $f''(x)$ 를 2계 도함수라 한다.
또한 2계 도함수 $f''(x)$ 가 연속일 때, 함수 $f(x)$ 를 C^2-급 함수(또는 2급 함수)라 한다.

> [정의] {n계 미분}
> 함수 $f(x)$ 가 C^n-급 함수이고, n계 도함수 $f^{(n)}(x)$ 가 미분가능할 때, 함수 $f(x)$ 를 $n+1$ 계 미분가능이라 하며, $f^{(n+1)}(x)$ 를 $n+1$계 도함수라 한다.
> {n급 함수} n계 도함수 $f^{(n)}(x)$ 가 연속일 때, 함수 $f(x)$ 를 C^n-급 함수(또는 n급 함수)라 한다.

그리고 모든 자연수 n 에 관하여 함수 $f(x)$ 가 C^n-급 함수일 때, 함수 $f(x)$ 를 매끄러운 함수 (smooth function)라 하고, C^∞-급 함수라 한다.
즉, 매끄러운 함수라 무한 번 미분가능한 함수를 말한다.

(2) n계 도함수의 계산

함수 $f(x)$ 의 n 계 도함수를 체계적으로 구하는 몇 가지 방법을 알아보자.
다음의 라이프니찌 공식은 곱으로 주어진 함수의 n 계 도함수를 구할 때 도움이 된다.

> [Leibniz의 공식] $(f\,g)^{(n)} = \sum_{r=0}^{n} \binom{n}{r} f^{(r)}\, g^{(n-r)}$

라이프니찌 공식을 이용하여 n 계 도함수를 구한 예로 다음이 있다.
$$\left(\frac{1}{x+c}\right)^{(n)} = \frac{(-1)^n n!}{(x+c)^{n+1}} \quad (\sin x)^{(n)} = \sin\left(x + \frac{n\pi}{2}\right), \ (\cos x)^{(n)} = \cos\left(x + \frac{n\pi}{2}\right)$$
위의 n 계 도함수 식은 수학적 귀납법을 이용하여 증명할 수 있다.

3. 미분가능 함수에 관한 정리

미분가능함수의 연산에 관한 성질을 살펴보자.

[연산 정리] 구간 I 에서 정의된 f, $g : I \to \mathbb{R}$ 가 c 에서 미분가능할 때,

(1) $f(x) + g(x)$ 는 c 에서 미분가능하며 $(f + g)'(c) = f'(c) + g'(c)$

(2) $f(x)g(x)$ 는 c 에서 미분가능하며 $(fg)'(c) = f'(c)g(c) + f(c)g'(c)$

(3) $g(c) \neq 0$ 이면 $\dfrac{f(x)}{g(x)}$ 는 c 에서 미분가능하며

$$\left(\frac{f}{g} \right)'(c) = \frac{f'(c)g(c) - f(c)g'(c)}{g(c)^2}$$

[정리] {합성함수의 미분}
구간 I, J 에서 정의된 $g : I \to \mathbb{R}$, $f : J \to \mathbb{R}$, $g(I) \subset J$ 이며 $f(x)$ 는 $x = a$ 에서 미분가능, $g(x)$ 는 $x = b$ 에서 미분가능하고 $g(b) = a$ 일 때, $f(g(x))$ 는 $x = b$ 에서 미분가능하며 $(f \circ g)'(b) = f'(g(b))\, g'(b)$

증명 $\phi(x) = \begin{cases} \dfrac{f(x) - f(a)}{x - a} - f'(a) &, x \neq a \\ 0 &, x = a \end{cases}$ 라 정의하면 $f(x)$ 는 $x = a$ 에

서 미분가능이므로 $\phi(x)$ 는 $x = a$ 에서 연속이다.

$g(x)$ 는 $x = b$ 에서 미분가능하므로 $g(x)$ 는 $x = b$ 에서 연속이고 $\phi(g(x))$ 는 $x = b$ 에 연속이며 $\lim\limits_{x \to b} \phi(g(x)) = \phi(g(b)) = 0$

$f(x) - f(a) = f'(a)(x - a) + \phi(x)(x - a)$ 이며

$f(g(x)) - f(g(b)) = f'(g(b))(g(x) - g(b)) + \phi(g(x))(g(x) - g(b))$

이므로 $x \neq b$ 일 때,

$$\frac{f(g(x)) - f(g(b))}{x - b} = f'(g(b)) \frac{g(x) - g(b)}{x - b} + \phi(g(x)) \frac{g(x) - g(b)}{x - b}$$

$g(x)$ 는 $x = b$ 에서 미분가능하므로 $\lim\limits_{x \to b} \dfrac{g(x) - g(b)}{x - b} = g'(b)$ 이며,

$\lim\limits_{x \to b} \dfrac{g(x) - g(b)}{x - b} = g'(b)$, $\lim\limits_{x \to b} \phi(g(x)) = 0$ 이므로

$f'(g(b)) \dfrac{g(x) - g(b)}{x - b} + \phi(g(x)) \dfrac{g(x) - g(b)}{x - b}$ 는 $f'(g(b))g'(b)$ 로 수렴한다.

따라서 $\lim\limits_{x \to b} \dfrac{f(g(x)) - f(g(b))}{x - b} = f'(g(b))g'(b)$ 이므로 $f(g(x))$ 는 $x = b$ 에

서 미분가능하며 미분계수는 $f'(g(b))g'(b)$ 이다.

함수 $f(x)$ 가 역함수 $f^{-1}(x)$ 를 가질 때, $f(f^{-1}(x)) = x$ 이므로 합성함수의 미분법을 이용하면 다음과 같다.

$$f'(f^{-1}(x)) \cdot (f^{-1})'(x) = 1$$

> **[정리] {역함수의 미분}** 함수 $f(x)$ 가 c 에서 미분가능함수이고 $f'(c) \neq 0$ 이며 c 근방에서
> 역함수 $f^{-1}(x)$ 가 존재하면 $f^{-1}(x)$ 는 $f(c)$ 에서 미분가능하며
> $$(f^{-1})'(f(c)) = \frac{1}{f'(c)}$$

예를 들어, 함수 $f(x) = x + \sin x$ 의 역함수 $g(x) = f^{-1}(x)$ 의

$g'(x) = \dfrac{1}{1 + \cos(g(x))}$, $f(0) = 0$ 이므로 $g(0) = 0$ 이며 $g'(0) = \dfrac{1}{2}$ 이며,

2계 미분계수를 구해보면 $g''(0) = 0$ 이다.

> **[극값 정리]** 함수 $f : I \to \mathbb{R}$ 가 구간 I 의 내점 c 에서 미분가능할 때,
> 점 c 가 f 의 극점이면 $f'(c) = 0$

증명 증명의 편의상 점 c 가 f 의 극대점이라 하자.

f 는 c 에서 미분가능하며 c 가 내점이므로 좌미분계수와 우미분계수가 존재
하며 $f'(c)$ 와 값이 같다.

c 의 근방에서 $f(c)$ 는 극댓값이므로

$$f'(c) = \lim_{x \to c+} \frac{f(x) - f(c)}{x - c} \leq 0 , \quad f'(c) = \lim_{x \to c-} \frac{f(x) - f(c)}{x - c} \geq 0$$

따라서 $f'(c) = 0$

중간값정리는 연속함수에 관하여 중간값 성질이 성립함을 기술한다. 그러나
불연속함수 중에도 중간값 성질을 만족하는 것도 있다.
다음 그와 같이 어떤 미분가능함수의 도함수는 불연속일지라도 그 도함수가
중간값 성질을 만족한다는 명제이다.

> **[도함수의 중간값정리(Darboux 정리)]**
> 함수 $f(x)$ 가 구간 $[a, b]$ 에서 미분가능하고 $f'(a) > f'(b)$ 일 때,
> $f'(a) > k > f'(b)$ 인 실수 k 에 대하여 $f'(c) = k$ 를 만족시키는 점 $c \in (a, b)$ 가 존재
> 한다.

증명 함수 $g : [a, b] \to \mathbb{R}$ 를 $g(x) = f(x) - kx$ 로 정의하자.

g 는 연속이므로 어떤 점 $c \in [a, b]$ 에서 최댓값을 갖는다.

그런데 $g'(a) > 0$ 이고 $g'(b) < 0$ 이므로 $g(x_1) > g(a)$ 와 $g(x_2) > g(b)$ 를 각각
만족시키는 점 $x_1, x_2 \in (a, b)$ 가 존재하게 되어 a 와 b 에서 g 는 최댓값을
가질 수 없다.

따라서 g 는 $c \in (a, b)$ 에서 최댓값을 갖고 g 가 미분가능이므로, $g'(c) = 0$
이다.

그러므로 $f'(c) = k$ 를 만족시키는 점 $c \in (a, b)$ 가 존재한다.

일련의 연결된 평균값 정리가 성립한다.

[Rolle의 정리]
함수 $f(x)$ 가 구간 $[a,b]$ 에서 연속이고, 구간 (a,b) 에서 미분가능일 때, $f(a)=f(b)$ 이면 $f'(c)=0$ 인 $c\in(a,b)$ 가 존재한다.

[평균값 정리] (Lagrange)
함수 $f(x)$ 가 구간 $[a,b]$ 에서 연속이고, 구간 (a,b) 에서
미분 가능할 때, $f'(c)=\dfrac{f(b)-f(a)}{b-a}$ 인 $c\in(a,b)$ 가 존재한다.

[평균값 정리] (Cauchy) 함수 $f(x), g(x)$ 가 구간 $[a,b]$ 에서 연속이고, 구간 (a,b) 에서
미분가능이며, $g(b)\neq g(a)$, $g'(x)\neq 0$, $(a<x<b)$ 이면 $\dfrac{f'(c)}{g'(c)}=\dfrac{f(b)-f(a)}{g(b)-g(a)}$ 인
$c\in(a,b)$ 가 존재한다.

[평균값 정리] (적분형)
함수 $f(x)$ 가 구간 $[a,b]$ 에서 연속이면, 적당한 $c\in(a,b)$ 가 존재하여
$(b-a)f(c)=\displaystyle\int_a^b f(x)\,dx$ 이 성립한다.

증명 (1) 롤의 정리

$f(x)$ 는 $[a,b]$ 에서 연속이므로 어떤 점 $c\in[a,b]$ 에서 최댓값을 갖는다.
$c\in(a,b)$ 인 경우
$f(x)$ 는 (a,b) 에서 미분가능이며 c 가 극값이므로 $f'(c)=0$ 이다.
$c=a$ 또는 $c=b$ 인 경우
$f(x)$ 는 $[a,b]$ 에서 연속이므로 어떤 점 $d\in[a,b]$ 에서 최솟값을 갖는다.
$d\in(a,b)$ 이면 $f(x)$ 는 (a,b) 에서 미분가능이며 d 가 극값이므로
$f'(d)=0$ 이다.
$d=a$ 또는 $d=b$ 이면 f 는 상수함수이며 모든 $c\in(a,b)$ 에서
$f'(c)=0$ 이다.
따라서 $f'(c)=0$, $c\in(a,b)$ 인 c 가 존재한다.

(2) 라그랑주 평균값 정리

$F(x)=f(x)(b-a)-x(f(b)-f(a))$ 라 하면 함수 $F(x)$ 는 구간 $[a,b]$ 에서
연속이고, 구간 (a,b) 에서 미분 가능하며
$F(b)=F(a)$ 이므로 Rolle의 정리에 의하여 적당한 $c\in(a,b)$ 가 존재하여
$F'(c)=f'(c)(b-a)-(f(b)-f(a))=0$
식을 정리하면 $f'(c)=\dfrac{f(b)-f(a)}{b-a}$ 이다.

(3) 코시 평균값 정리

$F(x)=f(x)(g(b)-g(a))-g(x)(f(b)-f(a))$ 라 하면
함수 $F(x)$ 는 구간 $[a,b]$ 에서 연속이고, 구간 (a,b) 에서 미분 가능하며
$F(b)=F(a)$ 이므로 Rolle의 정리에 의하여 적당한 $c\in(a,b)$ 가 존재하여
$F'(c)=f'(c)(g(b)-g(a))-g'(c)(f(b)-f(a))=0$
또한 $g(b)\neq g(a)$, $g'(x)\neq 0$, $(a<x<b)$ 이므로

$$\frac{f'(c)}{g'(c)} = \frac{f(b)-f(a)}{g(b)-g(a)} \text{ 이다.}$$

(4) 적분형 평균값 정리

최대최솟값 정리에 의해 $f(x)$ 는 $[a,b]$ 에서 연속이므로 최댓값 $f(e)$, 최솟값 $f(d)$ 인 점 e, $d \in [a,b]$ 가 존재한다.

$F(x) = \displaystyle\int_a^b f(x) - f(t)\,dt$ 라 두면 f 가 연속이므로 F 도 연속이다.

$t \in [a,b]$ 이면 $f(d) \le f(t) \le f(e)$, $f(d)-f(t) \le 0 \le f(e)-f(t)$

이므로 $F(d) \le 0 \le F(e)$

중간값정리에 따라 $F(c) = 0$ 인 c 가 d, e 사이에 존재한다.

e, $d \in [a,b]$ 이므로 $c \in [a,b]$ 이다.

$$F(c) = \int_a^b f(c) - f(t)\,dt = 0, \quad \int_a^b f(c)dt = \int_a^b f(t)\,dt$$

따라서 $(b-a)f(c) = \displaystyle\int_a^b f(x)\,dx$ 이 성립한다.

로피탈의 정리와 여러 가지 변형된 형식의 로피탈의 법칙들이 성립한다.

[L'Hospital의 정리] 함수 $f(x)$, $g(x)$ 가 a 근방에서 미분가능이고 $f(a) = g(a) = 0$, $g'(x) \ne 0$ 이며, 극한 $\displaystyle\lim_{x \to a} \frac{f'(x)}{g'(x)}$ 이 수렴하면 $\displaystyle\lim_{x \to a} \frac{f(x)}{g(x)} = \lim_{x \to a} \frac{f'(x)}{g'(x)}$ 이 성립한다.

[L'Hospital의 법칙 (I)] $-\infty \le a < b \le \infty$ 라 하자.
함수 $f(x)$, $g(x)$ 가 (a,b) 에서 미분가능이고 $g'(x) \ne 0$ 이며 $f(a+) = g(a+) = 0$ 이라 하자.

(1) $\displaystyle\lim_{x \to a+} \frac{f'(x)}{g'(x)}$ 이 수렴하면 $\displaystyle\lim_{x \to a+} \frac{f(x)}{g(x)} = \lim_{x \to a+} \frac{f'(x)}{g'(x)}$

(2) $\displaystyle\lim_{x \to a+} \frac{f'(x)}{g'(x)} = \infty\,(-\infty)$ 이면 $\displaystyle\lim_{x \to a+} \frac{f(x)}{g(x)} = \infty\,(-\infty)$

[L'Hospital의 법칙 (II)] $-\infty \le a < b \le \infty$ 라 하자.
함수 $f(x)$, $g(x)$ 가 (a,b) 에서 미분가능이고 $g'(x) \ne 0$ 이며 $g(a+) = \infty\,(-\infty)$ 이라 하자.

(3) $\displaystyle\lim_{x \to a+} \frac{f'(x)}{g'(x)}$ 이 수렴하면 $\displaystyle\lim_{x \to a+} \frac{f(x)}{g(x)} = \lim_{x \to a+} \frac{f'(x)}{g'(x)}$

(4) $\displaystyle\lim_{x \to a+} \frac{f'(x)}{g'(x)} = \infty\,(-\infty)$ 이면 $\displaystyle\lim_{x \to a+} \frac{f(x)}{g(x)} = \infty\,(-\infty)$

> $f(a+)$ 의 조건은 없어도 성립한다.

증명 (로피탈 정리) $f(a) = g(a) = 0$ 이므로 $\dfrac{f(x)}{g(x)} = \dfrac{f(x)-f(a)}{g(x)-g(a)}$ 이며

$x \ne a$ 일 때, 코시 평균값 정리에 의하여 $\dfrac{f(x)-f(a)}{g(x)-g(a)} = \dfrac{f'(t_x)}{g'(t_x)}$

이 성립하는 t_x 가 x, a 사이에 있다.

$\displaystyle\lim_{x \to a} \frac{f'(x)}{g'(x)}$ 이 수렴하므로 $\displaystyle\lim_{x \to a} \frac{f'(t_x)}{g'(t_x)}$ 도 수렴한다.

$\dfrac{f(x)}{g(x)} = \dfrac{f'(t_x)}{g'(t_x)}$ 이므로 $\displaystyle\lim_{x \to a} \dfrac{f(x)}{g(x)} = \lim_{x \to a} \dfrac{f'(x)}{g'(x)}$ 이 성립한다.

로피탈의 법칙 (3)을 증명하자.

$\displaystyle\lim_{x \to a+} \dfrac{f'(x)}{g'(x)} = L$ 이라 놓고, ϵ 을 임의의 양의 실수라 하자.

$\displaystyle\lim_{x \to a+} \dfrac{f'(x)}{g'(x)} = L$ 이므로 $a < t < a + \delta_0$ 이면 $\left| \dfrac{f'(t)}{g'(t)} - L \right| < \dfrac{\epsilon}{3}$ 이 성립하는 양의 실수 δ_0 가 있다.

$c = a + \dfrac{1}{2}\delta_0$, $M = \max\left(2|g(c)|, \dfrac{2}{\epsilon}|f(c) - g(c)L| \right)$ 이라 놓자.

$g(a+) = \pm\infty$ 이므로 $a < t < a + \delta_1$ 이면 $|g(t)| \geq M$ 이 성립하는 양의 실수 δ_1 이 있다. 이때 $\delta = \min(\delta_0, \delta_1)$ 이라 정하자.

$a < x < a + \delta$ 일 때, 코시-평균값정리에 따라 $\dfrac{f'(t)}{g'(t)} = \dfrac{f(x) - f(c)}{g(x) - g(c)}$ 인 성립

하는 t 가 x 와 c 사이에 존재하며,

$$\left| \dfrac{f(x)}{g(x)} - L \right| \leq \left| \dfrac{f(x) - f(c)}{g(x) - g(c)} - L \right| \cdot \dfrac{|g(x) - g(c)|}{|g(x)|} + \dfrac{|f(c) - g(c)L|}{|g(x)|}$$

$$\leq \left| \dfrac{f'(t)}{g'(t)} - L \right| \cdot \left(1 + \dfrac{|g(c)|}{|g(x)|} \right) + \dfrac{|f(c) - g(c)L|}{|g(x)|}$$

$$\leq \left| \dfrac{f'(t)}{g'(t)} - L \right| \cdot \left(1 + \dfrac{|g(c)|}{M} \right) + \dfrac{|f(c) - g(c)L|}{M}$$

$$\leq \left| \dfrac{f'(t)}{g'(t)} - L \right| \cdot \dfrac{3}{2} + \dfrac{\epsilon}{2}$$

$$< \dfrac{\epsilon}{3} \cdot \dfrac{3}{2} + \dfrac{\epsilon}{2} = \epsilon$$

따라서 극한 $\displaystyle\lim_{x \to a+} \dfrac{f(x)}{g(x)} = L$ 이 성립한다.

그러므로 $\displaystyle\lim_{x \to a+} \dfrac{f(x)}{g(x)} = \lim_{x \to a+} \dfrac{f'(x)}{g'(x)}$ 이다.

예제1 모든 실수 x, y 에 대하여 $|f(x) - f(y)| \leq K|x - y|^2$ 이 성립하는 양의 실수 K 가 존재하면 함수 $f(x)$ 는 상수함수임을 보여라.

풀이 $x \neq y$ 일 때, $\left| \dfrac{f(x) - f(y)}{x - y} \right| \leq K|x - y|$ 이므로 양변에 $\displaystyle\lim_{y \to x}$ 를 취하면 $f(x)$ 는 미분가능하며 $f'(x) = 0$ 이다. 따라서 $f(x)$ 는 상수함수이다.

$f(x)e^x \to \infty$
조건 없어도 참

예제 2 f 는 미분가능하며 $\lim\limits_{x\to\infty} f(x)e^x = \infty$ 이며 $\lim\limits_{x\to\infty}(f+f') = L$ 수렴하면 $\lim\limits_{x\to\infty} f = L$ 이며 $\lim\limits_{x\to\infty} f'(x) = 0$ 임을 보이시오.

증명 $\lim\limits_{x\to\infty} e^x = \infty$ 이며, $\lim\limits_{x\to\infty} f(x)e^x = \infty$ 이므로 로피탈 정리를 적용할 수 있다.

$\lim\limits_{x\to\infty}\dfrac{(f(x)e^x)'}{(e^x)'} = \lim\limits_{x\to\infty}\dfrac{(f(x)e^x + f'(x)e^x)}{e^x} = L$ 이므로

$\lim\limits_{x\to\infty}\dfrac{f(x)e^x}{e^x} = L$

따라서 $\lim\limits_{x\to\infty} f(x) = L$ 이며 $\lim\limits_{x\to\infty} f'(x) = 0$ 이다.

예제 3 $\lim\limits_{x\to\infty} f'(x) = b$ 일 때, $\lim\limits_{x\to\infty}\dfrac{f(x)}{x} = b$ 임을 보이시오.

풀이 ϵ 을 임의의 양의 실수라 하자.

$\lim\limits_{x\to\infty} f'(x) = b$ 이므로 $a < x$ 이면 $|f'(x) - b| < \dfrac{\epsilon}{3}$ 이 성립하는 양수 a 이 존재한다.

$\lim\limits_{x\to\infty}\dfrac{|x-a|}{|x|} = 1$ 이며 $\lim\limits_{x\to\infty}\dfrac{|f(a)-ab|}{|x|} = 0$ 이므로

$R < x$ 이면 $\dfrac{1}{2} < \dfrac{|x-a|}{|x|} < \dfrac{3}{2}$ 이며, $\dfrac{|f(a)-ab|}{|x|} < \dfrac{\epsilon}{2}$ 이 성립하는 양수 R 이 존재한다.

$\max(a, R) < x$ 일 때, 평균값 정리에 의해 $\dfrac{f(x)-f(a)}{x-a} = f'(c)$, $a < c < x$ 인 c 가 있으며

$\left|\dfrac{f(x)}{x} - b\right| \le \left|\dfrac{f(x)-f(a)}{x-a} - b\right| \cdot \left|\dfrac{x-a}{x}\right| + \dfrac{|f(a)-ab|}{|x|}$

$\qquad\qquad \le |f'(c) - b| \cdot \dfrac{3}{2} + \dfrac{|f(a)-ab|}{|x|} < \dfrac{\epsilon}{3} \cdot \dfrac{3}{2} + \dfrac{\epsilon}{2} = \epsilon$

따라서 $\lim\limits_{x\to\infty}\dfrac{f(x)}{x} = b$ 이다.

예제 4 미분가능함수 $f : (a,b) \to \mathrm{R}$ 가 한 점 $c \in (a,b)$ 에 대하여 $\lim\limits_{x\to c} f'(x)$ 가 존재할 때, $\lim\limits_{x\to c} f'(x) = f'(c)$ 임을 보이시오.

풀이 $\lim\limits_{x\to c} f'(x) = A$ 라 하고, ϵ 을 임의의 양의 실수라 하자.

$0 < |x-c| < \delta_1$ 이면 $|f'(x) - A| < \dfrac{\epsilon}{2}$ 이 성립하는 $0 < \delta_1$ 가 있다.

함수 f 는 c 에 미분가능하며 $\lim\limits_{x\to c}\dfrac{f(x)-f(c)}{x-c} = f'(c)$ 이므로,

$0 < |x-c| < \delta_2$ 이면 $\left|\dfrac{f(x)-f(c)}{x-c} - f'(c)\right| < \dfrac{\epsilon}{2}$ 이 성립하는

$0 < \delta_2$ 가 존재한다.

$\delta_0 = \min(\delta_1, \delta_2)$ 라 두고 $0 < |x_1 - c| < \delta_0$ 일 때,

평균값 정리에 의하여 $f'(x_2) = \dfrac{f(x_1) - f(c)}{x_1 - c}$ 인 x_2 가 x_1 과 c 사이에 존재한다.

이때 $0 < |x_2 - c| < \delta_0$ 이므로

$$|f'(c) - A| \leq \left| f'(c) - \frac{f(x_1) - f(c)}{x_1 - c} \right| + \left| \frac{f(x_1) - f(c)}{x_1 - c} - A \right|$$

$$= \left| f'(c) - \frac{f(x_1) - f(c)}{x_1 - c} \right| + |f'(x_2) - A| < \frac{\epsilon}{2} + \frac{\epsilon}{2} = \epsilon$$

그러므로 $A = \lim\limits_{x \to c} f'(x) = f'(c)$ 이다.

예제 5 $[a, b]$ 에서 연속이고 (a, b) 에서 미분가능한 함수 $f(x)$ 에 대하여 $x \in (a, b)$ 이면 $f(x) > 0$ 이며 $f(a) = f(b) = 0$ 이면 구간 (a, b) 에서 $\dfrac{f'(x)}{f(x)}$ 는 모든 실숫값이 될 수 있음을 보이시오.

풀이 임의의 실수 c 에 대하여 $F(x) = f(x) e^{-cx}$ 라 두자.

$F(a) = F(b) = 0$ 이며 평균값정리에 의하여

$F'(t) = (f'(t) - cf(t)) e^{-cx} = 0$, $t \in (a, b)$ 인 t 가 있다.

$f'(t) - cf(t) = 0$ 이며 $f(t) > 0$ 이므로 $\dfrac{f'(t)}{f(t)} = c$

따라서 구간 (a, b) 에서 $\dfrac{f'(x)}{f(x)}$ 는 모든 실숫값이 될 수 있다.

---

02 테일러 정리와 해석적 함수

1. Taylor 정리

[테일러 정리(Taylor Theorem)]

함수 $f(x)$ 는 구간 (a, b) 에서 $n+1$ 회 미분가능이고 $[a, b]$ 에서 C^n급이면, 임의의 $x, c \in [a, b]$ 에 대하여 적당한 t 가 x, c 사이의 구간에 존재하여 다음 식이 성립한다.

$$f(x) = \sum_{k=0}^{n} \frac{f^{(k)}(c)}{k!} (x - c)^k + R_n, \quad R_n = \frac{f^{(n+1)}(t)}{(n+1)!} (x - c)^{n+1} \text{ (라그랑주}$$

나머지항)

증명 x 를 고정하고 $F(t) = f(x) - \sum\limits_{k=0}^{n} \dfrac{f^{(k)}(t)}{k!} (x - t)^k$ 라 두면,

x 를 상수로 보고 t 로 미분하면 $F'(t) = -\dfrac{f^{(n+1)}(t)}{n!}(x - t)^n$ ...... ①

$G(t) = (x - t)^{n+1}$ 라 두면 $G'(t) = -(n+1)(x - t)^n$

그리고 $F(x) = 0$, $G(x) = 0$ 이다.

x , c 사이 구간에서 코시 평균값 정리를 적용하면

$\dfrac{F(c)-F(x)}{G(c)-G(x)} = \dfrac{F'(t)}{G'(t)}$ 인 t 가 x , c 사이 존재한다.

식을 정리하면 $F(c) = \dfrac{F'(t)}{G'(t)}\,G(c) = \dfrac{f^{(n+1)}(t)}{(n+1)!}\,(x-c)^{n+1}$

따라서 $f(x) = \displaystyle\sum_{k=0}^{n} \dfrac{f^{(k)}(c)}{k!}\,(x-c)^k + R_n$,

$\qquad R_n = \dfrac{f^{(n+1)}(t)}{(n+1)!}\,(x-c)^{n+1}$

이 성립하는 t 가 x , c 사이 존재한다.

(다른 방법) ①로부터 x , c 사이 구간에서 라그랑주 평균값 정리를 적용하면

$\dfrac{F(c)-F(x)}{c-x} = F'(t)$ 인 t 가 x , c 사이 존재한다.

식을 정리하면 $F(c) = F'(t)(c-x) = \dfrac{f^{(n+1)}(t)}{n!}\,(x-t)^n(x-c)$

따라서 $f(x) = \displaystyle\sum_{k=0}^{n} \dfrac{f^{(k)}(c)}{k!}\,(x-c)^k + R_n$,

$\qquad R_n = \dfrac{f^{(n+1)}(t)}{n!}\,(x-t)^n(x-c)$

이 성립하는 t 가 x , c 사이 존재한다.

테일러 정리의 나머지항 R_n 의 다양한 표현을 살펴보자.

라그랑주 나머지항 $R_n = \dfrac{f^{(n+1)}(c+t_1 x)}{(n+1)!}\,(x-c)^{n+1}$ (단, $0 < t_1 < 1$)

코시 나머지항 $R_n = \dfrac{f^{(n+1)}(t)}{n!}\,(x-t)^n(x-c)$

적분형 나머지항 $R_n = \displaystyle\int_c^x \dfrac{f^{(n+1)}(t)}{n!}\,(x-t)^n\,dt$

위 정리에서 n 차 다항식 $\displaystyle\sum_{k=0}^{n} \dfrac{f^{(k)}(c)}{k!}\,(x-c)^k$ 를 테일러 다항식이라 하고, 함수 $f(x)$ 가 c 에서 무한 번 미분가능일 때, 이 전개식 $\displaystyle\sum_{n=0}^{\infty} \dfrac{f^{(n)}(c)}{n!}(x-c)^n$ 을 테일러 급수(Taylor series)라 한다. 정의역에서 무한 번 미분가능한 함수를 '매끄러운 함수(smooth function)'라 한다.

$c=0$ 일 때 Taylor 급수 $\displaystyle\sum_{k=0}^{\infty} \dfrac{f^{(n)}(0)}{n!}\,x^n$ 를 $f(x)$ 의 Maclaurin 급수라 부르기도 한다.

[테일러 다항식 정리]

점 c 근방에서 n 번 미분가능한 함수 $f(x)$ 와 n차 다항식 $T_n^c f$ 에 대하여

$$\lim_{x \to c} \frac{f(x) - T_n^c f}{(x-c)^n} = 0 \text{ 이면 } T_n^c f = \sum_{k=0}^{n} \frac{f^{(k)}(c)}{k!}(x-c)^k \text{ 이다.}$$

이때, $T_n^c f$ 를 점 c 의 n 차 테일러 다항식이라 한다.

다음은 몇 가지 함수들을 Taylor 급수로 전개한 식이다.

$$(1+x)^a = \sum_{n=0}^{\infty} \binom{a}{n} x^n \qquad e^x = \sum_{n=0}^{\infty} \frac{x^n}{n!}$$

$$\sin x = \sum_{n=0}^{\infty} (-1)^n \frac{x^{2n+1}}{(2n+1)!} \quad \cos x = \sum_{n=0}^{\infty} (-1)^n \frac{x^{2n}}{(2n)!}$$

$$\ln(1+x) = \sum_{n=1}^{\infty} \frac{(-1)^{n+1} x^n}{n} \quad \arctan(x) = \sum_{n=0}^{\infty} (-1)^n \frac{x^{2n+1}}{2n+1}$$

위의 예에서 $\binom{a}{n} = \dfrac{a(a-1) \cdots (a-n+1)}{n!}$ 이다.

2. 해석적 함수(Analytic function)

[정의] {테일러 급수}

점 c 근방에서 무한번 미분가능한 함수 $f(x)$ 에 대하여 멱급수

$$T^c f = \sum_{k=0}^{\infty} \frac{f^{(k)}(c)}{k!}(x-c)^k$$

를 함수 $f(x)$ 의 테일러 급수($c = 0$ 일 때 매클로린 급수)라 한다.

[정의] {실-해석 함수}

c 의 근방에서 정의된 함수 $f(x)$ 가 c 에서 무한 번 미분가능하고, c 를 중심으로 전개한 테일러 급수 $T^c f$ 가 c 의 근방에서 함수 $f(x)$ 와 같을 때, 즉, $T^c f = f(x)$ 일 때 $f(x)$ 를 'c 에서 해석적(anaytic)'이라 한다.

$f(x)$ 가 정의역의 모든 점에서 해석적일 때, 해석함수(anaytic function)라 한다.

[정리]

$T^c f = f(x)$ 일 필요충분조건은 $\lim_{n \to \infty} R_n = 0$ 이다.

복소함수의 '해석'개념과 구분하기 위하여 '실-해석적(real-anaytic)'이라 부르기도 한다.

매끄러운 함수 중에는 실-해석적이 아닌 함수가 있음에 주의해야 한다.
다음 정리는 해석적인 함수임을 보일 때 유용하다.

> **[정리]** 함수 $f(x)$ 가 $[a,b]$ 에서 C^∞ 급이고 모든 양의 정수 n 에 대하여 $|f^{(n)}(x)| \leq M^n$ 이 성립하는 M 이 존재하면, 적당한 양의 실수 r 와 $c \in (a,b)$ 에 대하여 $|x-c| < r$ 인 모든 x 에 대하여 다음의 등식이 성립한다. $f(x) = \sum_{k=0}^{\infty} \frac{f^{(k)}(c)}{k!}(x-c)^k$

$f(x)$ 는 c 에서 해석적이다.

증명 $|R_n| = \left| \frac{f^{(n+1)}(t)}{(n+1)!}(x-c)^{n+1} \right| \leq \frac{M^{n+1}}{(n+1)!} r^{n+1}$ 이며

$\lim_{n \to \infty} \frac{M^{n+1}}{(n+1)!} r^{n+1} = 0$ 이므로 $|x-c| < r$ 일 때 $\lim_{n \to \infty} R_n = 0$ 이다.

따라서 $f(x) = \sum_{k=0}^{\infty} \frac{f^{(k)}(c)}{k!}(x-c)^k$ 이다.

예제 1 함수 $f(x) = \begin{cases} e^{-\frac{1}{x}} &, x > 0 \\ 0 &, x \leq 0 \end{cases}$ 는 매끄러운(smooth)함수임을 보이고, 실-해석적 함수가 아님을 보이시오.

풀이 ① $x > 0$ 일 때,

$e^{-\frac{1}{x}}$ 은 미분가능하며 1계 도함수는 $\frac{1}{x^2} e^{-\frac{1}{x}}$ 이다.

다항식 $p_n(t)$ 에 대해 $p_n(\frac{1}{x}) e^{-\frac{1}{x}}$ 는 미분가능하며

도함수는 $\left\{ \frac{1}{x^2} p_n(\frac{1}{x}) - \frac{1}{x^2} p_n{}'(\frac{1}{x}) \right\} e^{-\frac{1}{x}}$ 이므로, $p_1(t) = t^2$ 라 두고 점화식

$p_{n+1}(t) = t^2 p_n(t) - t^2 p_n{}'(t)$ 으로 다항식 $p_n(t)$ 를 정의하면,

수학적귀납법을 n 에 관하여 적용하면 $e^{-\frac{1}{x}}$ 은 n 계 미분가능하며 n 계 도함수는

$p_n(\frac{1}{x}) e^{-\frac{1}{x}}$ 이다. 따라서 $f^{(n)}(x) = p_n(\frac{1}{x}) e^{-\frac{1}{x}}$

② $x \leq 0$ 일 때,

$x < 0$ 이면 $f^{(n)}(x) = 0$. $x = 0$ 이면, $\lim_{h \to 0-} \frac{f(h) - f(0)}{h} = 0$ 이며,

로피탈정리를 이용하면

$\lim_{h \to 0+} \frac{f(h) - f(0)}{h} = \lim_{h \to 0+} \frac{1}{h} e^{-\frac{1}{h}}$ $\quad (\because \frac{1}{h} = t$ 라 치환)

$\qquad = \lim_{t \to \infty} t e^{-t} = \lim_{t \to \infty} \frac{t}{e^t} = 0$

이므로 $f(x)$ 는 0에서 미분가능하고 $f'(0) = 0$ 이다.

또한 $f^{(n)}(0) = 0$ 이라 하면 $\lim_{h \to 0-} \frac{f^{(n)}(h) - f^{(n)}(0)}{h} = 0$ 이며,

$$\lim_{h \to 0+} \frac{f^{(n)}(h) - f^{(n)}(0)}{h} = \lim_{h \to 0+} \frac{1}{h} p_n\left(\frac{1}{h}\right) e^{-\frac{1}{h}} \quad (\because \frac{1}{h} = t \ \text{라 치환})$$

$$= \lim_{t \to \infty} t\, p_n(t)\, e^{-t} = \lim_{t \to \infty} \frac{t\, p_n(t)}{e^t} = 0 \quad (\because \text{로피탈 정리})$$

이므로 $f(x)$ 는 0에서 $n+1$ 계 미분가능하고 $n+1$ 계 미분계수는 $f^{(n+1)}(0) = 0$

따라서 ①, ②로부터 함수 $f(x)$ 는 n 계 미분가능하며 n 계 도함수는

$$f^{(n)}(x) = \begin{cases} p_n\left(\frac{1}{x}\right) e^{-\frac{1}{x}} & , x > 0 \\ 0 & , x \le 0 \end{cases} \text{이므로, } f(x) \text{ 는 smooth 함수이다.}$$

그런데 모든 n 에 대하여 $f^{(n)}(0) = 0$ 이므로 0 근방의 테일러 급수는

$\displaystyle\sum_{n=0}^{\infty} \frac{f^{(n)}(0)}{n!} x^n \equiv 0$ 인데 반해 $f(x) \not\equiv 0$ 이다.

따라서 $f(x)$ 는 0에서 해석적이 아니다.

예제 2 두 함수 $f, g : \mathbb{R} \to \mathbb{R}$ 에 대하여 다음 조건이 성립한다.
$f(x-y) = f(x)g(y) - g(x)f(y)$ ······ (1),
$g(x-y) = g(x)g(y) + f(x)f(y)$ ······ (2)

적당한 a 에 대하여 $g(a) \ne 0$ 이며, $\displaystyle\lim_{x \to 0+} \frac{f(x)}{x} = 1$ ······ (3)

이때. 다음 성질이 성립함을 보이시오.
① $f(0) = 0$, $g(0) = 1$
② $f(-x) = -f(x)$, $g(-x) = g(x)$
③ $f(x)^2 + g(x)^2 = 1$, $f(2x) = 2f(x)g(x)$
④ $f(x), g(x)$ 는 0에서 연속
⑤ $f(x), g(x)$ 는 연속함수
⑥ $f(x), g(x)$ 는 0에서 미분가능하며, $f'(0) = 1$, $g'(0) = 0$
⑦ $f(x), g(x)$ 는 미분가능 함수이며, $f'(x) = g(x)$, $g'(x) = -f(x)$
⑧ $f(x), g(x)$ 는 매끄러운(smooth) 함수

$f(x) = \sin x$
$g(x) = \cos x$ 임을 보일 수 있다.

풀이 ① 식 (1), (2)에 $x = y = 0$ 을 대입하면
$f(0) = f(0)g(0) - g(0)f(0) = 0$, $g(0) = g(0)g(0) + f(0)f(0) = g(0)^2$
이므로 $f(0) = 0$ 이며, $g(0) = 0, 1$
$g(0) = 0$ 이면 식 (2)에 $x = a, y = 0$ 을 대입하여
$g(a) = g(a)g(0) + f(a)f(0) = 0$
이는 조건 $g(a) \ne 0$ 에 모순. 따라서 $g(0) = 1$
② 식 (1), (2)에 $x = 0$ 을 대입하면
$f(-y) = f(0)g(y) - g(0)f(y) = -f(y)$,
$g(-y) = g(0)g(y) + f(0)f(y) = g(y)$
③ 식 (2)에 $y = x$ 를 대입, 식 (1)에 $y = -x$ 를 대입하면
$g(0) = g(x)g(x) + f(x)f(x)$ 이므로 $1 = g(x)^2 + f(x)^2$
$f(2x) = f(x)g(-x) - g(x)f(-x) = f(x)g(x) + g(x)f(x)$
$\quad = 2f(x)g(x)$

④ $\lim\limits_{x \to 0+} f(x) = \lim\limits_{x \to 0+} \dfrac{f(x)}{x} \cdot x = 1 \cdot 0 = 0 = f(0)$,

$\lim\limits_{x \to 0-} f(x) = \lim\limits_{x \to 0+} f(-x) = -\lim\limits_{x \to 0+} f(x) = 0 = f(0)$

따라서 $\lim\limits_{x \to 0-} f(x) = \lim\limits_{x \to 0+} f(x) = f(0)$ 이므로 $f(x)$ 는 $x = 0$ 에서 연속

$f(2x) = 2f(x)g(x)$ 이므로 $x \neq 0$ 일 때 $\dfrac{f(2x)}{2x} = \dfrac{f(x)}{x} g(x)$ 이며,

$\lim\limits_{x \to 0+} \dfrac{f(x)}{x} = 1$ 이므로 $0 < x < \delta$ 일 때 $\dfrac{f(x)}{x} \neq 0$ 이 성립하는 적당한 δ 가 존재한다.

$0 < x < \delta$ 일 때 $\lim\limits_{x \to 0+} g(x) = \lim\limits_{x \to 0+} \dfrac{\left(\dfrac{f(2x)}{2x}\right)}{\left(\dfrac{f(x)}{x}\right)} = \dfrac{1}{1} = 1 = g(0)$

또한 $\lim\limits_{x \to 0-} g(x) = \lim\limits_{x \to 0+} g(-x) = \lim\limits_{x \to 0+} g(x) = 1 = g(0)$

따라서 $\lim\limits_{x \to 0-} g(x) = \lim\limits_{x \to 0+} g(x) = g(0)$ 이므로 $g(x)$ 는 $x = 0$ 에서 연속

⑤ 임의의 실수 a 에 대해 식 (1), (2)에 $x = a, y = a - x$ 를 대입

$f(x) = f(a)g(a-x) - g(a)f(a-x) = f(a)g(x-a) + g(a)f(x-a)$,

$g(x) = g(a)g(a-x) + f(a)f(a-x) = g(a)g(x-a) - f(a)f(x-a)$

이므로

$\lim\limits_{x \to a} f(x) = f(a)\lim\limits_{x \to a} g(x-a) + g(a)\lim\limits_{x \to a} f(x-a)$

$\qquad = f(a)\lim\limits_{t \to 0} g(t) + g(a)\lim\limits_{t \to 0} f(t) = f(a)g(0) + g(a)f(0) = f(a)$

$\lim\limits_{x \to a} g(x) = g(a)\lim\limits_{x \to a} g(x-a) - f(a)\lim\limits_{x \to a} f(x-a)$

$\qquad = g(a)\lim\limits_{t \to 0} g(t) - f(a)\lim\limits_{t \to 0} f(t) = g(a)g(0) - f(a)f(0) = g(a)$

따라서 $f(x)$ 와 $g(x)$ 는 $x = a$ 에서 연속이며 $f(x)$ 와 $g(x)$ 는 연속함수이다.

⑥ $\lim\limits_{x \to 0+} \dfrac{f(x) - f(0)}{x - 0} = \lim\limits_{x \to 0+} \dfrac{f(x)}{x} = 1$,

$\lim\limits_{x \to 0-} \dfrac{f(x) - f(0)}{x - 0} = \lim\limits_{x \to 0-} \dfrac{f(x)}{x} = \lim\limits_{x \to 0+} \dfrac{f(-x)}{-x} = \lim\limits_{x \to 0+} \dfrac{f(x)}{x} = 1$

이므로 $\lim\limits_{x \to 0} \dfrac{f(x) - f(0)}{x - 0} = \lim\limits_{x \to 0} \dfrac{f(x)}{x} = 1$

$1 = g(x)^2 + f(x)^2$ 이므로 $g(x)^2 - 1 = -f(x)^2$, $g(x) - 1 = \dfrac{-f(x)^2}{g(x)+1}$,

$\lim\limits_{x \to 0} \dfrac{g(x) - g(0)}{x - 0} = \lim\limits_{x \to 0} \dfrac{g(x) - 1}{x} = \lim\limits_{x \to 0} \dfrac{f(x)}{x} \dfrac{-f(x)}{g(x)+1} = 1 \cdot \dfrac{0}{1+1} = 0$

따라서 $f(x), g(x)$ 는 0에서 미분가능하며, $f'(0) = 1$, $g'(0) = 0$

⑦ 식 (1), (2)에 $y = -h$ 를 대입하면

$f(x+h) = f(x)g(-h) - g(x)f(-h) = f(x)g(h) + g(x)f(h)$

$g(x+h) = g(x)g(-h) + f(x)f(-h) = g(x)g(h) - f(x)f(h)$

$$\lim_{h \to 0}\frac{f(x+h)-f(x)}{h}=\lim_{h \to 0}\frac{f(x)g(h)+g(x)f(h)-f(x)}{h}$$
$$=\lim_{h \to 0}\left(f(x)\frac{g(h)-1}{h}+g(x)\frac{f(h)}{h}\right)=g(x),$$
$$\lim_{h \to 0}\frac{g(x+h)-g(x)}{h}=\lim_{h \to 0}\frac{g(x)g(h)-f(x)f(h)-g(x)}{h}$$
$$=\lim_{h \to 0}\left(g(x)\frac{g(h)-1}{h}-f(x)\frac{f(h)}{h}\right)=-f(x)$$

따라서 $f(x)$, $g(x)$ 는 미분가능 함수이며, $f'(x)=g(x)$, $g'(x)=-f(x)$

⑧ $f(x)$, $g(x)$ 는 미분가능 함수이며, $f'(x)=g(x)$, $g'(x)=-f(x)$ 이므로 도함수 $f'(x)$, $g'(x)$ 도 미분가능 함수이다. 이를 반복 적용하면 (수학적 귀납법 적용)

$$f^{(n)}(x)=\begin{cases}(-1)^k f(x) & ,n=2k\\(-1)^k g(x) & ,n=2k+1\end{cases},$$
$$g^{(n)}(x)=\begin{cases}(-1)^k g(x) & ,n=2k\\(-1)^k f(x) & ,n=2k-1\end{cases}$$

따라서 함수 $f(x)$, $g(x)$ 는 매끄러운(smooth) 함수이다.

예제 3 $\displaystyle\lim_{n \to \infty}\left[2n\left\{1-\frac{1}{e}\left(1+\frac{1}{n}\right)^n\right\}\right]^n = e^{-\frac{11}{12}}$ 임을 보이시오.

풀이 $\ln(1+x) = x - \frac{x^2}{2} + \frac{x^3}{3} - \frac{x^4}{4} + \cdots$

$$n\ln\left(1+\frac{1}{n}\right)-1 = -\frac{1}{2n}+\frac{1}{3n^2}-\frac{1}{4n^3}+\cdots$$
$$e^{n\ln\left(1+\frac{1}{n}\right)-1} = 1+\left(n\ln\left(1+\frac{1}{n}\right)-1\right)+\frac{1}{2}\left(n\ln\left(1+\frac{1}{n}\right)-1\right)^2+\cdots$$
$$1-e^{n\ln\left(1+\frac{1}{n}\right)-1} = \frac{1}{2n}-\frac{11}{24n^2}+\frac{7}{16n^3}+\cdots$$
$$2n\left\{1-\frac{1}{e}\left(1+\frac{1}{n}\right)^n\right\} = 1-\frac{11}{12n}+\frac{7}{8n^2}+\cdots$$
$$\left[2n\left\{1-\frac{1}{e}\left(1+\frac{1}{n}\right)^n\right\}\right]^n = \left(1-\frac{11}{12n}+\frac{7}{8n^2}+\cdots\right)^n$$
$$\lim_{n \to \infty}\left(1-\frac{11}{12n}+\frac{7}{8n^2}+\cdots\right)^n = e^{-\frac{11}{12}}$$
$$\lim_{n \to \infty}\left[2n\left\{1-\frac{1}{e}\left(1+\frac{1}{n}\right)^n\right\}\right]^n = e^{-\frac{11}{12}}$$

엄밀한 증명보다 테일러 급수를 이용한 계산에 치중하였다.

예제 4 구간 $[0, \infty)$ 에서 정의된 2계 미분가능 함수 $f(x)$ 에 대하여
$|f(x)| \le M_0$, $|f''(x)| \le M_2 \ne 0$ 이며 $|f'(x)|$ 의 최댓값 M_1 이 존재할 때,
부등식 $M_1 \le 2\sqrt{M_0 M_2}$ 이 성립함을 보이시오.

풀이 Taylor 정리를 적용하여 문제를 해결하자.

$|f'(x)|$ 가 최댓값을 가지므로 $|f'(x)|$ 의 최댓값을 $|f'(c)|$ 라 두면, $M_1 = |f'(c)|$

Taylor 정리에 의하여 임의의 x 에 대하여

$$f(x) = f(c) + f'(c)(x-c) + \frac{f''(t)}{2}(x-c)^2 \cdots\cdots (1)$$

이 성립하는 t 가 x, c 사이에 존재한다.

$x \ne c$ 일 때, 식(1)을 $f'(c)$ 에 대하여 정리하면

$$f'(c) = \frac{f(c) - f(x)}{c - x} + \frac{f''(t)}{2}(c - x)$$

양변에 절댓값을 취하고, 삼각부등식을 적용하면

$$|f'(c)| \le \frac{|f(c) - f(x)|}{|c - x|} + \frac{|f''(t)|}{2}|c - x|,$$

$$|f'(c)| \le \frac{|f(c)| + |f(x)|}{|c - x|} + \frac{|f''(t)|}{2}|c - x|$$

문제에 주어진 조건을 적용하면

$$|f'(c)| \le \frac{2M_0}{|c - x|} + \frac{M_2}{2}|c - x|,$$

$$M_1 \le M_0 \frac{2}{|c - x|} + M_2 \frac{|c - x|}{2}$$

$m = \dfrac{|c - x|}{2}$ 라 두면, $M_1 \le \dfrac{M_0}{m} + M_2 m$

c 아닌 임의의 x 를 택하면 $m = \dfrac{|c - x|}{2}$ 은 어떤 양의 실수이든 택할 수 있다.

특히, $m = \sqrt{\dfrac{M_0}{M_2}}$ 이 되도록 x 의 값을 택하면,

$\dfrac{M_0}{m} + M_2 m = 2\sqrt{M_0 M_2}$

이므로 $M_1 \le 2\sqrt{M_0 M_2}$ 이 성립한다.

예제 5 임의의 실수 a 에 대하여 함수 $f(x) = \dfrac{1}{x^2+1}$ 는 a 에서 해석적임을 보이시오.

증명 수열 $c_n = \mathrm{Im}\left(\dfrac{(-1)^{n+1}}{(a+i)^{n+1}} \right)$ 에 대하여

$c_0 = \dfrac{1}{a^2+1}$, $c_1 = \dfrac{-2a}{(a^2+1)^2}$ 이며

$\mathrm{Im}\left(\dfrac{(-1)^{n+1}}{(a+i)^{n+1}} \right) + \dfrac{2a}{a^2+1}\,\mathrm{Im}\left(\dfrac{(-1)^{n}}{(a+i)^{n}} \right) + \dfrac{1}{a^2+1}\,\mathrm{Im}\left(\dfrac{(-1)^{n-1}}{(a+i)^{n-1}} \right) = 0$

이므로

c_n 은 점화관계 $c_n + \dfrac{2a}{a^2+1}\,c_{n-1} + \dfrac{1}{a^2+1}\,c_{n-2} = 0$ (단, $n \geq 2$)을 만족한다.

······ (∗)

멱급수 $\displaystyle\sum_{n=0}^{\infty} c_n (x-a)^n$ 의 수렴반경 r 을 구하면

$|c_n|^{\frac{1}{n}} = \left| \mathrm{Im}\left(\dfrac{(-1)^{n+1}}{(a+i)^{n+1}} \right) \right|^{1/n} \leq \left| \dfrac{(-1)^{n+1}}{(a+i)^{n+1}} \right|^{1/n} = \left(\dfrac{1}{\sqrt{a^2+1}} \right)^{\frac{n+1}{n}}$

$\displaystyle\lim_{n\to\infty} \left(\dfrac{1}{\sqrt{a^2+1}} \right)^{\frac{n+1}{n}} = \dfrac{1}{\sqrt{a^2+1}}$ 이므로

수렴반경 $r = \dfrac{1}{\displaystyle\lim_{n\to\infty} \sqrt[n]{|c_n|}} \geq \sqrt{a^2+1} \geq 1$

따라서 모든 실수 a 에 대하여 멱급수 $\displaystyle\sum_{n=0}^{\infty} c_n (x-a)^n$ 은 a 의 근방 $|x-a| < 1$ 에서 수렴한다.

$(x^2+1)\displaystyle\sum_{n=0}^{\infty} c_n (x-a)^n = \left\{ (x-a)^2 + 2a(x-a) + a^2+1 \right\} \displaystyle\sum_{n=0}^{\infty} c_n (x-a)^n$

$= (a^2+1)c_0 + ((a^2+1)c_1 + 2ac_0)(x-a)$

$+ \displaystyle\sum_{n=2}^{\infty} \left\{ c_{n-2} + 2ac_{n-1} + (a^2+1)c_n \right\}(x-a)^n$

이며 수열 c_n 의 점화관계(∗)에 의하여 $(x^2+1)\displaystyle\sum_{n=0}^{\infty} c_n (x-a)^n = 1$

따라서 a 의 근방 $|x-a| < 1$ 에서 $\dfrac{1}{x^2+1} = \displaystyle\sum_{n=0}^{\infty} c_n (x-a)^n$ 이다.

그러므로 임의의 실수 a 에 대하여 함수 $f(x) = \dfrac{1}{x^2+1}$ 는 a 에서 해석적이다.

예제 6 $R_n(x) = \displaystyle\int_a^x \frac{f^{(n+1)}(t)}{n!}(x-t)^n\, dt$ 이 테일러 정리의 나머지항 임을 보이시오.

증명 $n \geq 1$ 일 때, 적분 $\displaystyle\int_a^x \frac{f^{(n+1)}(t)}{n!}(x-t)^n\, dt$ 을 부분적분하면

$$\int_a^x \frac{f^{(n+1)}(t)}{n!}(x-t)^n\, dt$$

$$= \frac{f^{(n)}(x)}{n!}(x-x)^n - \frac{f^{(n)}(a)}{n!}(x-a)^n + \int_a^x \frac{f^{(n)}(t)}{(n-1)!}(x-t)^{n-1}\, dt$$

$$= -\frac{f^{(n)}(a)}{n!}(x-a)^n + \int_a^x \frac{f^{(n)}(t)}{(n-1)!}(x-t)^{n-1}\, dt$$

이므로 $I_n(x) = \displaystyle\int_a^x \frac{f^{(n+1)}(t)}{n!}(x-t)^n\, dt$ 이라 두면

$$I_n(x) - I_{n-1}(x) = -\frac{f^{(n)}(a)}{n!}(x-a)^n$$

이 식으로부터 $I_n(x) - I_0(x) = -\displaystyle\sum_{k=1}^n \frac{f^{(k)}(a)}{k!}(x-a)^k$

또한 $I_0(x) = \displaystyle\int_a^x f^{(1)}(t)\, dt = f(x) - f(a)$

두 식으로부터 $I_n(x) = f(x) - \displaystyle\sum_{k=0}^n \frac{f^{(k)}(a)}{k!}(x-a)^k$

따라서 $I_n(x)$ 은 테일러전개의 나머지항 $R_n(x)$ 와 같다.

예제 7 $f : [a,b] \to \mathbb{R}$ 는 2계 미분가능이며 $f(a) = f(b) = 0$, $f' + ff' - f = 0$ 이면 $f = 0$ 임을 보이시오.

증명 $f(c)$ 가 최댓값이라 하면 f 는 2계 미분가능이므로 $f'(c) = 0$, $f''(c) \leq 0$
$f(a) = f(b) = 0$ 이므로 $f(c) \geq 0$
만약 $f(c) > 0$ 이라 가정하면 $f'(c) + f(c)f'(c) - f(c) = 0$,
$f'(c) = f(c)$
$0 \geq f''(c) = f(c) > 0$ 모순
따라서 $f(c) = 0$
$f(d)$ 가 최솟값이라 하면 f 는 2계 미분가능이므로 $f'(d) = 0$, $f''(d) \geq 0$
$f(a) = f(b) = 0$ 이므로 $f(d) \leq 0$
만약 $f(d) < 0$ 이라 가정하면
$f'(d) + f(d)f'(d) - f(d) = 0$, $f''(d) = f(d)$
$0 \leq f''(d) = f(d) < 0$ 모순
따라서 $f(d) = 0$
그러므로 $f = 0$ 이다.

예제 8 자연상수 e 는 초월수임을 보이시오.

증명 e 가 대수적 수라 가정하면 $c_0 + c_1 e + c_2 e^2 + \cdots + c_n e^n = 0$
(단, $c_0, c_n \neq 0$, $n \geq 1$)인 정수 c_i 들이 있다.

이때, $p > \max(n, |c_0|)$ 인 소수 p 에 관하여 다항식

$$f(x) = \frac{1}{(p-1)!} x^{p-1} (1-x)^p (2-x)^p \cdots (n-x)^p \text{ 라 놓자.}$$

그리고 $f(x)$ 의 차수 $m = np + p - 1$ 라 두고,

다항식 $F(x) = \sum_{k=0}^{m} f^{(k)}(x)$ 라 놓자.

$e^{-x} F(x)$ 를 미분하면 $\dfrac{d}{dx} (e^{-x} F(x)) = -e^{-x} f(x)$ 이다.

구간 $[0, k]$ 에서 함수 $e^{-x} F(x)$ 에 관한 평균값 정리를 적용하면

$\dfrac{e^{-k} F(k) - e^{-0} F(0)}{k} = -e^{-t_k k} f(t_k k)$, $t_k \in (0, 1)$ 이 성립하는 실수 t 가 존재한다.

정리하면 $F(k) - e^k F(0) = -k e^{(1-t_k)k} f(t_k k)$ 이다.

우변을 각 k 마다 $e_k = -k e^{(1-t_k)k} f(t_k k)$ 라 놓으면 $F(k) - e^k F(0) = e_k$
양변에 c_k 를 곱하고 모든 k 에 대하여 합하면

$\displaystyle\sum_{k=1}^{n} c_k F(k) - \sum_{k=1}^{n} c_k e^k F(0) = \sum_{k=1}^{n} c_k e_k$ 이며

$c_0 + c_1 e + c_2 e^2 + \cdots + c_n e^n = 0$ 이므로 $c_1 e + c_2 e^2 + \cdots + c_n e^n = -c_0$
를 대입하면

$\displaystyle\sum_{k=1}^{n} c_k F(k) + c_0 F(0) = \sum_{k=1}^{n} c_k e_k$ 간단히 $\displaystyle\sum_{k=0}^{n} c_k F(k) = \sum_{k=1}^{n} c_k e_k$

$f(x)$ 의 식으로부터 $p \nmid F(0)$ 이며, $1 \leq k$ 인 모든 정수 k 에 대하여

$p \mid F(k)$ 이다.

따라서 $\displaystyle\sum_{k=0}^{n} c_k F(k)$ 는 정수이며 소수 p 의 배수가 아니다.

부등식 $|e_k| = |k e^{1-t_k k} f(t_k k)| \leq \dfrac{e^n n^p (n!)^p}{(p-1)!}$ 이 성립하므로

우변 $\displaystyle\sum_{k=1}^{n} c_k e_k$ 는 극한 $p \to \infty$ 을 취하면 0으로 수렴한다.

충분히 큰 소수 p 를 선택하면 $\left| \displaystyle\sum_{k=1}^{n} c_k e_k \right| < 1$ 이 성립한다.

따라서 정수 $\displaystyle\sum_{k=0}^{n} c_k F(k)$ 는 0이며 소수 p 의 배수가 아님에 모순이다.
그러므로 e 는 초월수이다.

03 단조함수, 볼록함수, 대칭함수, 주기함수

1. 단조함수(Monotone function)와 볼록함수(convex function)

함수 $f(x)$ 가 구간 $[a,b]$ 에서 정의되어 임의의 $x, y \in [a, b]$ 에 대하여

$x < y$ 이면 $f(x) < f(y)$ 일 때 $f(x)$ 를 순증가 함수,

$x < y$ 이면 $f(x) > f(y)$ 일 때 $f(x)$ 를 순감소 함수,

$x < y$ 이면 $f(x) \leq f(y)$ 일 때 $f(x)$ 를 단조증가 함수,

$x < y$ 이면 $f(x) \geq f(y)$ 일 때, $f(x)$ 를 단조감소 함수라 한다.

[정리] 구간 (a, b) 에서 정의된 연속함수 $f(x)$ 가 단사이면 순증가이거나 순감소 함수이다. 역으로 순증가 함수와 순감소 함수는 단사함수이다.

[정리] 구간 (a, b) 에서 미분가능함수 $f(x)$ 가 $f'(x) \geq 0$ 이면 $f(x)$ 는 단조증가 함수이다.

함수 $f(x)$ 가 다음의 성질을 만족할 때, 구간 $[a, b]$ 에서 "위로 볼록"이라 한다.

$a \leq x < y \leq b$ 인 x, y 와 $0 \leq t \leq 1$ 에 대하여

$$f(tx + (1-t)y) \geq tf(x) + (1-t)f(y)$$

특히, 함수가 연속이라면 $f\left(\dfrac{x+y}{2}\right) \geq \dfrac{f(x) + f(y)}{2}$ 을 만족하면 충분하다.

[정리] 함수 $f(x)$ 가 개구간 (a, b) 에서 2번 미분가능하고, 구간 $[a, b]$ 에서 연속일 때, $f(x)$ 가 위로 볼록이면 $f''(x) \leq 0$ 이며, 그 역도 성립한다.

증명 $(\rightarrow)$ $t = \dfrac{1}{2}$, $x = a+h$, $y = a-h$ 를 대입하면

$2f(a) \geq f(a+h) + f(a-h)$, $0 \geq f(a+h) - 2f(a) + f(a-h)$

$h \neq 0$ 일 때, $0 \geq \dfrac{f(a+h) - 2f(a) + f(a-h)}{h^2}$

$\displaystyle\lim_{h \to 0} \dfrac{(f(a+h) - 2f(a) + f(a-h))'}{(h^2)'}$

$= \displaystyle\lim_{h \to 0} \dfrac{f'(a+h) - f'(a-h)}{2h}$

$= \displaystyle\lim_{h \to 0} \left\{ \dfrac{f'(a+h) - f'(a)}{h} + \dfrac{f'(a) - f'(a-h)}{h} \right\} \times \dfrac{1}{2} = f''(a)$

이므로 $\displaystyle\lim_{h \to 0} \dfrac{f(a+h) - 2f(a) + f(a-h)}{h^2} = f''(a)$

따라서 모든 a 에 대하여 $f''(a) \leq 0$ 이다.

$(\leftarrow)$ $x, y \in [a, b] (x < y)$ 에 대하여

$F(t) = f((1-t)x + ty) - (1-t)f(x) - tf(y)$

라 하면 $F(t)$ 는 $[0, 1]$ 에서 정의된 2회 미분가능한 함수이다.

$$\mathrm{F}'(t) = (y-x)f'((1-t)x+ty) + f(x) - f(y),$$
$$\mathrm{F}''(t) = (y-x)^2 f''((1-t)x+ty)$$

이므로 조건 $f''(x) \le 0$ 으로부터 $\mathrm{F}''(t) \le 0$ 이다.

따라서 $\mathrm{F}'(t)$ 는 감소함수이다.

여기서 $f(x)$ 에 대하여 구간 $[x, y]$ 에서 평균값의 정리를 적용하면

적당한 $c(x<c<y)$ 가 존재하여

$$f'(c) = \frac{f(y)-f(x)}{y-x} \quad \text{즉}, \quad f'(c)(y-x) = f(y) - f(x)$$

가 성립한다. 그런데, $x<c<y$ 이므로 $c=(1-t_0)x+t_0y$ 인 적당한

$0<t_0<1$ 가 존재한다.

이때, $\mathrm{F}'(t_0) = (y-x)f'(c) + f(x) - f(y) = 0$ 이다.

따라서 $0 \le t \le t_0$ 일 때, $\mathrm{F}'(t) \ge \mathrm{F}'(t_0) = 0$ 이므로 $\mathrm{F}(t)$ 는 증가함수이며

$$\mathrm{F}(t) \ge \mathrm{F}(0) = 0$$

또한 $t_0 \le t \le 1$ 일 때, $\mathrm{F}'(t) \le 0$ 이므로 $\mathrm{F}(t)$ 는 감소함수이며

$$\mathrm{F}(t) \ge \mathrm{F}(1) = 0$$

그러므로 $f((1-t)x + ty) - (1-t)f(x) - tf(y) \ge 0$

즉, $f(x)$ 는 위로 볼록이다.

예제 1 $x,y>0$, $a,b \ge 0$ 이고 $a+b=1$ 일 때, $ax+by \ge x^a y^b$ 임을 보이고 등호가 성립하기 위한 필요충분조건을 구하시오.

풀이 $0<x$ 일 때, $\ln(x)$ 의 2계 도함수가 $-\dfrac{1}{x^2} < 0$ 이므로 $\ln(x)$ 는 위로 볼록인

함수이며, $x,y>0$, $a,b \ge 0$ 와 $a+b=1$ 일 때,

부등식 $\ln(ax+by) \ge a\ln x + b\ln y$

이 성립한다. 이 식을 정리하면

$\ln(ax+by) \ge \ln(x^a y^b)$

이며 지수함수가 증가함수이므로 다음 부등식을 얻는다.

$ax+by \ge x^a y^b$

여기서 등호는 $x=y$ 이거나 $a=0$ 또는 $b=0$ 일 때 성립한다.

예제 2 I 는 개구간이며 $f : I \to \mathbb{R}$ 는 미분가능함수일 때, 부등식 $f'(a)(x-a) + f(a) \le f(x)$ 이면 $f(x)$ 가 아래로 볼록임을 보이시오.

> 역명제도 참이다.

풀이 $x_1 < x_2$, $0 \le t \le 1$ 일 때, $a = (1-t)x_1 + tx_2$ 라 두자.

$x_1 < a < x_2$ 이며 주어진 부등식에 대입하면

$f'(a)(x_1-a) + f(a) \le f(x_1)$, $f'(a)(x_2-a) + f(a) \le f(x_2)$,

$$\frac{f(x_1)-f(a)}{x_1-a} \le f'(a) \le \frac{f(x_2)-f(a)}{x_2-a}$$

따라서 $0 \le t \le 1$ 일 때 $f((1-t)x_1+tx_2) \le (1-t)f(x_1) + tf(x_2)$

2. 대칭함수와 주기함수

함수 $f(x)$ 가 모든 실수 x 에 대하여

$f(x) = f(-x)$ 일 때 우함수(even function),

$f(x) = -f(-x)$ 일 때, 기함수(odd function)라 한다.

일반적으로 모든 실수 x 에 대하여 $f(a+x) = f(a-x)$ 일 때 함수 $f(x)$ 는 $x=a$축 선대칭인 함수가 되며 $f(a+x) + f(a-x) = 2b$ 일 때 점 (a,b) 에 점대칭인 함수가 된다.

실수 $p \neq 0$ 이고 함수 $f(x)$ 가 임의의 실수 x 에 대하여 $f(x) = f(x+p)$ 일 때, $f(x)$ 를 주기가 p 인 주기함수(periodic function)라 하고 이러한 성질의 p 중 최소의 양의 실수 p 가 있을 때 p 를 기본주기라 한다.

> **예제 1** 연속함수 $f(x)$ 가 임의의 실수 x 에 대하여
> $f(x) = f(x+1) = f(x+\sqrt{2})$ 을 만족하면 함수 $f(x)$ 는 상수함수임을 보여라.

증명 함수 $f(x)$ 가 주기 1, $\sqrt{2}$ 인 주기함수이므로 임의의 정수 n, m 에 대하여 $f(n+m\sqrt{2}) = f(0)$ 이므로 집합 $A = \{n + m\sqrt{2} \mid n, m \in Z\}$ 에서 함수 $f(x)$ 는 상수이다. 그리고 집합 $A = \{n + m\sqrt{2} \mid n, m \in Z\}$ 가 실수에 조밀한 부분집합이므로 함수 $f(x)$ 는 실수에서 조밀한 부분집합에서 상수인 연속함수이므로 항등적으로 상수함수이다.

> **예제 2** 함수 $f(x)$, $g(x)$ 가 각각 주기 p, q 의 주기함수이고, 주기의 비 $\frac{p}{q}$ 가 유리수일 때, 두 함수의 합 $f(x) + g(x)$ 도 주기함수임을 보여라.

증명 $\frac{p}{q}$ 가 유리수이므로 $\frac{p}{q} = \frac{n}{m}$ 인 정수 n, m 이 존재하므로 $pm = qn$

$(f+g)(x+mp) = f(x+mp) + g(x+mp) = f(x) + g(x+nq)$
$= f(x) + g(x) = (f+g)(x)$

이므로 $f+g$ 는 주기 pm 인 주기함수이다.

04 다변수함수의 연속과 미분

1. 다변수함수의 연속(continuity)

좌표공간 $\mathbb{R}^n$ 의 공집합이 아닌 영역을 D 라 하자.

다변수 함수 $f : D \to \mathbb{R}^m$ 와 점 $p \in D$ 에 대하여 함수 $f(x)$ 는 「p 에서 연속」 개념과 「연속함수」 개념을 다음과 같이 정의한다.

> **[정의] {점에서 연속, 연속}**
> $\forall \epsilon > 0 \ \ \exists \delta > 0 \ \ \text{s.t.} \ \ \|x-p\| < \delta \ \to \ \|f(x) - f(p)\| < \epsilon$
> 일 때, 함수 $f(x)$ 는 「p 에서 연속」이라 한다.
> 정의역 D 의 모든 점에서 연속이면 함수 $f(x)$ 를 연속함수라 한다.

편미분계수값을 갖는 함수를 편도함수라 한다.

2. 편미분(partial differentiation)

좌표공간 $\mathbb{R}^n$ 의 공집합이 아닌 열린부분집합을 G 라 하자.

다변수 함수 $f : G \to \mathbb{R}$ 를 i-번 째 좌표에 관한 1 변수 함수로 취급하여 미분한 것을 i-번 째 좌표에 관한 편미분이라 한다.

> **[정의] {편미분}**
> $$\frac{\partial f}{\partial x_i} = \lim_{h \to 0} \frac{f(x_1, \cdots, x_i + h, \cdots, x_n) - f(x_1, \cdots, x_i, \cdots, x_n)}{h}$$

이를 줄여서 $D_i f$ 또는 f_{x_i} 또는 f_i 로 쓰기도 한다.

편미분계수를 함숫값으로 갖는 함수를 편도함수라 한다.

3. 방향미분(directional differential)

다변수 함수 $f : G \to \mathbb{R}$ (단, $G \subset \mathbb{R}^n$)에 대하여 G 의 한 점 x 에서 벡터 v-방향 방향미분 $D_v f(x)$ 를 다음과 같이 정의한다. (단, $v \neq 0$)

> **[정의] {방향미분}** 다변수함수 $f : G \to \mathbb{R}$ (단, $G \subset \mathbb{R}^n$)와 $x \in G, v \in \mathbb{R}^n$ 에 대하여
> $$D_v f(x) = \lim_{t \to 0} \frac{f(x+tv) - f(x)}{t} = \frac{d}{dt} f(x+tv) \Big|_{t=0}$$

v 가 표준기저 방향일 때, 방향미분은 편미분과 같아진다.

i-번째 기저벡터 $e_i = (0, \cdots, 0, 1, 0, \cdots, 0)$ 일 때 $\frac{\partial f}{\partial x_i} = D_{e_i} f(x)$

4. 다변수 함수의 미분과 야코비 행렬(Jacobian Matrix)

다변수 함수의 미분은 다음과 같이 정의한다.

[정의] {미분} 다변수함수 $f : G \to \mathbb{R}^m$ (단, $G \subset \mathbb{R}^n$), $\mathrm{x} \in G$ 에 대하여
$$\lim_{h \to 0} \frac{\| f(\mathrm{x} + h) - f(\mathrm{x}) - L(h) \|}{\| h \|} = 0$$
이 성립하는 선형사상 $L : \mathbb{R}^n \to \mathbb{R}^m$ 이 존재할 때, 함수 f 는 점x 에서 미분가능이라 하며, 선형사상 L 을 함수 f 의 점x 에서의 미분(differential)이라 하고, $L = Df(\mathrm{x})$ 라 표기한다.

[정의] {야코비행렬} 다변수 함수 $f : G \to \mathbb{R}^m$, $f = (f_1, f_2, \cdots, f_m)$ 의 점x 에서의 미분 $Df(\mathrm{x})$ 의 행렬표현을 야코비 행렬(Jacobi matrix)이라 한다.
구체적 행렬표현은 다음과 같다.
$$Df(\mathrm{x}) = f'(\mathrm{x}) = \left(\frac{\partial f_i}{\partial x_j} \right)_{i,j}$$

$m = 1$ 인 경우, 다변수 함수 $f : G \to \mathbb{R}$ 의 미분은 다음과 같다.

[정의] {그래디언트} $\nabla f = (f_{x_1}, f_{x_2}, \cdots, f_{x_n})$

이를 f 의 그래디언트(Gradient, 기울기벡터)라 한다.

[정리] 다변수함수 $f : \mathbb{R}^n \to \mathbb{R}$ 가 x 에서 미분가능일 때,
$$D_v f(\mathrm{x}) = \nabla f(\mathrm{x}) \cdot v$$

[정의] {일급함수} 다변수함수 $f : \mathbb{R}^n \to \mathbb{R}$ 의 모든 편도함수 $D_i f$ 들이 연속함수일 때, f 를 일급함수(1급함수, C^1)라 한다.
[정리] 다변수함수 $f : \mathbb{R}^n \to \mathbb{R}$ 가 일급함수이면 f 는 미분가능함수이다.

[정리] 2변수 함수 $f(x, y)$ 의 경우, 두 변수에 관한 1계 편도함수 f_x, f_y 가 모두 미분가능하며 편도함수가 연속이면, 다음 등식이 성립한다.
$$\frac{\partial^2 f}{\partial x \, \partial y} = \frac{\partial^2 f}{\partial y \, \partial x}$$

다변수함수 $f : \mathbb{R}^n \to \mathbb{R}$, $f(x_1, \cdots, x_n)$ 가 2계 미분가능함수일 때,
2계 편미분계수로 구성한 행렬 $\left(\dfrac{\partial^2 f}{\partial x_i \, \partial x_j} \right)_{i,j}$ 를 헤세 행렬(Hesse matrix)이라 하고 Hf 라 표기하고, 행렬식을 $\Delta f = \det(Hf)$ 로 쓰는 경우도 있다.

5. 합성함수의 미분과 연쇄율(chain rule)

다변수함수의 합성함수 미분법은 다음과 같다.

> **[정리]** 함수 $f : G \to \mathbb{R}^m$ 와 함수 $g : U \to \mathbb{R}^n$ (단, $G \subset \mathbb{R}^n$, $U \subset \mathbb{R}^k$)에 대하여
> $g(U) \subset G$ 일 때, 합성함수 $f \circ g : U \to \mathbb{R}^m$ 의 미분은
> $$D(f \circ g)(\mathrm{x}) = Df(g(\mathrm{x})) \cdot Dg(\mathrm{x})$$
> 이며, 이때 우변의 곱연산은 행렬곱이다.

> **[연쇄법칙]** 특히, $m=1$, $k=1$ 인 경우
> $$\frac{d(f \circ g)}{dt} = \frac{\partial f}{\partial x_1} \frac{dg_1}{dt} + \cdots + \frac{\partial f}{\partial x_n} \frac{dg_n}{dt} = \nabla f \cdot g'$$
> $y = f(x_1, \cdots, x_n)$, $g(t) = (x_1(t), \cdots, x_n(t))$ 을 이용하여 다음과 같이 쓰기도 한다.
> $$\frac{dy}{dt} = \frac{\partial y}{\partial x_1} \frac{dx_1}{dt} + \cdots + \frac{\partial y}{\partial x_n} \frac{dx_n}{dt}$$

예제 1 x, y의 관계식 $F(x,y)=0$ 를 y 에 관하여 풀어쓴 식이 $y=f(x)$ 이다. $f''(x)$ 를 F의 편도함수를 이용하여 구하시오.

풀이 준 식을 미분하면 $F_x + F_y y' = 0$

또 미분하면 $F_{xx} + F_{xy} y' + (F_{yx} + F_{yy} y') y' + F_y y'' = 0$

양변에 F_y^2 을 곱한 후, 두 식으로부터 y' 을 소거하고 정리하면

$F_{xx} F_y^2 - 2F_{xy} F_x F_y + F_{yy} F_x^2 + F_y^3 y'' = 0$

따라서 $y'' = -\dfrac{F_{xx} F_y^2 + F_{yy} F_x^2 - 2F_{xy} F_x F_y}{F_y^3}$ 이다.

예제 2 점 $p=(a,b)$ 의 근방 D 에서 1급함수 $f(x,y)$ 에 대하여
$$\lim_{t \to 0} \frac{f(p+t\mathbf{x}) - f(p)}{t} = f_x(p)\, x + f_y(p)\, y$$ 임을 보이시오.(단, $\mathbf{x}=(x,y)$)

풀이 두 점 $\mathbf{x}=(x_0, y_0)$, $p=(a,b)$ 라 놓자.

ϵ 을 임의의 양의 실수라 하자.

편도함수 $f_x(x,y)$ 와 $f_y(x,y)$ 는 연속이므로

$\|(x,y) - (a,b)\| < \delta_1$ 이면 $|f_x(x,y) - f_x(a,b)| < \dfrac{\epsilon}{2|x_0| + 2|y_0| + 1}$

$\|(x,y) - (a,b)\| < \delta_2$ 이면 $|f_y(x,y) - f_y(a,b)| < \dfrac{\epsilon}{2|x_0| + 2|y_0| + 1}$

이 성립하는 양수 δ_1, δ_2 가 각각 존재한다.

이때 $\delta = \dfrac{1}{|x_0| + |y_0| + 1} \min(\delta_1, \delta_2)$ 라 정하자. $0 < |t| < \delta$ 일 때,

$$\left| \frac{f(p+t\mathbf{x})-f(p)}{t} - f_x(p)\,x_0 - f_y(p)\,y_0 \right|$$

$$= \left| \frac{f(a+tx_0,\,b+ty_0)}{t} - f_x(p)\,x_0 - f_y(p)\,y_0 \right|$$

$$= \left| \frac{f(a+tx_0,\,b+ty_0) - f(a+tx_0,\,b) + f(a+tx_0,\,b) - f(a,b)}{t} \right.$$
$$\left. - f_x(p)\,x_0 - f_y(p)\,y_0 \right|$$

$$= |y_0|\left| \frac{f(a+tx_0,b+ty_0)-f(a+tx_0,b)}{ty_0} - f_y(p) \right|$$
$$+ |x_0|\left| \frac{f(a+tx_0,b)-f(a,b)}{tx_0} - f_x(p) \right|$$

평균값 정리를 적용하면 0과 1사이의 적당한 $c_1,\,c_2$ 가 존재하여 다음과 같다.

$$= |y_0|\,|f_y(a+tx_0,\,b+c_1y_0) - f_y(a,b)| + |x_0|\,|f_x(a+c_2x_0,\,b) - f_x(a,b)|$$
$$\|(a+tx_0,\,b+c_1y_0)-(a,b)\| \le |t|(|x_0|+|y_0|) < \delta(|x_0|+|y_0|) \le \delta_2 \text{ 이며}$$
$$\|(a+c_2x_0,\,b)-(a,b)\| \le |t|\,|x_0| < \delta(|x_0|+|y_0|) \le \delta_1 \text{ 이므로}$$

$$< |y_0|\frac{\epsilon}{2|x_0|+2|y_0|+1} + |x_0|\frac{\epsilon}{2|x_0|+2|y_0|+1} \le \epsilon$$

따라서 $\displaystyle\lim_{t\to 0}\frac{f(p+t\mathbf{x})-f(p)}{t} = f_x(p)\,x + f_y(p)\,y$ 이다.

예제 3 2변수 함수 $f(x,y)=\begin{cases} \dfrac{x^{10}y^5}{x^{12}+y^{20}} & ,\,(x,y)\ne(0,0) \\ 0 & ,\,(x,y)=(0,0) \end{cases}$ 는 연속임을 보이시오.

풀이 $(a,b)\ne(0,0)$ 인 경우, $f(x,y)$ 의 분모와 분자는 각각 연속이며 $a^{12}+b^{20}\ne 0$ 이므로 $f(x,y)$ 는 점 (a,b) 에서 연속이다.

부등식 $|x^9y^5| = \sqrt[4]{|(x^{12})^3(y^{20})|} \le \dfrac{3x^{12}+y^{20}}{4} \le x^{12}+y^{20}$ 으로부터

$$|f(x,y)-f(0,0)| = \left|\frac{x^{10}y^5}{x^{12}+y^{20}}\right| = \left|\frac{x^9y^5}{x^{12}+y^{20}}\right| \cdot |x| \le |x| \le \sqrt{x^2+y^2}$$

(단, $(x,y)\ne(0,0)$)이므로 $|f(x,y)-f(0,0)| \le \|(x,y)-(0,0)\|$
임의의 양의 실수 ϵ 에 대하여 $\delta=\epsilon$ 이라 정할 때,
$\|(x,y)-(0,0)\| < \delta$ 이면
$|f(x,y)-f(0,0)| \le \|(x,y)-(0,0)\| < \delta = \epsilon$
이므로 $f(x,y)$ 는 점 $(0,0)$ 에서 연속이다.
따라서 $f(x,y)$ 는 연속이다.

2변수 함수의 식을 변형한 $f(x,y)=\begin{cases} \dfrac{x^9y^5}{x^{12}+y^{20}} & ,\,(x,y)\ne(0,0) \\ 0 & ,\,(x,y)=(0,0) \end{cases}$ 인 경우,

$\displaystyle\lim_{t\to 0}f(t^5,t^3) = 1 \ne 0 = f(0,0)$ 이므로 $f(x,y)$ 는 불연속이다.

예제 4 2변수 함수 $f(x,y) = \begin{cases} \dfrac{x^9 y^6}{x^{12} + y^{20}} & , (x,y) \neq (0,0) \\ 0 & , (x,y) = (0,0) \end{cases}$ 일 때,

점(0, 0)에서 편미분계수 $f_x(0,0)$, $f_y(0,0)$를 구하시오.

풀이 $f(h,0) = f(0,h) = f(0,0) = 0$

편미분계수 $f_x(0,0) = \lim_{h \to 0} \dfrac{f(h,0) - f(0,0)}{h} = \lim_{h \to 0} \dfrac{0}{h} = 0$

편미분계수 $f_y(0,0) = \lim_{h \to 0} \dfrac{f(0,h) - f(0,0)}{h} = \lim_{h \to 0} \dfrac{0}{h} = 0$

예제 5 2변수 함수 $f(x,y) = \begin{cases} \dfrac{x^9 y^6}{x^{12} + y^{20}} & , (x,y) \neq (0,0) \\ 0 & , (x,y) = (0,0) \end{cases}$ 일 때,

$f(x,y)$ 는 점 (0, 0)에서 미분불능임을 보이시오.

풀이 $f_x(0,0) = f_y(0,0) = f(0,0) = 0$

다변수함수의 미분의 정의에서 $L = \nabla f(0,0) = (0,0)$ 이며, 미분을 정의하는 식

$\dfrac{\| f(\mathrm{x}+h) - f(\mathrm{x}) - L(h) \|}{\|h\|}$ 에서 $\mathrm{x} = (0,0)$, $h = (x,y)$ 이라 놓으면

$\dfrac{\| f(\mathrm{x}+h) - f(\mathrm{x}) - L(h) \|}{\|h\|} = \dfrac{|f(x,y)|}{\sqrt{x^2 + y^2}}$

$h = (t^5, t^3)$ 일 때 $\lim_{t \to 0} \dfrac{|f(t^5, t^3)|}{\sqrt{t^{10} + t^6}} = \lim_{t \to 0} \dfrac{|t^3|}{2\sqrt{t^{10} + t^6}} = \dfrac{1}{2} \neq 0$

이므로 $\lim_{h \to 0} \dfrac{\| f(\mathrm{x}+h) - f(\mathrm{x}) - L(h) \|}{\|h\|} \neq 0$

따라서 $f(x,y)$ 는 $(0,0)$ 에서 미분불능이다.

예제 6 함수 $f(x,y) = e^x \cos y$ 와 벡터 $v = \dfrac{4}{5} e_1 + \dfrac{3}{5} e_2$ 에 관하여 방향미분

$\nabla_v f(0,0)$ 을 구하시오.

풀이 f 의 그래디언트(gradient)를 구하면

$\nabla f(0,0) = (f_x(0,0), f_y(0,0)) = (e^0 \cos(0), -e^0 \sin(0)) = (1,0)$

방향미분 $\nabla_v f(0,0) = \nabla f(0,0) \cdot v = (1,0) \cdot v = \dfrac{4}{5}$

따라서 $\nabla_v f(0,0) = \dfrac{4}{5}$

6. 정적분의 미분

정적분을 미분할 때, 다음 정리가 성립한다.

> **[정리]** $[a,b] \times [c,d]$ 에서 정의된 일급함수 $f(x,y)$ 에 대하여
>
> $$\frac{d}{dx} \int_c^d f(x,y) \, dy = \int_c^d \frac{\partial f}{\partial x} \, dy$$

정적분의 미분에 관한 일반적인 공식을 유도하자.

2 변수 함수 $F(t,x)$ 의 t 에 관한 편도함수를 $f(t,x) = F_t(t,x)$ 라 하면 정적분의 성질에 의하여 $\displaystyle\int_a^b f(t,x) \, dt = F(b,x) - F(a,x)$ 이다.

정적분 $\displaystyle\int_{a(x)}^{b(x)} f(t,x) \, dt$ 의 x 에 관한 도함수를 구해보자.

주어진 정적분은 3변수 함수 $G(a,b,x) = \displaystyle\int_a^b f(t,x) \, dt$ 를 $a = a(x)$, $b = b(x)$ 의 조건에서 연쇄율을 써서 미분하는 것과 같으므로 다음과 같이 계산할 수 있다.

$$\frac{d}{dx} \int_{a(x)}^{b(x)} f(t,x) dt = \frac{d}{dx} G(a(x), b(x), x) = \frac{\partial G}{\partial a} \frac{da}{dx} + \frac{\partial G}{\partial b} \frac{db}{dx} + \frac{\partial G}{\partial x} \frac{dx}{dx}$$

여기서 $G(a,b,x) = F(b,x) - F(a,x)$ 이므로

$$\frac{\partial G}{\partial a} = -F_t(a,x) = -f(a,x) \ , \ \ \frac{\partial G}{\partial b} = F_t(b,x) = f(b,x) \ \text{이며,}$$

$$\frac{\partial G}{\partial x} = \frac{\partial}{\partial x} \int_a^b f(t,x) dt = \int_a^b \frac{\partial f}{\partial x}(t,x) dt \ \text{이다.}$$

따라서 모두 식에 대입하여 정리하면 다음과 같다.

> $$\frac{d}{dx} \int_{a(x)}^{b(x)} f(t,x) \, dt = f(b(x),x) b'(x) - f(a(x),x) a'(x) + \int_{a(x)}^{b(x)} f_x(t,x) dt$$

7. 2변수 함수의 Taylor 전개

2변수 함수 $f(x,y)$ 가 점 $p=(a,b)$ 근방에서 실해석적(real analytic)일 때, Taylor 전개식은 아래와 같다.

[정의] {테일러 급수}

$$Tf(x,y)=f(p)+\frac{\partial f(p)}{\partial x}(x-a)+\frac{\partial f(p)}{\partial y}(y-b)+\frac{1}{2!}\left\{\frac{\partial^2 f(p)}{\partial x^2}(x-a)^2+\right.$$

$$\left.+2\frac{\partial^2 f(p)}{\partial x\,\partial y}(x-a)(y-b)+\frac{\partial^2 f(p)}{\partial y^2}(y-b)^2\right\}+\cdots$$

이를 $h=x-a$, $k=y-b$ 라 두고 미분 작용소 $D=h\dfrac{\partial}{\partial x}+k\dfrac{\partial}{\partial y}$ 를 적용하여

$$f(a+h,b+k)=\sum_{n=0}^{\infty}\frac{1}{n!}D^n f(a,b)=\sum_{n=0}^{\infty}\frac{1}{n!}\left(h\frac{\partial}{\partial x}+k\frac{\partial}{\partial y}\right)^n f(a,b)$$

여기서 $D^n=\sum_{r=0}^{n}\binom{n}{r}h^r k^{n-r}\dfrac{\partial^n}{\partial x^r\,\partial y^{n-r}}$ 이다.

8. Taylor 전개의 예

함수 $f(x,y)=xy+x^2y+xy^2$ 를 점$(1,1)$ 근방에서 테일러 전개하여라.
$f_x=y+2xy+y^2$, $f_y=x+x^2+2xy$, $f_{xx}=2y$, $f_{yy}=2x$, $f_{xy}=1+2x+2y$,
$f_{xxx}=f_{yyy}=0$, $f_{xxy}=f_{xyy}=2$ 이므로
$f_x(1,1)=f_y(1,1)=4$, $f_{xx}(1,1)=f_{yy}(1,1)=2$, $f_{xy}(1,1)=5$ 이다.
$h=x-1$, $k=y-1$ 라 두면

$$f(1+h,1+k)=3+4h+4k+\frac{1}{2}(2h^2+2k^2+10hk)+\frac{1}{6}(6h^2k+6hk^2)$$

$$=3+4h+4k+h^2+k^2+5hk+h^2k+hk^2$$

예제 1 2변수 함수 $F(x,y)$ 가 모든 실수 t 에 관하여 $F(tx,ty)=t^3F(x,y)$ 일 때, 다음 등식이 성립함을 보이시오.

$$F(a,b)=\frac{1}{3!}\left(a\frac{\partial}{\partial x}+b\frac{\partial}{\partial y}\right)^3 F(0,0)$$

풀이 $F(tx,ty)=t^3F(x,y)$ 의 양변을 t 에 관하여 3회 미분하면
$F_{xxx}(tx,ty)x^3+3F_{xxy}(tx,ty)x^2y+3F_{xyy}(tx,ty)xy^2+F_{yyy}(tx,ty)y^3=6F(x,y)$
이 되고 여기에 $t=0$, $x=a$, $y=b$ 를 대입하면
$F_{xxx}(0,0)a^3+3F_{xxy}(0,0)a^2b+3F_{xyy}(0,0)ab^2+F_{yyy}(0,0)b^3=6F(a,b)$
이다. 6으로 나누면 문제의 관계식을 얻는다.

05 최대, 최소

1. 1변수 함수의 극대, 극소

> **[정리]** $f(x)$ 가 $x=a$ 근방에서 C^n 급이고
> $f'(a) = f''(a) = \cdots = f^{(n-1)}(a) = 0 \neq f^{(n)}(a)$ 일 때,
> (1) n 이 홀수이면 $x=a$ 는 극점이 아니다.
> (2) n 이 짝수이고 $f^{(n)}(a) > 0$ 이면 $x=a$ 에서 극소
> (3) n 이 짝수이고 $f^{(n)}(a) < 0$ 이면 $x=a$ 에서 극대

증명 테일러 정리를 적용하면 a 의 근방 I 의 임의의 점 $x \in I$ 에 대하여

$f(x) = f(a) + \dfrac{f^{(n)}(t)}{n!}(x-a)^n$ 인 t 가 a , x 사이에 존재한다.

$f^{(n)}$ 이 연속함수이며 $f^{(n)}(a) \neq 0$ 이므로 적당한 양수 r 이 존재하여

$|x-a| < r$ 이면 $|f^{(n)}(x) - f^{(n)}(a)| < \dfrac{1}{2}|f^{(n)}(a)|$ 가 성립한다.

따라서 $f^{(n)}(t)$, $f^{(n)}(a)$ 는 같은 부호를 갖는다.

(1) n 이 홀수일 때, $x_1 < a < x_2$, $|x-a| < r$ 이면

$\quad f(x_1) - f(a) = \dfrac{f^{(n)}(t_1)}{n!}(x_1-a)^n$ 와 $f(x_2) - f(a) = \dfrac{f^{(n)}(t_1)}{n!}(x_2-a)^n$ 는

반대 부호를 갖는다.

$\quad$ 따라서 $x_1 < a < x_2$ 이면 $f(x_1) < f(a) < f(x_2)$ 또는

$\quad f(x_1) > f(a) > f(x_2)$ 이므로 f 는 a 에서 극값을 갖지 않는다.

(2) n 이 짝수이고 $f^{(n)}(a) > 0$ 일 때, $|x-a| < r$ 이면

$\quad f(x) - f(a) = \dfrac{f^{(n)}(t)}{n!}(x-a)^n \geq 0$ 이므로 $f(x) \geq f(a)$

$\quad$ 따라서 f 는 a 에서 극솟값을 갖는다.

(3) n 이 짝수이고 $f^{(n)}(a) < 0$ 일 때, $|x-a| < r$ 이면

$\quad f(x) - f(a) = \dfrac{f^{(n)}(t)}{n!}(x-a)^n \leq 0$ 이므로 $f(x) \leq f(a)$

$\quad$ 따라서 f 는 a 에서 극댓값을 갖는다.

2. 음함수의 극대, 극소

> **[음함수 정리]** 음함수 $f(x,y) = 0$ 에 대하여 점 $(x,y) = (a,b)$ 에서
> $f(a,b) = 0$ 이고 $f_x(x,y)$, $f_y(x,y)$ 는 (a,b) 근방에서 연속이며 $f_y(a,b) \neq 0$ 이면
> $x=a$ 의 근방에서 정의된 미분가능 함수 $y = g(x)$ 가 존재하여
> $f(x,g(x)) = 0$ 이 성립하며 미분계수 $\dfrac{dy}{dx}(a) = g'(a) = -\dfrac{f_x(a,b)}{f_y(a,b)}$

음함수의 극대/극소를 판별하는 방법을 다음과 같다.

> **[정리]** 음함수 $f(x,y)=0$ 에 대하여 점 $(x,y)=(a,b)$ 에서
> $y'(a,b)=f_x(a,b)=0 \neq f_y(a,b)$ 이고 $f(a,b)=0$ 일 때,
> (1) $y'' < 0$ 이면 $(x,y)=(a,b)$ 에서 음함수는 극대가 되고
> (2) $y'' > 0$ 이면 $(x,y)=(a,b)$ 에서 음함수는 극소가 된다.
> 이때, $y''(a,b) = -\dfrac{f_{xx}(a,b)}{f_y(a,b)}$ 로 계산할 수 있다.

3. 2변수 함수의 극대, 극소

> **[정리]** $z=f(x,y)$ 가 점 $(x,y)=(a,b)$ 에서
> $f_x(a,b)=f_y(a,b)=0$, Hessian $\Delta = f_{xx}\,f_{yy} - (f_{xy})^2$ 일 때,
> (1) $\Delta(a,b) < 0$ 이면 $(x,y)=(a,b)$ 에서 안점(saddle pont)
> (2) $\Delta(a,b) > 0$ 이고 $f_{xx}(a,b) > 0$ 이면 $(x,y)=(a,b)$ 에서 극소점
> (3) $\Delta(a,b) > 0$ 이고 $f_{xx}(a,b) < 0$ 이면 $(x,y)=(a,b)$ 에서 극대점

4. Lagrange의 승수(multiplier)법

> **[정리]** $\phi(x,y)=0$ 의 조건 하에서 $z=f(x,y)$ 가 $(x,y)=(a,b)$ 에서 극값을 갖는다면
> $f_x(a,b)+\lambda\,\phi_x(a,b)=0$, $f_y(a,b)+\lambda\,\phi_y(a,b)=0$ 을 만족하는 적당한 상수
> (Lagrange의 승수) λ 가 존재한다.

5. 여러 가지 절대부등식

(1) Hölder 부등식

$$| \vec{v} \cdot \vec{w} | \leq \| \vec{v} \|_p \| \vec{w} \|_q \quad \left(\frac{1}{p}+\frac{1}{q}=1 \text{ 일 때} \right)$$

Hölder 부등식의 특별한 경우로서 Cauchy-Schwarz 부등식이 성립한다.

> **[코시-슈바르츠 부등식]** $(\vec{v} \cdot \vec{w})^2 \leq \| \vec{v} \|^2 \| \vec{w} \|^2$, $| \vec{v} \cdot \vec{w} | \leq \| \vec{v} \| \| \vec{w} \|$

$$(a_1 b_1 + a_2 b_2 + \cdots + a_n b_n)^2 \leq (a_1^2 + a_2^2 + \cdots + a_n^2)(b_1^2 + b_2^2 + \cdots + b_n^2)$$
(등호가 성립할 필요충분조건은 $\vec{v} \parallel \vec{w}$)

(2) Minkowski 부등식

> **[삼각부등식]** $\| \vec{v} + \vec{w} \| \leq \| \vec{v} \| + \| \vec{w} \|$

$$\sqrt{(a_1+b_1)^2 + \cdots + (a_n+b_n)^2} \leq \sqrt{a_1^2 + \cdots + a_n^2} + \sqrt{b_1^2 + \cdots + b_n^2}$$
(등호가 성립할 필요충분조건은 $\vec{v} \parallel \vec{w}$ 이며 $\vec{v} \cdot \vec{w} \geq 0$)
Minkowski 부등식의 특별한 경우가 삼각 부등식이다.

(3) **산술 – 기하 – 조화 평균 부등식**

$$p_1 + p_2 + \cdots + p_n = 1 \ , \ p_i \geq 0$$

일 때, 양의 실수 x_k 에 대하여 다음 부등식이 항상 성립하고 등호가 성립하기 위한 필요충분조건은 $x_i = x_j \quad \forall i,j$ 이다.

[평균부등식]

$$p_1 x_1 + p_2 x_2 + \cdots + p_n x_n \geq x_1^{p_1} x_2^{p_2} \cdots x_n^{p_n} \geq \left(\frac{p_1}{x_1} + \frac{p_2}{x_2} + \cdots + \frac{p_n}{x_n} \right)^{-1}$$

특히, $n = 3$ 일 때 다음 부등식이 성립한다.

$$\frac{x_1 + x_2 + x_3}{3} \geq (x_1 x_2 x_3)^{\frac{1}{3}} \geq 3 \left(\frac{1}{x_1} + \frac{1}{x_2} + \frac{1}{x_3} \right)^{-1}$$

06 적분

01 리만적분(Riemann integral)

1. 리만적분(Riemann integral)의 정의

함수 $f(x)$ 가 폐구간 $[a,b]$ 에서 정의된 유계(bounded)함수라 하고, 폐구간 $[a,b]$ 의 분할(partition)

$$P = \left\{ \, x_k \,|\, a = x_0 < x_1 < \cdots < x_n = b \, \right\}$$

가 주어져 있다. 각각의 정수 $i \ (1 \le i \le n)$에 대하여 소구간 $I_i = [\,x_{i-1} , x_i\,]$ 의 길이

$$\Delta x_i = x_i - x_{i-1},$$
$$M_i = \sup \left\{ f(x) \,|\, x_{i-1} \le x \le x_i \right\},$$
$$m_i = \inf \left\{ f(x) \,|\, x_{i-1} \le x \le x_i \right\}$$

이라 하고, $f(x)$ 의 상합(upper sum), 하합(lower sum)을 각각

$$U(f,P) = \sum_{i=1}^{n} M_i \, \Delta x_i, \quad L(f,P) = \sum_{i=1}^{n} m_i \, \Delta x_i$$

첨점 $t_i \in I_i = [\,x_{i-1} , x_i\,]$ 들의 집합 $T = \left\{ \, t_i \,|\, 1 \le i \le n \right\}$ 를 첨점(tag)집합이라 하고, 리만합 $R(f,P,T)$ 또는 $S(f,P,T)$ 를 다음과 같이 정의한다.

$$R(f,P,T) = \sum_{i=1}^{n} f(t_i) \, \Delta x_i$$

상합, 하합과 리만합에 관하여 기본적인 성질들을 정리하면 다음과 같다.

> **[정리]** 구간 $[a,b]$ 에서 정의된 유계함수 f, g 가 있을 때
> (1) $[a,b]$ 의 분할 P에 대하여 $L(f,P) \le R(f,P,T) \le U(f,P)$
> (2) 분할 $P_1 \subset P_2$ 이면 $L(f,P_1) \le L(f,P_2) \le U(f,P_2) \le U(f,P_1)$
> (3) $a < c < b$, $[a,c]$ 의 분할 P_1 과 $[c,b]$ 의 분할 P_2 에 대하여
> $\quad L(f, P_1 \cup P_2) = L(f,P_1) + L(f,P_2)$, $\quad U(f, P_1 \cup P_2) = U(f,P_1) + U(f,P_2)$
> (4) $f \le g$ 이면 $L(f,P) \le L(g,P)$, $\quad U(f,P) \le U(g,P)$
> (5) $L(f,P) + L(g,P) \le L(f+g, P)$, $\quad U(f+g, P) \le U(f,P) + U(g,P)$
> (6) 양수 a에 대하여 $L(af,P) = aL(f,P)$, $\quad U(af,P) = aU(f,P)$

$U(f,P) \ge L(f,P)$ 이 성립하고 분할 P를 세분할수록 $U(f,P)$ 는 감소하고 $L(f,P)$ 는 증가하므로 분할 P를 세분하면 상합 $U(f,P)$ 와 하합 $L(f,P)$는 각각 $\inf_P(U(f,P))$ 와 $\sup_P(L(f,P))$ 로 수렴한다.

이때, 두 수렴값을 각각 상적분 $\overline{\int_a^b} f(x)\,dx$, 하적분 $\underline{\int_a^b} f(x)\,dx$ 이라 한다. 상적분과 하적분을 각각 $U(f)$, $L(f)$ 로 쓰기도 한다.

리만적분을 다음 두 가지 방법으로 정의한다.

[정의] {리만적분 (1)}

$\overline{\int_a^b} f(x)\,dx = \underline{\int_a^b} f(x)\,dx = I$ 일 때, 함수 $f(x)$ 는 구간 $[a,b]$ 에서 Riemann 적분

가능이라 하고 적분값 $I = \int_a^b f(x)\,dx$ 라 쓴다.

[정의] {리만적분 (2)}

임의의 양의 실수 ϵ 에 대하여 분할 P_1 이 존재하여 $P_1 \subset P$ 이면 $|R(f,P,T) - I| < \epsilon$ 이

성립할 때, $f(x)$ 는 $[a,b]$ 에서 리만적분 가능하며, 적분값 $I = \int_a^b f(x)\,dx$ 이다.

상적분/하적분을 이용한 리만적분의 정의는 Darboux의 방법이며 리만합을 이용한 정의는 Riemann의 방법이다.

유계함수를 전제로 할 때, 리만적분의 두 정의는 동치이다.

리만적분 (1)은 f 의 유계를 전제로 해야 하는데 반해, 리만적분 (2)는 f 의 유계를 보장한다.

리만적분 (2)의 정의를 만족하는 f 에 관하여 다음 정리가 성립한다.

[정리] f 가 $[a,b]$ 에서 리만적분가능하면 f 는 $[a,b]$ 에서 유계함수이다.

2. 리만(Riemann)적분가능하기 위한 필요충분조건

유계 폐구간 $[a,b]$ 에서 정의된 유계 함수 $f(x)$ 가 Riemann 적분가능하기 위한 필요충분조건을 리만적분의 정의에서 살펴보면 다음과 같이 간단히 정리할 수 있다.

[리만 정리] 함수 $f : [a,b] \to \mathbb{R}$ 가 유계일 때, 다음 명제들은 동치이다.
(1) $f(x)$ 가 리만적분가능이다.
(2) $\forall \epsilon > 0$ $\exists P$: 구간 $[a,b]$ 의 분할, $U(f,P) - L(f,P) < \epsilon$ (리만 조건)
(3) $\exists P_n$: 구간 $[a,b]$ 의 분할열에 대하여
$$\lim_{n \to \infty} |U(f,P_n) - L(f,P_n)| = 0$$

리만적분불능을 보일 때 유용한 정리가 있다.

[정리] $\exists P_n$: 구간 $[a,b]$ 의 분할열 $\lim_{n \to \infty} \|P_n\| = 0$,

$\qquad 0 < \epsilon_0 \le |U(f,P_n) - L(f,P_n)|$

이면 함수 $f : [a,b] \to R$ 는 리만 적분불능이다.

리만적분가능한 몇 가지 중요한 사례를 살펴보자.

[정리] 함수 $f(x)$가 구간 $[a,b]$에서 연속이면 $f(x)$는 리만적분가능하다.

증명 ϵ을 임의의 양의 실수라 하자.

함수 $f(x)$가 폐구간 $[a,b]$에서 연속이므로 균등연속이다.

즉 적당한 양의 실수 δ가 존재하여 $|x_1 - x_2| < \delta$이면

$|f(x_1) - f(x_2)| < \dfrac{\epsilon}{b-a}$이 성립한다.

$\dfrac{b-a}{\delta} < N$인 양의 정수 N을 택하고, 분할 P를 균등분할

$\mathrm{P} = \left\{ x_k = a + \dfrac{b-a}{N} k \,\middle|\, k = 0, 1, \cdots, N \right\}$로 두자.

최대최솟값정리에 의하여 각 소구간 $[x_{k-1}, x_k]$에서 $f(x)$는 최댓값 $f(t_k)$와

최솟값 $f(s_k)$, $t_k, s_k \in [x_{k-1}, x_k]$를 가지며,

$|t_k - s_k| \le |x_{k-1} - x_k| < \delta$이므로 $|f(t_k) - f(s_k)| < \dfrac{\epsilon}{b-a}$

$$U(f,\mathrm{P}) - L(f,\mathrm{P}) = \sum_{k=1}^{N} f(t_k) \Delta x_k - \sum_{k=1}^{N} f(s_k) \Delta x_k$$

$$= \sum_{k=1}^{N} (f(t_k) - f(s_k)) \Delta x_k < \sum_{k=1}^{N} \frac{\epsilon}{b-a} \Delta x_k = \epsilon$$

따라서 $f(x)$는 구간 $[a,b]$에서 리만적분가능하다.

[정리] 함수 $f(x)$가 구간 $[a,b]$에서 단조증가이면 $f(x)$는 리만적분가능 하다.

증명 ϵ을 임의의 양의 실수라 하고, $K = f(b) - f(a)$라 두자.

$\dfrac{K \cdot (b-a)}{\epsilon} < N$인 양의 정수 N을 택하고 분할 P를 등분할

$\mathrm{P} = \left\{ x_k = a + \dfrac{b-a}{N} k \right\}$로 두면,

$$U(f,\mathrm{P}) - L(f,\mathrm{P}) = \sum_{k=1}^{N} (f(x_k) - f(x_{k-1})) \Delta x_k$$

$$= \sum_{k=1}^{N} (f(x_k) - f(x_{k-1})) \frac{(b-a)}{N} = (f(b) - f(a)) \frac{(b-a)}{N} < \epsilon$$

따라서 $f(x)$는 구간 $[a,b]$에서 리만적분가능하다.

리만적분가능함수에 관한 성질을 살펴보자.

> **[연산정리]** f 와 g 가 $[a,b]$ 에서 리만적분가능 함수일 때,
>
> (1) 두 실수 c_1 , c_2 에 대하여 $c_1 f + c_2 g$ 는 리만적분가능 함수이며
>
> $$\int_a^b c_1 f + c_2 \, g \, dx = c_1 \int_a^b f \, dx + c_2 \int_a^b g \, dx$$
>
> (2) fg 는 리만적분가능 함수이다.
>
> (3) $f \le g$ 이면 $\int_a^b f \, dx \le \int_a^b g \, dx$
>
> (4) $|f|$ 는 리만적분가능 함수이며 $\left| \int_a^b f \, dx \right| \le \int_a^b |f| \, dx$

합성함수에 관한 다음과 같은 성질도 성립한다.

g 가 리만적분가능이면 거짓 명제이다.

> **[정리]** f 가 $[a,b]$ 에서 리만적분가능 함수이고, $f([a,b]) \subset [m,M]$ 이며
> g 는 $[m,M]$ 에서 연속함수이면 합성함수 $g \circ f$ 는 $[a,b]$ 에서 리만적분가능 함수이다.

위의 정리에서 g 의 연속조건이나 합성의 순서를 변경하면 거짓 명제가 된다. $g([m,M]) \subset [a,b]$ 이며 f 는 $[a,b]$ 에서 리만적분가능 함수이고, g 는 $[m,M]$ 에서 연속함수인 경우에 합성함수 $f \circ g$ 가 리만적분불가능한 함수 f , g 가 있다.

예제 1 디리클레 팝콘함수 $f(x) = \begin{cases} \dfrac{1}{m} & , x = \dfrac{n}{m} \in \mathbb{Q} \\ 0 & , x \not\in \mathbb{Q} \end{cases}$ (단, $\dfrac{n}{m}$ 은 기약, $m > 0$)

는 폐구간$[a,b]$ 에서 리만적분가능임을 보이시오.

풀이 ϵ 을 임의의 양의 실수라 하자.

집합 $A = \left\{ \dfrac{n}{m} \in [a,b] \, \middle| \, 0 < m \le \dfrac{2(b-a)}{\epsilon} \, , \, \gcd(n,m) = 1 \right\}$ 라 두면

A 는 유한개의 유리수들로 구성된 집합이다.

$A \cup \{a, b\} = \{ a_0, a_1, a_2, \cdots, a_N \}$ (단, $a_{i-1} < a_i$)라 하자.

$\delta = \min\left(\dfrac{\epsilon}{4N} \, , \, \dfrac{a_i - a_{i-1}}{4} : i = 1, \cdots, N \right)$ 라 두고

구간 $[a,b]$ 의 분할P 를 다음과 같이 정하자.

$P = \{ a_0, a_0 + \delta, a_1 - \delta, a_1 + \delta, \cdots, a_{N-1} - \delta, a_{N-1} + \delta, a_N - \delta, a_N \}$

P 의 원소를 순서대로 x_k 라 하자. $x_0 = a_0 = a$, $x_{2N+1} = a_N = b$

각 구간 $[x_{k-1}, x_k]$ 의 $f(x)$ 의 하한 $m_k = 0$ 이므로

하합 $L(f, \text{P}) = \sum_{k=1}^{2N+1} 0 \cdot (x_k - x_{k-1}) = 0$ 이다.

각 구간$[x_{k-1}, x_k]$ 의 $f(x)$ 의 상한을 M_k 라 하면

$k = 2i + 1$ 일 때 $M_{2i+1} \le 1$, $k = 2i$ 일 때 $M_{2i} < \dfrac{\epsilon}{2(b-a)}$

상합 $U(f, \mathrm{P}) = \sum_{i=0}^{N} M_{2i+1} \left(x_{2i+1} - x_{2i}\right) + \sum_{i=1}^{N} M_{2i} \left(x_{2i} - x_{2i-1}\right)$

$$< \sum_{i=0}^{N} 1 \cdot \left(x_{2i+1} - x_{2i}\right) + \sum_{i=1}^{N} \frac{\epsilon}{2(b-a)} \cdot \left(x_{2i} - x_{2i-1}\right)$$

$$\leq \sum_{i=0}^{N} 1 \cdot 2\delta + \sum_{i=1}^{N} \left(x_{2i} - x_{2i-1}\right) \frac{\epsilon}{2(b-a)}$$

$$\leq 2N\delta + (b-a) \frac{\epsilon}{2(b-a)} \leq \frac{\epsilon}{2} + \frac{\epsilon}{2} = \epsilon$$

따라서 $U(f, \mathrm{P}) - L(f, \mathrm{P}) < \epsilon$

그러므로 $f(x)$는 구간 $[a, b]$에서 리만적분가능하다.

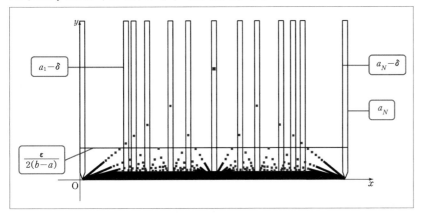

3. 리만적분(Riemann integral)과 구분구적법

구간 $[a, b]$에서 함수 $f(x)$가 리만적분가능하면 고등학교의 구분구적법으로 정적분을 구할 수 있는지 살펴보자. 구간 $[a, b]$를 n개의 같은 길이를 갖는 소구간들로 균일하게 나눈 균등분할 P_n을 도입하자.

> **[정리]** 함수 $f(x)$가 $[a, b]$에서 리만적분가능 함수일 필요충분조건은 균등분할 P_n에 대하여 $\lim_{n \to \infty} U(f, P_n) = \lim_{n \to \infty} L(f, P_n)$ 이다.
>
> 이때 $\lim_{n \to \infty} U(f, P_n) = \lim_{n \to \infty} L(f, P_n) = \int_a^b f(x)dx$

증명 ($\leftarrow$) ϵ을 임의의 양의 실수라 하자.

$\lim_{n \to \infty} |U(f, P_n) - L(f, P_n)| = 0$ 이므로 적당한 양의 정수 n_1이 존재하여

$n_1 \leq n$이면 $|U(f, P_n) - L(f, P_n)| < \epsilon$ 이 성립한다.

따라서 $|U(f, P_{n_1}) - L(f, P_{n_1})| < \epsilon$인 분할 P_{n_1}이 존재하며, 리만 정리에 의해 $f(x)$는 리만적분가능하다.

($\rightarrow$) ϵ을 임의의 양의 실수라 하자.

$f(x)$가 리만적분가능하므로 유계이며 $\int_a^b f(x)dx = I$라 두면, $[a, b]$의 분할

Q가 존재하여 $|U(f,Q)-I| < \dfrac{\epsilon}{2}$, $|L(f,Q)-I| < \dfrac{\epsilon}{2}$

$n(Q)=m$ (분할 Q의 점의 개수), $|f| \le M$라 두자.

$\dfrac{4Mm(b-a)}{\epsilon} < n_0$ 인 양의 정수 n_0 를 택하고 $n_0 < n$ 하자.

n-균등분할 $P_n = \{x_k\}$과 Q의 세분 $Q \cup P_n$에 대하여

$$L(f,Q) \le L(f,Q \cup P_n) \le I \le U(f, Q \cup P_n) \le U(f,Q)$$

$J = \{j \,|\, (x_{j-1}, x_j) \cap Q \ne \varnothing\}$, $|J| = l$ 라 하면, $l \le m$ 이며

$|U(f,P_n) - U(f, P_n \cup Q)|$

$$\le \sum_{j=1}^{l} 2M \dfrac{b-a}{n} \le \dfrac{2Ml(b-a)}{n} < \dfrac{2Mm(b-a)}{n_0} < \dfrac{\epsilon}{2} \, ,$$

$|L(f,P_n) - L(f, P_n \cup Q)|$

$$\le \sum_{j=1}^{l} 2M \dfrac{b-a}{n} \le \dfrac{2Ml(b-a)}{n} < \dfrac{2Mm(b-a)}{n_0} < \dfrac{\epsilon}{2}$$

$|U(f,P_n) - I| \le |U(f,P_n) - U(f, P_n \cup Q)| + |U(f, Q \cap P_n) - I|$

$$< \dfrac{\epsilon}{2} + \dfrac{\epsilon}{2} = \epsilon$$

$|L(f,P_n) - I| \le |L(f,P_n) - L(f, P_n \cup Q)| + |L(f, Q \cap P_n) - I|$

$$< \dfrac{\epsilon}{2} + \dfrac{\epsilon}{2} = \epsilon$$

따라서 $\displaystyle\lim_{n \to \infty} U(f,P_n) = \lim_{n \to \infty} L(f,P_n) = I$

위의 정리에서 균등분할 P_n 대신 $\|P_n\| \to 0$ 인 분할 P_n을 적용하여도 명제는 성립한다.

이제 구분구적법 $\displaystyle\lim_{n \to \infty} \dfrac{1}{n}\sum_{k=1}^{n} f\left(\dfrac{k}{n}\right)$ 으로 함수 $f(x)$ 의 리만적분값을 구할 수 있는지 살펴보자.

> **[정리]** 함수 $f : [0,1] \to \mathbb{R}$ 가 리만적분가능할 때,
>
> $$\lim_{n \to \infty} \dfrac{1}{n}\sum_{k=1}^{n} f\left(\dfrac{k}{n}\right) = \int_0^1 f(x)dx$$

증명 구간 $[0,1]$의 등분할 $P_n = \left\{ 0, \dfrac{1}{n}, \cdots, \dfrac{n}{n} = 1 \right\}$에 관한 함수 f 의 상합 $U(f,P_n)$와 하합 $L(f,P_n)$에 대하여

$$L(f,P_n) \le \sum_{k=1}^{n} f\left(\dfrac{k}{n}\right)\dfrac{1}{n} \le U(f,P_n)$$

함수 f 는 리만적분가능이므로 $\displaystyle\int_a^b f(x)dx = I$라 두면

$$\lim_{n \to \infty} U(f,P_n) = \lim_{n \to \infty} L(f,P_n) = I$$

따라서 조임정리에 의하여 $\displaystyle\lim_{n \to \infty}\dfrac{1}{n}\sum_{k=1}^{n} f\left(\dfrac{k}{n}\right) = \int_0^1 f(x)dx$ 이 성립한다.

함수 $f(x)$ 가 연속함수이면 리만적분가능함수이므로 위의 정리에 따라 구분구적법으로 적분값을 구할 수 있다. 이러한 관점을 따르면 학교수학의 정적분은 곧 리만적분인 것이다.

그런데 위 정리에서 구분구적법 $\displaystyle\lim_{n\to\infty}\frac{1}{n}\sum_{k=1}^{n}f\left(\frac{k}{n}\right)$ 는 수렴하더라도 함수 $f(x)$ 는 리만적분 불가능할 수 있다. 대표적인 리만적분 불가능한 함수인 디리클레 함수 $f(x)=\begin{cases}1 & ,\ x\in\mathbb{Q}\\0 & ,\ x\not\in\mathbb{Q}\end{cases}$ 는 $\displaystyle\lim_{n\to\infty}\frac{1}{n}\sum_{k=1}^{n}f\left(\frac{k}{n}\right)$ 는 1로 수렴한다.

예제 1 구간 $[a,b]$ 의 임의의 분할 Q와 등분할 P_n 에 대하여 다음 극한식을 보이시오.
$$\lim_{n\to\infty}|U(f,P_n)-U(f,P_n\cup Q)|=0,\ \lim_{n\to\infty}|L(f,P_n)-L(f,P_n\cup Q)|=0$$

증명 (원소의 개수) $n(Q)=m$, $|f|\le M$라 두자.

임의의 양의 실수 ϵ 에 대하여 $\dfrac{2Mm(b-a)}{\epsilon}<n_0$ 인 양의 정수 n_0 를 택하고 $n_0<n$ 라 하자.

$P_n=\left\{x_k=a+\dfrac{b-a}{n}k\ \middle|\ k=0,\cdots,n\right\}$

$J=\{j\,|\,(x_{j-1},x_j)\cap Q\ne\varnothing\}$, $|J|=l$ 라 하면, $l\le m$ 이며

$|U(f,P_n)-U(f,P_n\cup Q)|$
$$\le\sum_{j=1}^{l}2M\frac{b-a}{n}\le\frac{2Mm(b-a)}{n}<\frac{2Mm(b-a)}{n_0}<\epsilon,$$

$|L(f,P_n)-L(f,P_n\cup Q)|$
$$\le\sum_{j=1}^{l}2M\frac{b-a}{n}\le\frac{2Mm(b-a)}{n}<\frac{2Mm(b-a)}{n_0}<\epsilon$$

따라서 $\displaystyle\lim_{n\to\infty}|U(f,P_n)-U(f,P_n\cup Q)|=0$ 이며,

$\displaystyle\lim_{n\to\infty}|L(f,P_n)-L(f,P_n\cup Q)|=0$

예제 2 폐구간 $[-1,1]$ 에서 정의된 함수 $f(x)$ 가 모든 $x\in[-1,1]$ 에 대하여 $f(x)\ge 0$이고 $x=0$에서 연속이며 $f(0)>0$이면 $\displaystyle\int_{-1}^{1}f(x)\,dx>0$임을 보여라.

풀이 $x=0$ 에서 연속이므로 $\epsilon=\dfrac{f(0)}{2}$ 에 대하여 적당한 양의 실수 $\delta>0$ $(\delta\le 1)$가 존재하여 $-\delta<x<\delta$일 때, $|f(x)-f(0)|<\epsilon$ 이다. 이때,

$\dfrac{f(0)}{2}<f(x)$ 이다.

따라서
$$\int_{-1}^{1}f(x)\,dx\ \ge\ \int_{-\delta}^{\delta}f(x)\,dx\ \ge\ \int_{-\delta}^{\delta}\frac{f(0)}{2}\,dx\ =\ \delta f(0)>0$$

4. 리만적분과 르베그(Lebesgue) 정리

실수의 임의의 부분집합 A 의 르베그 측도(outer measure) $m^*(A)$ 는 다음과 같이 정의한다.

> **[정의] {측도}** $m^*(A) \equiv \inf \left\{ \sum_{n=1}^{\infty} (b_n - a_n) \;\middle|\; A \subset \bigcup_{n=1}^{\infty} (a_n, b_n) \right\}$

Lebesgue 측도는 실수의 모든 부분집합들의 집합 $\wp(R)$ 에서 $[0, \infty]$ 로의 함수이며 다음의 성질을 만족한다.

① $m^*(\varnothing) = 0$

② $A \subset B$ 이면 $m^*(A) \leq m^*(B)$

③ 가산개의 집합 A_n 에 대하여 $m^* \left(\bigcup_{n=1}^{\infty} A_n \right) \leq \sum_{n=1}^{\infty} m^*(A_n)$

④ $m^*(A+x) = m^*(A)$

⑤ $m^*([a,b]) = m^*((a,b)) = b-a$

르베그 측도는 수직선의 어떤 구간의 길이를 재는 활동을 실수의 임의 부분집합의 길이를 구하는 과정으로 일반화하는 것으로 이해할 수 있다.

그러나 길이, 넓이, 부피 등의 량(量)개념은 이러한 일반화 과정에서 역설적인 현상들이 나타나므로 제한적으로 다루어야 한다. 수학적으로 제한하는 방법이 측도를 정의하는 것이다.

실수의 부분집합 A 가 $m^*(A) = 0$ 일 때, A 를 측도 0인 집합(measure zero set)이라 한다. 이 경우 A 는 가측집합이 되므로 $m(A) = 0$ 이다.

실수 x 에 관한 어떤 성질 $P(x)$ 가 거의 모든 곳에서(almost everywhere) 성립한다고 하는 것은 성질 $P(x)$ 가 성립하지 않는 점들의 집합이 측도 0인 집합일 때를 말한다. 즉,

> **[정의] {거의 모든}** $m(\{x \mid P(x) : 거짓\}) = 0$

따라서 "무시할 만큼 작은" 측도가 0인 집합을 제외한 나머지 영역에서 성질 $P(x)$ 가 성립한다는 의미이다. 이때, $P(x)$ $a.e.$ 으로 표기한다.

예 ① 유리수집합과 Cantor 집합은 측도 0이다.

② 특성함수 $\chi_Q(x)$ 는 x 가 유리수이면 1, x 가 무리수이면 0으로 정의된 함수로서 모든 실수에서 불연속이지만, 거의 모든 점에서 0이므로 $\chi_Q(x) = 0$ a.e.

③ 함수 $f(x) = \begin{cases} \dfrac{1}{m} & , x = \dfrac{n}{m} \in Q \\ 0 & , x \not\in Q, x = 0 \end{cases}$ (단, m, n 은 서로소, $m > 0$)는 거의 모든 점에서 연속이다.

르베그 측도의 관점에서 리만적분 가능일 필요충분조건은 다음과 같다.

> **[Lebesgue 정리]** 폐구간 $[a,b]$ 에서 유계인 함수 f 가 Riemann 적분가능하기 위한 필요충분조건은 함수 f 의 불연속점들의 집합이 측도 영(measure zero)인 집합일 때이다. 즉, 함수 f 가 정의구간 $[a,b]$ 의 "거의 모든" 점에서 연속이 되는 것이다.

아래의 두 예제는 일반적인 구간 $[a,b]$ 와 (a,b) 로 일반화되며, 그 결과는 다음과 같다.

$$m^*([a,b]) = m^*([a,b)) = m^*((a,b]) = m^*((a,b)) = b-a$$

예제 1 구간 $[0,1]$의 르벡 측도 $m^*([0,1]) = 1$임을 보이시오.

풀이 임의의 양수 a 에 대하여 $[0,1] \subset (-\dfrac{a}{2}, 1+\dfrac{a}{2})$ 이므로

$m^*([0,1]) \leq 1+a$ 이다.

따라서 $m^*([0,1]) \leq 1$ 이다.

임의의 개구간 I_n 들에 대하여 $[0,1] \subset \bigcup_{n=1}^{\infty} I_n$ 라 하자.

$[0,1]$ 은 유계 폐구간이므로 Heine-Borel 정리에 의하여 컴팩트(compact)집합이다. 즉, 개구간 I_n 들 중에서 유한개를 뽑아 $[0,1]$ 을 덮을(cover) 수 있다.

따라서 그 유한개를 $I_{n_k} = (a_k, b_k)$ 라 두면, $[0,1] \subset \bigcup_{k=1}^{n} (a_k, b_k)$ 이다.

(a_k, b_k) 들은 $[0,1]$ 을 덮는데 꼭 필요하도록 선택하고, $a_1 < a_2 < \cdots < a_n$ 이라 두자.

$b_1 < b_2 < \cdots < b_n$ 이며,

$a_1 < 0 < a_2 < b_1 < a_3 < b_2 < a_4 < \cdots < b_{n-2} < a_n < b_{n-1} < 1 < b_n$

그리고 $\displaystyle\sum_{k=1}^{n} \ell(I_n) \geq \sum_{k=1}^{n} (b_k - a_k) \geq \sum_{k=1}^{n-1} (a_{k+1} - a_k) + b_n - a_n = b_n - a_1 > 1 - 0 = 1$

따라서 $m^*([0,1]) \geq 1$ 이다.

그러므로 $m^*([0,1]) = 1$ 이다.

예제 2 실수의 부분집합 A 가 거의 모든 실수를 포함하면 A는 실수 전체에 조밀함을 보이시오.

증명 A 의 폐포 $\overline{A}$ 에 대하여 $\overline{A} \neq \mathbb{R}$ (실수집합)이라 가정하자.

그러면, $\mathbb{R} - \overline{A} \neq \emptyset$ 이며, $\overline{A}$ 가 폐집합이므로 $\mathbb{R} - \overline{A}$ 는 개집합이다.

따라서 $(a,b) \subset \mathbb{R} - \overline{A}$, $a < b$ 인 개구간 (a,b) 가 존재한다.

그리고 $A \subset \overline{A}$ 이므로 $(a,b) \subset \mathbb{R} - \overline{A} \subset \mathbb{R} - A$ 이다.

르벡 외측도 m^* 를 계산하면, $m^*((a,b)) \leq m^*(\mathbb{R} - A)$ 이다.

그런데, A 가 거의 모든 실수를 포함하므로, '거의 모든'의 정의에 의하여 $m^*(\mathbb{R} - A) = 0$ 이며, $m^*((a,b)) = b - a$ 이므로 $b - a \leq 0$ 이다.

이는 조건 $a < b$ 에 모순된다.

그러므로 $\overline{A} = \mathbb{R}$ 이다. 즉, A는 실수집합 $\mathbb{R}$ 에 조밀하다.

예제 3 함수 $f(x)$ 는 구간 $[0,1]$ 에서 정의된 연속함수일 때, 다음 리만적분의 극한식을 보이시오.

$$\lim_{n\to\infty} \int_0^1 f(x^n)\, dx = f(0)$$

풀이 균등연속정리에 의하여 구간 $[0,1]$ 에서 $f(x)$ 는 균등연속이다.

최댓값 정리에 의하여 구간 $[0,1]$ 에서 $|f(x)|$ 는 최댓값 M 을 가지며 $|f(x)| \le M$

충분히 작은 $\epsilon > 0$ 에 대하여 구간 $[0, 1-\epsilon]$ 에서 x^n 은 0으로 균등수렴하며, f 가 균등연속이므로 $f(x^n)$ 은 $f(0)$ 으로 균등수렴한다.

$$\left| \int_0^1 f(x^n)\, dx - \int_0^{1-\epsilon} f(x^n)\, dx \right| \le \int_{1-\epsilon}^1 |f(x^n)|\, dx \le M\epsilon$$

$$\lim_{n\to\infty} \int_0^{1-\epsilon} f(x^n)\, dx = \int_0^{1-\epsilon} f(0)\, dx = f(0) - \epsilon f(0)$$

이므로 $\displaystyle \lim_{n\to\infty} \left| \int_0^1 f(x^n)\, dx - f(0) \right| \le (|f(0)| + M)\epsilon$ 이다.

양변에 극한 $\epsilon \to 0$ 을 취하면 $\displaystyle \lim_{n\to\infty} \left| \int_0^1 f(x^n)\, dx - f(0) \right| = 0$ 이다.

따라서 $\displaystyle \lim_{n\to\infty} \int_0^1 f(x^n)\, dx = f(0)$ 이다.

예제 4 $f(x)$ 는 $[0,1]$ 에서 미분가능이며 $0 < x < y < 1$ 일 때 $0 < \dfrac{f(y)}{y} < \dfrac{f(x)}{x}$ 가 성립하고 $f(0) = 0$ 이다. $\dfrac{1}{2} f(1) \le \displaystyle \int_0^1 f(x)\, dx \le \dfrac{1}{2} f'(0)$ 임을 보이시오.

풀이 $0 < b < x < a < 1$ 이면 $\dfrac{f(a)}{a} < \dfrac{f(x)}{x} < \dfrac{f(b)}{b}$

극한을 각 변에 적용하면 $\displaystyle \lim_{a\to 1-} \frac{f(a)}{a} \le \frac{f(x)}{x} \le \lim_{b\to 0+} \frac{f(b)}{b}$,

$f(1) \le \dfrac{f(x)}{x} \le f'(0)$, $f(1)\, x \le f(x) \le f'(0)\, x$

적분을 적용하면 $\displaystyle \int_0^1 f(1)\, x\, dx \le \int_0^1 f(x)\, dx \le \int_0^1 f'(0)\, x\, dx$

따라서 $\dfrac{1}{2} f(1) \le \displaystyle \int_0^1 f(x)\, dx \le \dfrac{1}{2} f'(0)$ 이 성립한다.

예제 5 수열 $a_n \in (0,1)$ 은 0 으로 수렴하는 순감소수열이다. 다음 함수는 구간$[0,1]$ 에서 리만적분가능임을 보이시오.

$$f(x) = \begin{cases} 1 & , x \in \{a_n\} \\ 0 & , x \not\in \{a_n\} \end{cases}$$

풀이 ϵ 을 임의의 양의 실수라 하자.

$\lim\limits_{n \to \infty} a_n = 0$ 이므로 적당한 양의 정수n_1 에 대하여 $n_1 < n$ 이면 $a_n \leq \dfrac{\epsilon}{2}$ 이 성립한다.

그리고 $1 \leq n \leq n_1$ 이면 $\dfrac{\epsilon}{2} < a_{n_1} < \cdots < a_2 < a_1 < 1$ 이므로 충분히 큰 실수L 을 택하면 $n_1 \leq L$ 이며

$\dfrac{\epsilon}{2} < a_{n_1} - \dfrac{\epsilon}{4L} < a_{n_1} + \dfrac{\epsilon}{4L} < \cdots < a_1 + \dfrac{\epsilon}{4L} < 1$ 이 되도록 할 수 있다.

이때 구간$[0,1]$ 의 분할P 를 다음과 같이 정하자.

$$P = \left\{ 0, \frac{\epsilon}{2}, a_{n_1} - \frac{\epsilon}{4L}, a_{n_1} + \frac{\epsilon}{4L}, \cdots, a_1 + \frac{\epsilon}{4L}, 1 \right\}$$

분할P 의 각 소구간I_k 마다 $x \not\in \{a_n\}$ 인 x 가 있고 $f(x) = 0$ 이므로 하합 $L(P,f) = 0$ 이다.

$I_1 = \left[0, \dfrac{\epsilon}{2} \right]$ 에서 $\sup(f(t)) = 1$ 이며,

$I_2 = \left[\dfrac{\epsilon}{2}, a_{n_1} - \dfrac{\epsilon}{4L} \right]$ 에는 $a_n \not\in I_2$ 이므로 $\sup(f(t)) = 0$ 이며,

구간 $\left[a_k - \dfrac{\epsilon}{4L}, a_k + \dfrac{\epsilon}{4L} \right]$ 에서 $\sup(f(t)) = 1$,

구간 $\left[a_k + \dfrac{\epsilon}{4L}, a_{k-1} - \dfrac{\epsilon}{4L} \right]$ 에서 $\sup(f(t)) = 0$,

마지막 구간 $\left[a_1 + \dfrac{\epsilon}{4L}, 1 \right]$ 에서 $\sup(f(t)) = 0$ 이다.

따라서 상합 $U(P,f) = \dfrac{\epsilon}{2} + 0 + \dfrac{\epsilon}{2L} + 0 + \dfrac{\epsilon}{2L} + \cdots + \dfrac{\epsilon}{2L} + 0$

$$< \frac{\epsilon}{2} + \frac{\epsilon}{2L} \cdot n_1 \leq \frac{\epsilon}{2} + \frac{\epsilon}{2} = \epsilon$$

그리고 상합과 하합의 차이는 $U(P,f) - L(P,f) < \epsilon$ 이다.
그러므로 $f(x)$ 는 리만적분가능하다.

02 미적분 기본정리

1. 미적분 기본정리(Fundamental theorem of calculus)

> 도함수가 리만적분불가능한 함수가 있다.
> 참조 : 스미스-볼테라-칸토어(SVC) 함수

[미적분의 기본정리 1]
$F(x)$ 는 미분가능하고, 도함수 $F'(x) = f(x)$ 가 리만적분가능하면

$$\int_a^b f(x)\,dx = F(b) - F(a)$$

증명 $I = \displaystyle\int_a^b f(x)\,dx$ 라 하면 $f(x)$ 가 구간 $[a, b]$ 에서 Riemann 적분가능

하므로 임의의 양의 실수 $\epsilon > 0$ 에 대하여 부등식

$I - \epsilon < L(f, P) \leq U(f, P) < I + \epsilon$

이 성립하는 적당한 분할 $P = \{ x_k \mid a = x_0 < x_1 < \cdots < x_n = b \}$ 가 있다.

각 소구간 $[x_{k-1}, x_k]$ 에서 함수 $F(x)$ 에 대하여 평균값의 정리를 적용하면,

적당한 $t_k \in (x_{k-1}, x_k)$ 가 존재하여

$$f(t_k) = F'(t_k) = \frac{F(x_k) - F(x_{k-1})}{x_k - x_{k-1}}$$

$m_i = \inf \{ f(x) \mid x_{i-1} \leq x \leq x_i \}$,

$M_i = \sup \{ f(x) \mid x_{i-1} \leq x \leq x_i \}$ 라 두면 $m_k \leq f(t_k) \leq M_k$

이므로 $L(f, P) \leq \displaystyle\sum_{k=1}^n f(t_k)\,\Delta x_k \leq U(f, P)$

$f(t_k)\,\Delta x_k = F(x_k) - F(x_{k-1})$ 이므로

$$\sum_{k=1}^n f(t_k)\,\Delta x_k = \sum_{k=1}^n \{ F(x_k) - F(x_{k-1}) \} = F(x_n) - F(x_0) = F(b) - F(a)$$

따라서 임의의 $\epsilon > 0$ 에 대하여 $I - \epsilon < F(b) - F(a) < I + \epsilon$ 이 성립하므로

$I = F(b) - F(a)$

[미적분의 기본정리 2] 폐구간 $[a, b]$ 에서 연속인 함수 $f(x)$ 는 리만적분가능하며, $f(x)$ 를 적분한 함수를 $F(x) = \displaystyle\int_a^x f(t)\,dt$ 라 하면, $F(x)$ 는 미분가능하고, $F'(x) = f(x)$ 이 성립한다.

증명 $F(x) = \displaystyle\int_a^x f(t)\,dt$ 라 두고, $F'(x) = f(x)$ 임을 보이면 된다.

$f(x)$ 가 x 에서 연속이므로, 적당한 양의 실수 δ 가 존재하여 $|t - x| < \delta$ 이면 $|f(t) - f(x)| < \epsilon$ 이 성립한다. 이때, $0 < |h| < \delta_x$ 이면

$$\left| \frac{F(x+h) - F(x)}{h} - f(x) \right| = \left| \frac{1}{h} \int_x^{x+h} f(t) - f(x)\,dt \right|$$

$$\leq \frac{1}{h} \int_x^{x+h} |f(t) - f(x)|\,dt \ < \ \frac{1}{h} \int_x^{x+h} \epsilon\,dt = \epsilon$$

따라서 $\lim\limits_{h \to 0} \dfrac{F(x+h) - F(x)}{h} = f(x)$ 이다.

그러므로 $F(x) = \displaystyle\int_a^x f(t)\,dt$ 는 미분가능하며 $F'(x) = f(x)$

2. 치환적분법과 부분적분법

미적분 기본정리로부터 다음 두 가지 적분계산 법칙을 유도할 수 있다.

> **[치환적분법]** g 는 $[a, b]$ 에서 미분가능하고 도함수는 리만적분가능하며
> f 는 구간 $g([a, b])$ 에서 연속이면
> $$\int_{g(a)}^{g(b)} f(x)\,dx = \int_a^b f(g(x))\,g'(x)\,dx$$
> **[부분적분법]** f 와 g 는 $[a, b]$ 에서 미분가능하고 도함수는 리만적분가능이면
> $$\int_a^b f(x)\,g'(x)\,dx = f(b)\,g(b) - f(a)\,g(a) - \int_a^b g(x)\,f'(x)\,dx$$

치환적분과 부분적분 계산하는 몇 가지 사례를 살펴보자.

$$\int F(e^t)\,dt = \int \frac{F(e^t)}{e^t} e^t\,dt = \int \frac{F(x)}{x}\,dx$$

$$\int F(\tan x)\,dx = \int \frac{F(\tan x)}{1 + \tan^2 x} \sec^2 x\,dx = \int \frac{F(t)}{1 + t^2}\,dt$$

$$\int \tan^{-1} x\,dx = x \tan^{-1} x - \int \frac{x}{x^2 + 1}\,dx$$

치환적분법의 사례로서 역함수의 적분법이 있다.

> **[역함수의 적분법]** 함수 $f : [a, b] \to \mathbb{R}$ 는 단사 연속함수일 때,
> $$\int_{f(a)}^{f(b)} f^{-1}(y)\,dy + \int_a^b f(x)\,dx = x\,f(x)\Big|_a^b$$
> **특히,** f 가 미분가능이면 $\displaystyle\int_{f(a)}^{f(b)} f^{-1}(y)\,dy = \int_a^b x\,f'(x)\,dx$

예를 들어, 함수 $f(x) = x^3 + 2x + 1$ 에 대하여

$$\int_{-2}^4 f^{-1}(x)\,dx = x\,f(x)\,\Big|_{-1}^1 - \int_{-1}^1 f(t)\,dt = 0$$

3. 유리함수의 적분

유리함수의 적분 $\int \dfrac{f(x)}{g(x)}\,dx$ 은 다음의 단계를 거쳐 구할 수 있다.

① $\displaystyle\int \dfrac{f(x)}{g(x)}\,dx = \int q(x) + \dfrac{r(x)}{g(x)}\,dx = \int q(x)\,dx + \int \dfrac{r(x)}{g(x)}\,dx$

② $\displaystyle\int \dfrac{r(x)}{g(x)}\,dx = \int \dfrac{r_1(x)}{g_1(x)} + \cdots + \dfrac{r_n(x)}{g_n(x)}\,dx$ (부분분수 분해)

③ 부분분수 분해 후 $g_i(x)$ 는 $(x+a)^n$, $(x^2+A)^n$ 의 식이며, 아래 공식을 이용한다.

$$\int \dfrac{1}{x+a}\,dx = \ln|x+a| + C, \quad \int \dfrac{1}{x^2+a^2}\,dx = \dfrac{1}{a}\arctan\left(\dfrac{x}{a}\right) + C,$$

$$\int \dfrac{2x}{x^2+A}\,dx = \ln(x^2+A) + C, \quad \int \dfrac{2x}{(x^2+A)^n}\,dx = \dfrac{(x^2+A)^{1-n}}{1-n} + C$$

$(단, n \neq 1),$

$$\int \dfrac{1}{(x^2+a)^n}\,dx = \dfrac{1}{(2n-2)a}\dfrac{x}{(x^2+a)^{n-1}} + \dfrac{2n-3}{(2n-2)a}\int \dfrac{1}{(x^2+a)^{n-1}}\,dx$$

4. 무리함수의 적분

무리함수는 적당한 치환에 의하여 유리함수나 초월함수의 적분으로 바꾸어 해결한다.

치환하는 방법으로 다음 4 가지가 있다.

① 근호 속을 치환 − 보통의 치환적분

② 근호를 치환 $t = \sqrt{\dfrac{ax+b}{cx+d}}$

③ 근호에 더해 치환 $x + \sqrt{x^2+a} = t \rightarrow \dfrac{dx}{\sqrt{x^2+a}} = \dfrac{dt}{t}$, $\sqrt{x^2+a} - x = \dfrac{a}{t}$

이므로 $\dfrac{1}{2}\left(t + \dfrac{a}{t}\right) = \sqrt{x^2+a}$, $\dfrac{1}{2}\left(t - \dfrac{a}{t}\right) = x$ 를 이용

④ 근호에 다른 함수를 곱하여 치환 $t = \dfrac{\sqrt[n]{x^n+a}}{x} \rightarrow t^n = 1 + a\,x^{-n}$

5. 무리함수의 부정적분 계산

$$\int \dfrac{1}{\sqrt{x^2+A}}\,dx = \ln\left(x + \sqrt{x^2+A}\right) + C$$

$$\int \sqrt{x^2+A}\,dx = \dfrac{1}{2}x\sqrt{x^2+A} + \dfrac{A}{2}\ln\left(x + \sqrt{x^2+A}\right) + C$$

$$\int \dfrac{1}{\sqrt{a^2-x^2}}\,dx = \sin^{-1}\left(\dfrac{x}{a}\right) + C \quad (\,x = a\sin\theta \text{ 치환적분})$$

$$\int \frac{1}{\sqrt{a^2-x^2}}\,dx = \int \frac{1}{a+x}\sqrt{\frac{a+x}{a-x}}\,dx \quad \left(t=\sqrt{\frac{a+x}{a-x}}\ \text{치환적분}\right)$$

$$= \int \frac{t^2+1}{2at^2}\,t\,\frac{4at}{(t^2+1)^2}\,dt = \int \frac{2}{t^2+1}\,dt$$

$$= 2\tan^{-1}\sqrt{\frac{a+x}{a-x}}+C$$

위의 두 적분의 결과는 상이한 답을 갖는 것처럼 보이나 모두 옳은 답이다.

$$\int \sqrt{a^2-x^2}\,dx = \frac{1}{2}x\sqrt{a^2-x^2}+\frac{a^2}{2}\sin^{-1}\left(\frac{x}{a}\right)+C$$

$$\int x^5(1+x^3)^{\frac{2}{3}}\,dx = \frac{1}{3}\int (t-1)t^{\frac{2}{3}}\,dt = \frac{1}{3}\left(\frac{3}{8}t^{\frac{8}{3}}-\frac{3}{5}t^{\frac{5}{3}}\right)+C$$

$$= \frac{1}{8}(x^3+1)^{\frac{8}{3}}-\frac{1}{5}(x^3+1)^{\frac{5}{3}}+C \quad (t=x^3+1\ \text{치환})$$

6. 삼각함수의 Tangent 치환적분

삼각 함수를 포함한 적분 $\displaystyle\int F(\cos x, \sin x)\,dx$ 꼴의 적분은 $t=\tan\dfrac{x}{2}$ 로 치환한다. 이때 $\cos x = \dfrac{1-t^2}{1+t^2}$, $\sin x = \dfrac{2t}{1+t^2}$, $dx=\dfrac{2\,dt}{1+t^2}$ 을 이용하면

$$\int F(\cos x, \sin x)\,dx = \int F\left(\frac{1-t^2}{1+t^2}, \frac{2t}{1+t^2}\right)\frac{2\,dt}{1+t^2}$$ 꼴의 유리함수 적분이

된다. 단, $t=\tan\dfrac{x}{2}$ 치환은 구간 $(-\pi, \pi)$ 에서만 연속함수임에 주의해야 한다.

다소 수정된 형태의 구체적인 사례를 들어보자.

$$\frac{1}{A+B\cos 2\theta} = \frac{1}{(A+B)\cos^2\theta + (A-B)\sin^2\theta} = \frac{\sec^2\theta}{(A+B)+(A-B)\tan^2\theta}$$

을 이용하여 식을 정리한 후, $t=\tan\theta$ 라 치환하면

$$\int \frac{1}{A+B\cos 2\theta}\,d\theta = \int \frac{1}{(A+B)\cos^2\theta + (A-B)\sin^2\theta}\,d\theta$$

$$= \int \frac{\sec^2\theta}{(A+B)+(A-B)\tan^2\theta}\,d\theta$$

$$= \int \frac{1}{(A+B)+(A-B)t^2}\,dt$$

A, B 의 값에 따라 arctan 함수를 이용하거나 ln 함수를 이용하여 원시함수를 구할 수 있다.

7. 초월 함수의 부분적분과 점화관계

$P(x)$ 가 다항식, $F(x)$ 가 초월함수일 때 $\displaystyle\int P(x)F(x)\,dx$ 의 적분은 부분적분을 이용한다.

$\displaystyle\int P(x)e^x\,dx$, $\displaystyle\int P(x)\cos x\,dx$, $\displaystyle\int P(x)\sin x\,dx$ 은 다항식을 미분해 간다.

반면

$\displaystyle\int P(x)\ln x\,dx$, $\displaystyle\int P(x)\tan^{-1}x\,dx$, $\displaystyle\int P(x)\sin^{-1}x\,dx$ 은 다항식을 적분한다.

$$\int x\,\tan^{-1}x\,dx = \frac{x^2}{2}\tan^{-1}x - \frac{1}{2}\int\frac{x^2}{x^2+1}\,dx$$

$$= \frac{x^2}{2}\tan^{-1}x + \frac{1}{2}\tan^{-1}x - \frac{1}{2}x + C$$

$$\int (\ln x)^n\,dx = x\,(\ln x)^n - n\int (\ln x)^{n-1}\,dx$$

$$\int_0^{2\pi}\cos mx\,\cos nx\,dx = \pi\,\delta_{mn}$$

$$\int_0^{2\pi}\sin mx\,\sin nx\,dx = \pi\,\delta_{mn}$$

$$\int_0^{2\pi}\cos mx\,\sin nx\,dx = 0$$

$I_{m,n} = \displaystyle\int \sin^m x\,\cos^n x\,dx$ 이라 하면 다음 점화식을 얻는다.

$$I_{m,n} = \frac{\sin^{m+1}x\,\cos^{n-1}x}{m+n} + \frac{n-1}{m+n}I_{m,n-2}$$

$$I_{m,n} = -\frac{\sin^{m-1}x\,\cos^{n+1}x}{m+n} + \frac{m-1}{m+n}I_{m-2,n}$$

$$\int_0^{\frac{\pi}{2}}\cos^m x\,dx = \int_0^{\frac{\pi}{2}}\sin^m x\,dx = \frac{(m-1)(m-3)\cdots}{m(m-2)\cdots}\times\begin{cases}\dfrac{\pi}{2}\,,\, m\ :\ \text{짝수}\\[2mm] 1\,,\, m\ :\ \text{홀수}\end{cases}$$

$$\int_0^{\frac{\pi}{2}}\sin^m x\,\cos^n x\,dx = \frac{(m-1)(m-3)\cdots(n-1)(n-3)\cdots}{(m+n)(m+n-2)\cdots}\times\begin{cases}\dfrac{\pi}{2}\,,\, m,n\ :\ \text{짝수}\\[2mm] 1\,,\, \text{그 외}\end{cases}$$

$$\int_0^{\frac{\pi}{2}}\sin^{2p+1}x\,\cos^{2q+1}x\,dx = \frac{1}{2}\frac{p!\,q!}{(p+q+1)!}\quad\text{(베타함수)}$$

01

8. 정적분 범위의 호환(치환적분)

정적분 $\int_a^b f(x)\,dx$ 의 적분범위 $[a,b]$는 치환 $\tilde{x}=a+b-x$ 에 대하여 변하지 않는다. 즉 $\int_a^b f(x)\,dx = \int_a^b f(a+b-x)\,dx$

이 성질을 이용하여 정적분을 구한다. 예를 통해 계산방법을 알아보자.

정적분 $\int_0^{\frac{\pi}{2}} \ln(\sin x)\,dx$ 을 구해보면,

$$I = \int_0^{\frac{\pi}{2}} \ln(\sin x)\,dx = \int_0^{\frac{\pi}{2}} \ln(\cos x)\,dx \text{ 이므로}$$

$$I+I = \int_0^{\frac{\pi}{2}} \ln(\sin x) + \ln(\cos x)\,dx = \int_0^{\frac{\pi}{2}} \ln(\sin x \cos x)\,dx$$

$$= \int_0^{\frac{\pi}{2}} \ln\left(\frac{1}{2}\sin 2x\right) dx = \int_0^{\frac{\pi}{2}} \ln(\sin 2x)\,dx - \frac{\pi}{2}\ln 2$$

또한 $\int_0^{\frac{\pi}{2}} \ln(\sin 2x)\,dx = \frac{1}{2}\int_0^{\pi} \ln(\sin x)\,dx = \frac{1}{2}(I+I) = I$ 이므로

$$I = -\frac{\pi}{2}\ln 2$$

예제 1 감마함수 $\Gamma(n) = \int_0^\infty x^{n-1} e^{-x}\,dx$의 함숫값을 자연수 n 에 관하여 구하시오.

풀이 부분적분하면 점화관계 $\int_0^\infty x^n e^{-x}\,dx = n\int_0^\infty x^{n-1} e^{-x}\,dx$ 이 성립한다.

$\Gamma(1) = \int_0^\infty e^{-x}\,dx = 1$ 이므로 n 이 자연수일 때,

적분값은 $\int_0^\infty x^{n-1} e^{-x}\,dx = (n-1)!$

따라서 $\Gamma(n) = (n-1)!$ 이다.

양의 정수 n에 관한 계승함수 $n!$을 실수로 일반화한 함수가 감마함수 $\Gamma(n)$ 이다.

03 이상적분(특이적분, Improper integral)

1. 무한구간의 이상적분(Improper integral)

유한구간에서 정의된 유계함수의 적분은 Riemann적분으로 정의할 수 있다. 그러나 함수가 유계가 아니거나 함수가 무한구간에서 정의되었을때, Riemann 적분의 극한으로 적분을 정의할 수 있다. 이를 이상적분(Improper integral, 특이적분)이라 한다.

무한구간에서 정의된 함수 $f(x)$ 의 이상적분은 다음 각각의 극한값과 같다.

$$\int_b^\infty f(x)\,dx \equiv \lim_{a \to \infty} \int_b^a f(x)\,dx \ , \ \int_{-\infty}^a f(x)\,dx \equiv \lim_{b \to -\infty} \int_b^a f(x)\,dx$$

$$\int_{-\infty}^\infty f(x)\,dx = \lim_{a \to \infty} \int_c^a f(x)\,dx + \lim_{b \to -\infty} \int_b^c f(x)\,dx$$

$$= \lim_{\substack{a \to \infty \\ b \to -\infty}} \int_b^a f(x)\,dx$$

2. 유계구간의 이상적분

유계구간에서 정의된 함수 $f(x)$ 가 c 근방에서 유계가 아니거나, c 에서 정의되지 않을 때, 함수 $f(x)$ 의 이상적분은 다음 각각의 극한값과 같다.

$$\int_a^c f(x)\,dx \equiv \lim_{b \to c-} \int_a^b f(x)\,dx \ , \ \int_c^a f(x)\,dx \equiv \lim_{b \to c+} \int_b^a f(x)\,dx$$

구간 $[a,b]$ 의 점 $c \in (a,b)$ 에서 함수 $f(x)$ 가 정의되지 않을 때, 이상적분은 다음 극한값과 같다.

$$\int_a^b f(x)\,dx = \int_a^c f(x)\,dx + \int_c^b f(x)\,dx$$

$$= \lim_{d \to c-0} \int_a^d f(x)\,dx + \lim_{e \to c+0} \int_e^b f(x)\,dx$$

이상적분의 수렴을 판정하기 위하여 무한급수의 비교판정법과 적분판정법 등을 응용한 판정법들이 있다.

[절대수렴+비교 판정법] $|f| \leq g$ 이고 이상적분 $\int_I g\,dx$ 가 수렴하면

이상적분 $\int_I f\,dx$ 도 수렴하며 $\left| \int_I f\,dx \right| \leq \int_I |f|\,dx$ 이다.

적분판정법은 무한급수의 수렴판정법에서 학습하였다.

04 중적분(Multiple integral)

1. 중적분과 반복적분

> [정의] {중적분} $\mathbb{R}^2$ 의 유계폐영역 D에서 정의된 함수 $f: D \to \mathbb{R}$에 대하여
> 「D의 분할의 상합의 극한 = D의 분할의 하합의 극한」일 때,
> 함수 $f(x,y)$를 D에서 중적분가능하다고 하고, 그 극한값을
> 중적분 $\iint_D f(x,y)\, dA$ 이라 한다. (다중적분이라고도 한다.)

> 다중적분은 리만적분과 유사하게 정의한다.

> 삼중적분도 같은 방식으로 정의한다.

2변수 함수 $f(x,y)$를 x (또는 y)에 관하여 리만적분한 후, 적분값을 y (또는 x)에 관한 함수로 보고, y (또는 x)에 관한 리만적분 $\displaystyle\int_c^d \left(\int_a^b f(x,y)\, dx \right) dy$

와 $\displaystyle\int_a^b \left(\int_c^d f(x,y)\, dy \right) dx$ 를 반복적분이라 한다.

> 반복적분은 두 번의 리만적분이다.

> [푸비니(Fubini) 정리]
> 직사각형영역 $D = \{ (x,y) \mid c \leq y \leq d,\ a \leq x \leq b \}$에 대하여
> 중적분 $\iint_D f(x,y)\, dA$ 이 존재하면 (즉, 중적분가능하면)
>
> $$\iint_D f(x,y)\, dA = \int_a^b \left(\int_c^d f(x,y)\, dy \right) dx = \int_c^d \left(\int_a^b f(x,y)\, dx \right) dy$$
>
> [정리]
> $[a,b]$에서 정의된 두 연속함수 $g(x)$, $h(x)$가 $g(x) \geq h(x)$일 때,
> 영역 $D = \{ (x,y) \mid h(x) \leq y \leq g(x),\ a \leq x \leq b \}$에 대하여
> $f(x,y)$가 D에서 중적분가능하면
>
> $$\iint_D f(x,y)\, dx\, dy = \int_a^b \int_{h(x)}^{g(x)} f(x,y)\, dy\, dx$$

> 삼중적분도 같은 방식으로 성립한다.

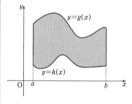

예 $f(x,y) = \dfrac{x^2 - y^2}{(x^2 + y^2)^2}$ 일 때, 반복적분의 순서를 바꾸면 값이 다르다.

$$\int_0^1 \int_0^1 \frac{x^2 - y^2}{(x^2 + y^2)^2}\, dy\, dx = \int_0^1 \frac{1}{1+x^2}\, dx = \frac{\pi}{4},$$

$$\int_0^1 \int_0^1 \frac{x^2 - y^2}{(x^2 + y^2)^2}\, dx\, dy = \int_0^1 \frac{-1}{1+y^2}\, dy = -\frac{\pi}{4}$$

일반적으로 $\displaystyle\int_a^b \left(\int_c^d f(x,y)\, dy \right) dx \neq \int_c^d \left(\int_a^b f(x,y)\, dx \right) dy$ 이다.

> 이 피적분함수는 중적분 불가능하다.

> [정리] 유계폐영역 D에서 정의된 연속함수 $f(x,y)$는 D에서 중적분가능하다.

[중적분의 적분순서 교환 공식] 함수 $g: [c,d] \to [a,b]$ 는 연속이고 일대일 대응이며, 함수 $f(x,y)$ 는 중적분가능일 때,

$$\int_a^b \int_{\boxed{g(a)}}^{g(y)} f(x,y)\,dx\,dy = \int_{g(a)}^{g(b)} \int_{g^{-1}(x)}^{\boxed{b}} f(x,y)\,dy\,dx$$

$$\int_a^b \int_{\boxed{g(b)}}^{g(y)} f(x,y)\,dx\,dy = \int_{g(a)}^{g(b)} \int_{g^{-1}(x)}^{\boxed{a}} f(x,y)\,dy\,dx$$

네모로 표시한 부분의 패턴에 따라 두 공식 중에서 적용할 공식을 선택한다.

예 ① $\iint_D xy\,dy\,dx$ 영역 D : 세 점 $(0,0)$, $(1,2)$, $(3,0)$이 이루는 삼각형

영역 D 를 반복적분 위에 나타내면

$$\iint_D xy\,dx\,dy = \int_0^2 \int_{\frac{y}{2}}^{3-y} xy\,dx\,dy$$

② $\iint_D xy\,dy\,dx$ 영역 D : $x^2 + |y-1| \le 2$

영역 D 를 반복적분 위에 나타내면

$$\iint_D xy\,dy\,dx = \int_{-\sqrt{2}}^{+\sqrt{2}} \int_{x^2-1}^{3-x^2} xy\,dy\,dx$$

③ $z = x^2 + 2y$, $z + y^2 = 0$ 로 둘러싸인 영역의 부피

입체의 부피를 중적분으로 나타내면 영역 D : $x^2 + (y+1)^2 \le 1$ 에 대하여 이중적분

$$\iint_D -x^2 - y^2 - 2y\,dx\,dy$$

이를 구간으로 표시하면 다음과 같다.

$$\iint_D -x^2 - y^2 - 2y\,dx\,dy = \int_{-1}^1 \int_{-1-\sqrt{1-x^2}}^{-1+\sqrt{1-x^2}} -x^2 - y^2 - 2y\,dy\,dx$$

④ $z = x^2 + xy$, $y = x$, $x = 1$, $y = 0$, $z = 0$ 로 둘러싸인 입체의 부피

$z = x^2 + xy$, $z = 0$ 로부터 피적분함수를 구하면

$f(x,y) = x^2 + xy$ 이고, 적분영역은

$x^2 + xy = 0$, $y = x$, $x = 1$, $y = 0$

으로 둘러싸인 영역이다. 따라서 부피는

$$\int_0^1 \int_0^x x^2 + xy\,dy\,dx = \frac{3}{8}$$

예제 1 영역 D 가 $\begin{cases} y = x^2 \\ y = 2 - x \end{cases}$ 으로 둘러싸인 영역일 때, 중적분 $\iint_D f(x,y)dA$ 의 적분구간을 정하고, $f(x,y) = 1$ 일 때, 중적분의 값을 구하시오.

풀이 영역 D 의 식으로부터 x 의 적분범위를 정하려면 $x^2 = 2 - x$ 라 두고

$x^2 = 2 - x$, $x^2 + x - 2 = 0$, $x = 1, -2$

x 의 적분범위는 $-2 \le x \le 1$ 이며, 이 범위에서 $x^2 \le 2 - x$ 이므로 y 의 적분범위는 $x^2 \le y \le 2 - x$ 이다.

따라서 (x,y) 의 적분범위는 $\begin{cases} -2 \le x \le 1 \\ x^2 \le y \le 2-x \end{cases}$ 이며,

$$\iint_D f(x,y)dA = \iint_D f(x,y)dy\,dx = \int_{-2}^1 \int_{x^2}^{2-x} f(x,y)\,dy\,dx$$ 이다.

여기 모든 예들은 그림을 그려 보세요.

특히, $f(x,y)=1$ 이면,

$$\iint_D 1\, dA = \int_{-2}^1 \int_{x^2}^{2-x} 1\, dy\, dx = \int_{-2}^1 2-x-x^2\, dx = \frac{9}{2}$$

예제 2 입체 B 가 $\begin{cases} z=x^2 \\ z=y \\ y=1 \end{cases}$ 으로 둘러싸인 영역일 때, 중적분 $\iiint_B f(x,y,z)\, dV$ 의 적

분구간을 정하고, $f(x,y,z)=1$ 일 때, 중적분의 값을 구하시오.

풀이 영역 B 의 식으로부터 z 에 관한 적분범위를 정하려면 $z=x^2$, $z=y$ 를 이용하고, 남은 식 $y=1$ 로써 (x,y) 의 적분범위를 정해야 한다.

그러나, 식 $y=1$ 으로 둘러싸인 영역을 정할 수 없으므로 추가로 식이 더 필요하며, 그 식은 $z=x^2$, $z=y$ 으로부터 얻게 되는 $x^2=y$ 이다.

따라서 (x,y) 의 적분범위는 두 식 $y=1$, $x^2=y$ 으로 둘러싸인 영역으로 정해진다. 이 식으로부터 x 의 적분범위를 정하려면 $x^2=1$ 이라 두면 된다.

$x=\pm 1$ 이므로, x 의 적분범위는 $-1 \le x \le 1$ 이며, 이 범위에서 $x^2 \le 1$ 이므로 y 의 적분범위는 $x^2 \le y \le 1$ 이다.

또한 이 경우 $x^2 \le y$ 이므로 z 의 적분범위는 $x^2 \le z \le y$ 이다.

따라서 (x,y,z) 의 적분범위는 $\begin{cases} -1 \le x \le 1 \\ x^2 \le y \le 1 \\ x^2 \le z \le y \end{cases}$ 이며,

$$\iiint_B f(x,y,z)\, dV = \int_{-1}^1 \int_{x^2}^1 \int_{x^2}^y f(x,y,z)\, dz\, dy\, dx$$

특히, $f(x,y,z)=1$ 이면,

$$\begin{aligned} \iiint_B 1\, dV &= \int_{-1}^1 \int_{x^2}^1 \int_{x^2}^y 1\, dz\, dy\, dx = \int_{-1}^1 \int_{x^2}^1 y-x^2\, dy\, dx \\ &= \int_{-1}^1 \frac{1-x^4}{2} - x^2(1-x^2)\, dx = \int_{-1}^1 \frac{1}{2} - x^2 + \frac{1}{2}x^4\, dx \\ &= 1 - \frac{2}{3} + \frac{1}{5} = \frac{8}{15} \end{aligned}$$

(다른 풀이) 식 $z=y$, $y=1$ 로부터 y 의 적분범위는 z 와 1 사이

남은 식 $z=x^2$ 과 $z=1$(위 식에서 유도됨)로부터

z 의 적분범위는 x^2 과 1 사이

$x^2=1$(위의 식에서 유도됨)로부터 x 의 적분범위는 $-1 \le x \le 1$

$-1 \le x \le 1$ 일 때, z 의 적분범위는 $x^2 \le z \le 1$ 이며,

y 의 적분범위는 $z \le y \le 1$ 이다.

따라서 (x,y,z) 의 적분범위는 $\begin{cases} -1 \le x \le 1 \\ z \le y \le 1 \\ x^2 \le z \le 1 \end{cases}$ 이며,

$$\iiint_B f(x,y,z)\,dV = \int\int\int_B f(x,y,z)\,dy\,dz\,dx$$

$$= \int_{-1}^{1}\int_{x^2}^{1}\int_{z}^{1} f(x,y,z)\,dy\,dz\,dx \text{ 이다.}$$

특히, $f(x,y,z)=1$ 이면 $\iiint_B 1\,dV = \int_{-1}^{1}\int_{x^2}^{1}\int_{z}^{1} 1\,dy\,dz\,dx = \dfrac{8}{15}$

예제 3 다음의 중적분을 구하시오.

① $\displaystyle\int_{0}^{2}\int_{0}^{2} |2x-y|\,dx\,dy$

② $\displaystyle\int_{0}^{1}\int_{\sqrt{y}}^{1} e^{\frac{x^3}{3}}\,dx\,dy$

풀이 ① 절댓값 속의 식이 양수인 영역과 음수인 영역으로 나눈다.

$$\int_{0}^{2}\int_{0}^{2} |2x-y|\,dx\,dy = \int_{0}^{2}\int_{0}^{y/2} y-2x\,dx\,dy + \int_{0}^{2}\int_{y/2}^{2} 2x-y\,dx\,dy$$

$$= \frac{16}{3}$$

② 반복적분의 순서를 바꾼다.

$$\int_{0}^{1}\int_{\sqrt{y}}^{1} e^{\frac{x^3}{3}}\,dx\,dy = \int_{0}^{1}\int_{0}^{x^2} e^{\frac{x^3}{3}}\,dy\,dx = \sqrt[3]{e}-1$$

2. 중적분의 치환적분법(변수변환)

(u,v) 좌표에서 (x,y) 좌표로의 변환식

$$F(u,v) = (x(u,v)\,,\,y(u,v))$$

삼중적분도 같은 방식으로

의 야코비안 행렬식이란 행렬 $DF = \begin{pmatrix} x_u & x_v \\ y_u & y_v \end{pmatrix}$의 행렬식 $J(F) = \det(DF)$ 을 말

하며, $DF = \begin{pmatrix} x_u & x_v \\ y_u & y_v \end{pmatrix}$를 $\dfrac{\partial(x,y)}{\partial(u,v)}$ 로 쓰기도 한다.

이 변환에 의한 면적소 $du\,dv$와 $dx\,dy$ 사이에 다음 관계식이 성립한다.

$$dx\,dy = \det\left(\frac{\partial(x,y)}{\partial(u,v)}\right)du\,dv$$

이때, 변수변환에 의하여 중적분사이의 관계식은 다음과 같다.

절댓값이 꼭 필요하다.

[공식] {치환적분법}

$$\iint_{F(D)} f(x,y)\,dx\,dy = \iint_{D} f(x(u,v)\,,\,y(u,v))\left|\det\frac{\partial(x,y)}{\partial(u,v)}\right|du\,dv$$

예 ① 극좌표 변환

극좌표가 직교좌표로의 변환식 $P(r,\theta) = (r\cos\theta\,,\,r\sin\theta) = (x,y)$
의 야코비안 행렬식은

$$JP = \begin{vmatrix} \cos\theta & -r\sin\theta \\ \sin\theta & r\cos\theta \end{vmatrix} = r \quad (\text{단},\ r\geq 0,\ 0\leq\theta\leq 2\pi)$$

이므로 극좌표 변환에 의하여 $dx\,dy = r\,dr\,d\theta$

이 성립한다. 이 변수변환에 의하여 중적분의 값의 변화는 다음과 같다.

$$\iint_{P(D)} f(x,y)\,dx\,dy = \iint_D f(r\cos\theta, r\sin\theta)\,r\,dr\,d\theta$$

② 선형 변환

변수변환식이 $L(u,v) = (au+bv,\ cu+dv) = (x,y)$ 일 때,

$$JL = \begin{vmatrix} a & b \\ c & d \end{vmatrix} = ad - bc$$

변수변환 중적분 식은 다음과 같다.

$$\iint_{L(D)} f(x,y)\,dx\,dy = \iint_D f(au+bv, cu+dv)\,|ad-bc|\,du\,dv$$

③ 원기둥좌표 변환

$\mathbb{R}^3$ 의 삼중적분을 다룰 때, 원기둥좌표로의 변환식

$$C(r,\theta,z) = (r\cos\theta,\ r\sin\theta,\ z) = (x,y,z)$$

$$(\text{단},\ r\ge 0,\ 0\le\theta\le 2\pi,\ -\frac{\pi}{2}\le\phi\le\frac{\pi}{2})$$

$C(r,\theta,z)$ 의 야코비안 행렬식은

$$JC = \begin{vmatrix} \cos\theta & -r\sin\theta & 0 \\ \sin\theta & r\cos\theta & 0 \\ 0 & 0 & 1 \end{vmatrix} = r$$

원기둥좌표 변환에 의하여 $dx\,dy\,dz = r\,dr\,d\theta\,dz$

이 변수변환에 의하여 중적분의 값의 변화는 다음과 같다.

$$\iiint_{C(D)} f(x,y,z)\,dx\,dy\,dz = \iiint_D f(r\cos\theta, r\sin\theta, z)\,r\,dr\,d\theta\,dz$$

④ 구면좌표 변환

$\mathbb{R}^3$ 의 삼중적분을 다룰 때, 구면좌표로의 변환식

$$S(r,\phi,\theta) = (r\cos\theta\sin\phi,\ r\sin\theta\sin\phi,\ r\cos\phi) = (x,y,z)$$

$(\text{단},\ r\ge 0,\ 0\le\phi\le\pi,\ 0\le\theta\le 2\pi)$일 때,

$S(r,\theta,\phi)$ 의 야코비안 행렬식은

$$JS = \begin{vmatrix} \cos\theta\sin\phi & r\cos\theta\cos\phi & -r\sin\theta\sin\phi \\ \sin\theta\sin\phi & r\sin\theta\cos\phi & r\cos\theta\sin\phi \\ \cos\phi & -r\sin\phi & 0 \end{vmatrix} = r^2\sin\phi$$

$0\le\phi\le\pi$ 일 때, $\sin\phi\ge 0$

구면좌표 변환에 의하여 $dx\,dy\,dz = r^2\sin\phi\,dr\,d\theta\,d\phi$

이 변수변환에 의하여 중적분의 값의 변화는 다음과 같다.

$$\iiint_{S(D)} f(x,y,z)\,dx\,dy\,dz$$
$$= \iiint_D f(r\cos\theta\sin\phi, r\sin\theta\sin\phi, r\cos\phi)\,r^2\sin\phi\,dr\,d\phi\,d\theta$$

※ 구면좌표를 다른 방식으로 놓는 경우도 있다.

$$S(r,\theta,\phi) = (r\cos\theta\cos\phi,\ r\sin\theta\cos\phi,\ r\sin\phi) = (x,y,z)$$

$(\text{단},\ r\ge 0,\ 0\le\theta\le 2\pi,\ -\frac{\pi}{2}\le\phi\le\frac{\pi}{2})$

일 때, $JT = r^2\cos\phi$, $dx\,dy\,dz = r^2\cos\phi\,dr\,d\theta\,d\phi$,

$$\iiint_{S(D)} f(x,y,z)\,dx\,dy\,dz$$
$$= \iiint_D f(r\cos\theta\cos\phi, r\sin\theta\cos\phi, r\sin\phi)\,r^2\cos\phi\,dr\,d\theta\,d\phi$$

예제 1 중적분을 이용하여 $\int_{-\infty}^{+\infty} e^{-x^2}\,dx = \sqrt{\pi}$ 임을 보이시오.

풀이 다음과 같은 이중적분을 생각하자.

$$\left(\int_{-\infty}^{+\infty} e^{-x^2}\,dx\right)^2 = \int_{-\infty}^{+\infty}\int_{-\infty}^{+\infty} e^{-x^2}e^{-y^2}\,dx\,dy = \iint_{\mathbb{R}^2} e^{-x^2-y^2}\,dx\,dy$$

극좌표변환하면

$$= \iint_{\mathbb{R}^2} e^{-r^2}r\,dr\,d\theta = \int_0^{2\pi}\int_0^\infty e^{-r^2}r\,dr\,d\theta = \pi$$

따라서 $\int_{-\infty}^{+\infty} e^{-x^2}\,dx > 0$ 이므로 $\int_{-\infty}^{+\infty} e^{-x^2}\,dx = \sqrt{\pi}$

예제 2 입체 B 가 $\begin{cases} z = x^2 + y^2 \\ z = 4 - 4x + 2y \end{cases}$ 으로 둘러싸인 영역일 때, 중적분 $\iiint_B f(x,y,z)\,dV$ 의 적분구간을 정하고, $f(x,y,z) = 1$ 일 때, 중적분의 값을 구하시오.

풀이 영역 B 의 식으로부터 (x,y) 의 적분범위를 정하려면
입체영역 B 는 $x^2 + y^2 \le z \le 4 - 4x + 2y$ 이며,
(x,y) 범위의 경계는 $x^2 + y^2 = 4 - 4x + 2y$ 라 두면 된다.
정리하면 $x^2 + y^2 + 4x - 2y = 4$, $(x+2)^2 + (y-1)^2 = 9$
(x,y) 의 적분범위는 $(x+2)^2 + (y-1)^2 \le 9$ 이다.
영역 $(x+2)^2 + (y-1)^2 \le 9$ 를 A 라 두면,

$$\iiint_B 1\,dV = \iint_A \left(\int_{x^2+y^2}^{4-4x+2y} 1\,dz\right)dA$$
$$= \iint_A 9 - (x+2)^2 - (y-1)^2\,dA$$

이때, $\begin{cases} x+2 = r\cos\theta \\ y-1 = r\sin\theta \end{cases}$ 라 치환하고, $dA = dx\,dy = r\,dr\,d\theta$ 을 대입하면,

$$\iiint_B 1\,dV = \int_0^{2\pi}\int_0^3 9r - r^3\,dr\,d\theta = \frac{81}{2}\pi$$ 이다.

05 선적분과 면적분

1. 선적분(line integral)

구간 I에서 정의된 경로(path)

$C: I \to \mathbb{R}^2,\ C(t) = (x(t), y(t)),\ a \le t \le b$

위의 선적분은 다음과 같이 정의된다.

[정의] {선적분} $M(x,y)$, $N(x,y)$ 는 C위에서 적분가능일 때,

$$\int_C M\,dx + N\,dy \equiv \int_a^b \left\{ M(x(t),y(t))\frac{dx}{dt} + N(x(t),y(t))\frac{dy}{dt} \right\} dt$$

유향곡선 $C: [a,b] \to \mathbb{R}^n$ 위에 정의된 함수 $f: \mathbb{R}^n \to \mathbb{R}$ 가 있을 때, 경로 C 위의 함수 f 의 선적분(line integral)을 다음과 같이 정의한다.

[정의] {실함수의 선적분}

$$\int_C f(x,y)\,ds \equiv \int_a^b f(C(t))\|C'(t)\|\,dt$$

피적분함수의 식이 $f(t)$ 일 때는 곡선 C 위에서 정의된 것으로 보아 $C(t)$ 을 대입하지 않는다.

유향곡선 $C: [a,b] \to \mathbb{R}^n$ 위에 정의된 벡터함수(vector field) $V: \mathbb{R}^n \to \mathbb{R}^n$ 가 있을 때, 경로 C 위의 벡터장 F 의 선적분(line integral)을 다음과 같이 정의한다.

[정의] {벡터함수의 선적분}

$$\int_C V \cdot T\,ds \equiv \int_a^b V(C(t)) \cdot C'(t)\,dt$$

책에 따라 선적분 기호를 $\int_C V \cdot\ ds$ 또는 $\int_C V$ 로 쓰기도 한다.

(1) 선적분의 기본정리

[선적분의 기본정리] 적분경로 C를 따라 정의된 C^1-함수 $\varphi(x,y)$ 에 대하여 다음 식이 성립한다.

$$\int_C \varphi_x\,dx + \varphi_y\,dy = \varphi(C(b)) - \varphi(C(a))$$

증명

$$\int_C \varphi_x\,dx + \varphi_y\,dy = \int_a^b \left(\varphi_x \frac{dx}{dt} + \varphi_y \frac{dy}{dt} \right) dt = \int_a^b \frac{d\varphi(C(t))}{dt}\,dt$$
$$= \varphi(C(b)) - \varphi(C(a))$$

(2) 그린(Green) 정리와 좌표평면의 발산 정리

[Green 정리]

내부영역이 D인 단일폐곡선 경로 $C: I \to \mathbb{R}^2$, $C(t) = (x(t), y(t))$, $a \le t \le b$에 대하여 $P(x,y)$, $Q(x,y)$가 D에서 C^1-함수이면 다음 관계식이 성립한다.

$$\int_C P\,dx + Q\,dy = \iint_D (Q_x - P_y)\,dx\,dy$$

위에서 'C^1-함수'란 미분가능하며 도함수가 연속인 함수를 말한다.
그린 정리와 동치인 명제로서 다음 정리가 있다.

[좌표평면의 발산 정리] 내부영역이 D인 단일폐곡선 경로 $C: I \to \mathbb{R}^2$, $C(t) = (x(t), y(t))$, $a \le t \le b$에 대하여 $P(x,y)$, $Q(x,y)$가 D에서 C^1-함수이면 다음 관계식이 성립한다.

$$\int_C (Pe_1 + Qe_2) \cdot n\,ds = \iint_D (P_x + Q_y)\,dx\,dy$$

증명 단일폐곡선 C로 둘러쌓인 영역 D를 직사각형조각으로 잘게 나누어 각각의 직사각형에서 위의 식이 성립하면 전체영역 D에서 성립하므로 D를 직사각형 $[a,b] \times [c,d]$이라 하고 이 직사각형에서 성립함을 보이면 된다.

$$\iint_D (P_x + Q_y)\,dx\,dy$$

$$= \int_c^d \left(\int_a^b P_x\,dx \right) dy + \int_a^b \left(\int_c^d Q_y\,dy \right) dx$$

$$= \int_c^d P(b,y) - P(a,y)\,dy + \int_a^b Q(x,d) - Q(x,c)\,dx$$

$$= \int_C P(e_1 \cdot n)\,ds + \int_C Q(e_2 \cdot n)\,ds = \int_C (Pe_1 + Qe_2) \cdot n\,ds$$

예제 1 타원 $E: \dfrac{x^2}{a^2} + \dfrac{y^2}{b^2} = 1$을 따라 벡터장(vector field) $F(x,y) = (0, x)$를 선적분 하시오.

풀이 타원의 식을 $E(t) = (a\cos t, b\sin t)$라 두면
$F(E(t)) = (0, a\cos t)$, $E'(t) = (-a\sin t, b\cos t)$이며,

$$\int_E F \cdot ds = \int_0^{2\pi} F(E(t)) \cdot E'(t)\,dt = \int_0^{2\pi} ab\cos^2 t\,dt$$

$$= \int_0^{2\pi} ab \frac{1 + \cos(2t)}{2}\,dt = \pi ab$$

(다른 풀이) 타원의 내부 영역을 D, 두 함수 $P = 0$, $Q = x$라 두고, 그린 정리를 적용하면

$$\int_E F \cdot ds = \iint_D (Q_x - P_y)\,dx\,dy = \iint_D 1\,dx\,dy = D\text{의 넓이} = \pi ab$$

2. 면적분(Surface integral)

유향곡면 $X : D \to \mathbb{R}^3$ (단, $D \subset \mathbb{R}^2$) 위에 정의된 함수 $f : \mathbb{R}^3 \to \mathbb{R}$ 가 있을 때, 곡면 X 를 따른 벡터장 F 의 면적분(surface integral)을 다음과 같이 정의한다.

> **[정의] {실함수의 면적분}**
> $$\iint_X f \, dS = \iint_D f(X(u,v)) \, \| X_u \times X_v \| \, du \, dv$$

유향곡면 $X : D \to \mathbb{R}^3$ (단, $D \subset \mathbb{R}^2$) 위에 정의된 벡터함수(vector field) $V : \mathbb{R}^3 \to \mathbb{R}^3$ 가 있을 때, 곡면 X 위의 벡터장 V 의 면적분(surface integral)은 다음과 같다.

> **[정의] {벡터함수의 면적분}**
> $$\iint_X V \cdot \vec{n} \, dS = \iint_D V(X(u,v)) \cdot (X_u \times X_v) \, du \, dv$$

(1) 발산 정리

> **[발산 정리]** 유향곡면 $X : D \to \mathbb{R}^3$ 가 유계 영역 $V \subset R^3$ 의 경계이고, 영역 V 에서 미분 가능한 벡터장 $F : \mathbb{R}^3 \to \mathbb{R}^3$ 가 있을 때, 곡면 X 를 따른 벡터장 F 의 면적분은 다음 등식을 만족한다.
> $$\iint_X F \cdot \vec{n} \, dS = \iiint_V (\nabla \cdot F) \, dx \, dy \, dz$$

$F = f(x,y,z)\, \mathrm{i} + g(x,y,z)\, \mathrm{j} + h(x,y,z)\, \mathrm{k}$ 일 때,
F 의 발산(divergence)의 정의

$$\nabla \cdot F = \mathrm{div}(F) \equiv \frac{\partial f}{\partial x} + \frac{\partial g}{\partial y} + \frac{\partial h}{\partial z}$$

(2) 스톡스 정리

> **[Stokes 정리]** 유향곡면 $X : D \to \mathbb{R}^3$ 의 경계가 폐곡선들의 집합 C 이고, 벡터장 F 가 주어져 있을 때, 곡면 X 를 따라 벡터장 F 의 회전 $\mathrm{curl}\,(F)$ 을 적분하면 다음 등식이 성립한다.
> $$\iint_X (\nabla \times F) \cdot \vec{n} \, dS = \int_C F \cdot ds$$

$F = f\,\mathrm{i} + g\,\mathrm{j} + h\,\mathrm{k}$ 일 때,
F 의 회전장(curl, rot) $\nabla \times F = \mathrm{curl}\,(F)$ 의 정의

$$\nabla \times F = \mathrm{curl}\,(F) \equiv \left(\frac{\partial h}{\partial y} - \frac{\partial g}{\partial z} \right) \mathrm{i} + \left(\frac{\partial f}{\partial z} - \frac{\partial h}{\partial x} \right) \mathrm{j} + \left(\frac{\partial g}{\partial x} - \frac{\partial f}{\partial y} \right) \mathrm{k}$$

06 리만–스틸체스 적분(Riemann–Stieltjes integral)

$[a,b]$ 위에서 정의된 유계함수 f , α 와 $[a,b]$ 의 분할(partition)
$P = \{x_0, x_1, \cdots, x_n\}$, 소구간$I_k = [x_{k-1}, x_k]$ 의 임의의 점 t_k 들로 이루어진 집
합 $T = \{t_1, \cdots, t_n\}$ 에 대하여 리만–스틸체스 합(R-S sum)을 다음과 같이 정
의한다.

$$S(f,\alpha,P,T) = \sum_{k=1}^{n} f(t_k)\, \Delta \alpha_k, \ \Delta \alpha_k = \alpha(x_k) - \alpha(x_{k-1})$$

임의의 실수$\epsilon > 0$ 에 대하여 $[a,b]$ 의 적당한 분할P 가 존재하여 P 의 임의의
세분P_0 와 소구간의 점집합T 에 대하여 $|S(f,\alpha,P_0,T) - I| < \epsilon$ 이 성립할
때, f 는 구간$[a,b]$ 위에서 α 에 대해 리만–스틸체스 적분가능하다고 정의하
며, 리만–스틸체스 적분을 $\displaystyle\int_a^b f(x)\, d\alpha = I$ 라 나타낸다.

구간$[a,b]$ 에서 정의된 유계함수 $f(x)$ 가 단조증가함수$\alpha(x)$ 에 관하여 리만–
스틸체스 적분 가능하기 위한 필요충분조건은 다음과 같다.

> **[정리]** 함수 $f(x)$ 가 유계이며 $\alpha(x)$ 는 단조증가함수일 때, $f(x)$ 가 리만–스틸체스적분가
> 능일 필요충분조건은 (리만 조건)
> $\forall \epsilon > 0$ $\exists P$: 구간 $[a,b]$ 의 분할, $U(f,\alpha,P) - L(f,\alpha,P) < \epsilon$

구간$[a,b]$ 에서 R-S 적분가능성에 관한 몇 가지 정리를 살펴보면 다음과 같다.

> **[정리]**
> (1) 함수 $f(x)$ 가 유계함수 $\alpha(x)$ 에 관해 R-S적분가능일 때,
> $f(x)$ 는 $[a,c]$, $[c,b]$ 에서 R-S적분가능이며
> $$\int_a^b f(x)\, d\alpha = \int_a^c f(x)\, d\alpha + \int_c^b f(x)\, d\alpha$$
> (2) 함수 $f(x)$, $g(x)$ 가 유계함수 $\alpha(x)$ 에 관해 R-S적분가능일 때, $c_1 f(x) + c_2 g(x)$ 도 R-S
>   적분가능이며
> $$\int_a^b c_1 f + c_2 g\, d\alpha = c_1 \int_a^b f\, d\alpha + c_2 \int_a^b g\, d\alpha$$
> (3) 함수 $f(x)$ 가 유계함수 $\alpha(x)$,$\beta(x)$ 에 관하여 각각 R-S적분가능일 때, $c_1 \alpha(x) + c_2 \beta(x)$
>   에 관해서도 R-S적분가능이며
> $$\int_a^b f\, d(c_1\alpha + c_2\beta) = c_1 \int_a^b f\, d\alpha + c_2 \int_a^b f\, d\beta$$
> (4) 함수 $f(x)$ 가 미분가능함수 $\alpha(x)$ 에 관하여 R-S적분가능이며 $f(x)$, $\alpha'(x)$ 가 리만적
>   분가능일 때, $\displaystyle\int_a^b f\, d\alpha = \int_a^b f\alpha'\, dx$

리만–스틸체스 적분에 관해서도 다음과 같은 평균치 정리가 성립한다.

[평균치 정리 1] 함수 $f(x)$ 가 증가함수 $\alpha(x)$ 에 관해 R–S적분가능일 때,

$\int_a^b f(x)\,d\alpha = c\,\{\alpha(b)-\alpha(a)\}$ 가 성립하는 $\inf(f) \le c \le \sup(f)$ 인 상수 c 가 존재한다.

[평균치 정리 2] 증가함수 $f(x)$ 가 연속함수 $\alpha(x)$ 에 관해 R–S적분가능일 때,

$\int_a^b f\,d\alpha = f(a)\int_a^c d\alpha + f(b)\int_c^b d\alpha$ 가 성립하는 $a \le c \le b$ 인 상수 c 가 존재한다.

특별한 함수 $\alpha(x)$ 에 관한 몇 가지를 결과를 정리하면 다음과 같다.

(1) $\alpha(x) = \begin{cases} 1, & c < x \le b \\ 0, & a \le x \le c \end{cases}$ 일 때, 함수 $f(x)$ 가 $\alpha(x)$ 에 관해 R–S적분가능일 필요충분조건은 $f(x)$ 가 c 에서 우연속인 것이다.

(2) $\alpha(x) = \begin{cases} 1, & c \le x \le b \\ 0, & a \le x < c \end{cases}$ 일 때, 함수 $f(x)$ 가 $\alpha(x)$ 에 관해 R–S적분가능일 필요충분조건은 $f(x)$ 가 c 에서 좌–연속인 것이다.

(3) 연속함수 $f(x)$ 에 대하여 $\int_a^b f(x)\,d[x] = \sum_{n=[a]+1}^{[b]} f(n)$ 이 성립한다.

함수 $f(x)$, $g(x)$ 가 서로에 대하여 리만–스틸체스 적분가능하면 다음 부분적분법이 성립한다.

[부분적분법] $\int_a^b f(x)\,dg(x) = f(b)\,g(b) - f(a)\,g(a) - \int_a^b g(x)\,df(x)$

예제 1 함수 $\alpha(x) = \begin{cases} 1, & 1 \le x \le 2 \\ 0, & 0 \le x < 1 \end{cases}$ 와 $f(x) = \begin{cases} 2x, & 1 < x \le 2 \\ x, & 0 \le x \le 1 \end{cases}$ 에 대하여 함수 $f(x)$ 가 $\alpha(x)$ 에 관하여 리만–스틸체스 적분가능임을 보여라.

풀이 임의의 양수 $\epsilon > 0$ 에 대하여 분할 $P = \{0, 1-\epsilon, 1, 2\}$ 라 두면

$\Delta\alpha_1 = \Delta\alpha_3 = 0$,

$\Delta\alpha_2 = 1$ 이며 $U(f, \alpha, P) - L(f, \alpha, P) = f(1) - f(1-\epsilon) = \epsilon$

따라서 $f(x)$ 는 $\alpha(x)$ 에 관하여 R–S 적분가능하며 R–S 적분값은 1 이다.

예제 2 함수 $m(x) = \begin{cases} 1, & x \ge 0 \\ 0, & x < 0 \end{cases}$ 와 미분가능함수 $f(x)$ 에 대하여 리만–스틸체스 적분이 $\int_{-1}^1 f(x)\,dm(x) = f(0)$ 임을 보여라.

풀이 부분적분법을 이용하여 적분값을 구하면

$$\int_{-1}^1 f(x)\,dm(x) = f(1)\,m(1) - f(-1)\,m(-1) - \int_{-1}^1 m(x)\,df(x)$$

$$= f(1) - \int_0^1 f'(x)\,dx = f(1) - f(1) + f(0) = f(0)$$

예제 3 정적분 $\displaystyle\int_1^{1024} [\log_2 x]\ dx$ 을 구하시오.

풀이 리만-스틸체스 적분의 부분적분법을 이용하여 정적분값을 구하면

$$\int_1^{1024} [\log_2 x]\ dx = 1024\ [\log_2 2^{10}]\ - \int_1^{1024} x\, d\ [\log_2 x]$$

$$= 10240 - \int_0^{10} 2^t\, d[t] = 10240 - \sum_{t=1}^{10} 2^t$$

$$= 10240 - 2(2^{10}-1) = 8194$$

윤양동
임용수학

Mathematics

복소해석학

Chapter 1. 복소수와 복소함수

Chapter 2. 복소함수의 미분

Chapter 3. 복소함수의 선적분

Chapter 01 복소수와 복소함수

01 복소수(Complex numbers)

1. 복소수의 정의와 성질

실수의 순서쌍 (x, y) 들의 집합에 덧셈과 곱셈을 다음과 같이 정의하여 그 원소를 복소수라 한다. $z_1 = (x_1, y_1)$, $z_2 = (x_2, y_2)$ 에 대하여

$$z_1 + z_2 = (x_1 + x_2, y_1 + y_2), \ z_1 z_2 = (x_1 x_2 - y_1 y_2, \ x_1 y_2 + y_1 x_2)$$

복소수들의 집합을 $\mathbb{C}$ 라 표기하면 $\mathbb{C}$ 는 위의 연산에 관하여 체(field)를 이룬다. 순서쌍 $(x, 0)$ 와 실수 x 를 동일시하면 실수집합 $\mathbb{R}$ 은 복소수집합 $\mathbb{C}$ 의 부분체 (sub-field)가 되며, 순서쌍 $(0, 1)$ 을 i 로 표기하면 $i^2 = -1$ 이며 복소수 $(x, y) = x + yi$ 와 같이 쓴다.

복소수 $z = x + yi$ 의 실수부 x 를 $x = \mathrm{Re}(z)$, 허수부 y 를 $y = \mathrm{Im}(z)$ 라고 쓰며, 복소수의 켤레를 $\overline{z} = x - yi$, 절댓값을 $|z| = \sqrt{x^2 + y^2}$ 로 정의한다.
이들 사이에 다음 관계식이 성립한다.

$$\overline{z_1 + z_2} = \overline{z_1} + \overline{z_2}, \ \overline{z_1 z_2} = \overline{z_1} \cdot \overline{z_2}, \ |z|^2 = z\overline{z}$$

$$\mathrm{Re}(z) = \frac{z + \overline{z}}{2}, \ \mathrm{Im}(z) = \frac{z - \overline{z}}{2i}, \ |\mathrm{Re}(z)| \le |z|, \ |\mathrm{Im}(z)| \le |z|$$

[삼각부등식] $||z_1| - |z_2|| \le |z_1 + z_2| \le |z_1| + |z_2|$

증명 $(|z_1| + |z_2|)^2 = |z_1|^2 + |z_2|^2 + 2|z_1 z_2|$,

$|z_1 + z_2|^2 = |z_1|^2 + |z_2|^2 + \overline{z_1} z_2 + z_1 \overline{z_2}$ 이므로

$(|z_1| + |z_2|)^2 - |z_1 + z_2|^2 = 2|z_1 z_2| - \overline{z_1} z_2 - z_1 \overline{z_2} = 2|\overline{z_1} z_2| - 2\mathrm{Re}(\overline{z_1} z_2) \ge 0$ 이므로

$|z_1 + z_2| \le |z_1| + |z_2|$ 이다.

$z_1 = a - b$, $z_2 = b$ 라 대입하면 $|a| \le |a - b| + |b|$, $|a| - |b| \le |a - b|$

a , b 를 바꾸면 $|b| - |a| \le |a - b|$ 이므로 $||a| - |b|| \le |a - b|$

따라서 $||z_1| - |z_2|| \le |z_1 + z_2| \le |z_1| + |z_2|$ 이다.

복소수집합 $\mathbb{C}$ 에서 두 복소수 z_1 , z_2 사이의 거리를 $|z_1 - z_2|$ 이라 정의하며, 이 거리에 관하여 수열과 급수의 수렴성과 함수의 연속성을 해석학과 같은 방법으로 정의한다.

2. 극형식(Polar form)

실수에서 정의된 지수함수를 복소수의 범위로 확장하는 과정에서 다음과 같은 성질이 성립한다. 자세한 내용은 뒤에 나올 지수함수에서 다룬다.

> **[Euler의 항등식]** $e^{i\theta} \equiv \cos\theta + i\sin\theta$, $\theta \in \mathbb{R}$

위의 항등식을 이용하여 복소수 평면에 극좌표를 도입하면, 복소수 $z = x + yi$ 를 $x = r\cos\theta$, $y = r\sin\theta$ 라 두고 정리하여 다음과 같이 쓸 수 있다.

> **[정의] {복소수의 극형식}** $z = r(\cos\theta + i\sin\theta) = re^{i\theta}$ (단, $r \geq 0$)

이때, $r = |z|$ 이고, θ 를 복소수 z 의 편각(argument)이라 하고 $\arg(z)$ 로 쓴다. $-\pi < \arg(z) \leq \pi$ 을 만족하는 z 의 편각을 $\arg(z)$ 의 주치(principal value)라 하고 $\mathrm{Arg}(z)$ 로 표기한다.

❶주의 $\mathrm{Arg}(z)$ 의 범위를 $0 \leq \mathrm{Arg}(z) < 2\pi$ 등으로 다르게 두는 경우도 있다.

예제 1 복소수 $z = x + yi$ 가 복소평면의 2사분면에 있을 때, $\mathrm{Arg}(z)$ 의 식을 arctan 함수를 이용하여 구하시오.

풀이 복소수 $z = x + yi$ 를 원점과 이은 동경의 기울기는 $\dfrac{y}{x}$ 이며 $\mathrm{Arg}(z) = \theta$ 라 두면 $\dfrac{\pi}{2} < \theta < \pi$, $\tan\theta = \dfrac{y}{x}$ 이다.

arctan 함수를 이용하려면 각의 범위를 arctan 함숫값의 범위인 $-\dfrac{\pi}{2}, \dfrac{\pi}{2}$ 사이로 제한해야 하므로 $\tan\theta = \tan(\theta - \pi) = \dfrac{y}{x}$, $-\dfrac{\pi}{2} < \theta - \pi < 0$ 와 같이 두어야 한다.

따라서 $\theta = \arctan\left(\dfrac{y}{x}\right) + \pi$ 이다.

그러므로 복소수 $z = x + yi$ 가 2사분면에 있을 때 $\mathrm{Arg}(z) = \arctan\left(\dfrac{y}{x}\right) + \pi$ 이다.

위의 예제와 같은 방법으로 남은 1, 3, 4사분면의 식을 구하여 정리하면 다음과 같다.

$$\mathrm{Arg}(z) = \mathrm{Arg}(x + yi) = \begin{cases} \arctan\left(\dfrac{y}{x}\right) & , 0 < x \\ \arctan\left(\dfrac{y}{x}\right) + \pi & , x < 0 \leq y \\ \arctan\left(\dfrac{y}{x}\right) - \pi & , x, y < 0 \end{cases}$$

예제 2 임의의 θ에 대하여 $(\sin\theta + i\cos\theta)^n = \sin n\theta + i\cos n\theta$을 만족하는 n의 조건을 구하시오.

풀이 좌변 $= (\cos(\pi/2 - \theta) + i\sin(\pi/2 - \theta))^n$
$\qquad\qquad = \cos(n\pi/2 - n\theta) + i\sin(n\pi/2 - n\theta)$
우변 $= \cos(\pi/2 - n\theta) + i\sin(\pi/2 - n\theta)$
이므로 양변의 각을 비교하면

$$n\frac{\pi}{2} - n\theta = \frac{\pi}{2} - n\theta + 2\pi k \quad \text{(단, } k \text{는 양의 정수)이며,}$$

n에 관하여 식을 정리하면 $n = 1 + 4k$이다.
따라서 $n \equiv 1 \pmod 4$

예제 3 복소수 z가 $-2 \leq z + \dfrac{1}{z} \leq 2$을 만족할 필요충분조건은 $|z| = 1$이다.

풀이 $z + \dfrac{1}{z} = 2a$ (단, $-1 \leq a \leq 1$)라 두고 2차방정식 $z^2 - 2az + 1 = 0$을 풀어 z를 구하면, $z = a \pm \sqrt{a^2 - 1} = a \pm i\sqrt{1 - a^2}$
따라서 $|z| = \sqrt{a^2 + (\sqrt{1 - a^2})^2} = 1$이다.
또한 역으로 $|z| = 1$일 때 $z = e^{i\theta}$라 두면 $z + \dfrac{1}{z} = e^{i\theta} + e^{-i\theta} = 2\cos\theta$이며 역이 성립한다.

예제 4 복소수 z가 $|z - z_0| = r$을 만족할 필요충분조건은 $z = z_0 + re^{i\theta}$이다.
(단, $r \geq 0$, $\theta \in \mathbb{R}$)

풀이 $|z - z_0| = r$이면 극형식으로 나타내면 $z - z_0 = re^{i\theta}$이며 $z = z_0 + re^{i\theta}$이다.
역으로 $z = z_0 + re^{i\theta}$이면 $|z - z_0| = |re^{i\theta}| = r$이 성립한다.

예제 5 $Az\bar{z} + B\bar{z} + \bar{B}z + C = 0$을 만족하는 z의 집합은 복소평면에서 원 또는 직선임을 보이시오. (단, $|B|^2 - AC > 0$이며 A, C는 실수)

풀이 위 식에서 A 또는 B는 0이 아님!
$A = 0$일 때, 식 $B\bar{z} + \bar{B}z + C = 0$을 정리하면 $\text{Re}(\bar{B}z) = -\dfrac{1}{2}C$이며,

$$\bar{B}z = -\frac{1}{2}C + ti, \quad z = -\frac{C}{2\bar{B}} + t\frac{i}{\bar{B}} \quad (\text{단}, t \in \mathbb{R})$$

따라서 $A = 0$일 때 z는 직선을 그린다.
$A \neq 0$일 때, A를 곱하면 $A^2 z\bar{z} + AB\bar{z} + A\bar{B}z + AC = 0$이며,
$(Az + B)(A\bar{z} + \bar{B}) = B\bar{B} - AC$, $(Az + B)(\overline{Az + B}) = B\bar{B} - AC$이며
$|Az + B|^2 = |B|^2 - AC$이다.
따라서 $A \neq 0$일 때 z는 원을 그린다.

예제 6 $\theta \neq 2\pi k$ (단, k는 정수)일 때, 다음 등식을 보이시오.

$$1 + e^{\theta i} + e^{2\theta i} + \cdots + e^{n\theta i} = \frac{\sin \dfrac{n+1}{2}\theta}{\sin \dfrac{1}{2}\theta} e^{\frac{n}{2}\theta i}$$

풀이 좌변이 등비수열의 합이고 $\theta \neq 2\pi k$ 이므로 공비 $e^{i\theta} \neq 1$ 이다.

$$\text{좌변} = \frac{e^{(n+1)\theta i} - 1}{e^{\theta i} - 1} = \frac{e^{(n+1)\theta i/2}}{e^{\theta i/2}} \cdot \frac{e^{(n+1)\theta i/2} - e^{(n+1)\theta i/2}}{e^{\theta i/2} - e^{-\theta i/2}}$$

$$= e^{n\theta i/2} \frac{\sin((n+1)\theta/2)}{\sin\theta/2} = \text{우변}$$

참고로 위의 합의 공식을 다음과 같이 정리할 수 있다.

[삼각함수의 합공식] $\theta \neq 2\pi \times$정수일 때,

$$\sum_{k=1}^{n} \cos(k\theta + \varphi) = \frac{\cos\left(\dfrac{n+1}{2}\theta + \varphi\right) \sin\left(\dfrac{n}{2}\theta\right)}{\sin\dfrac{1}{2}\theta},$$

$$\sum_{k=1}^{n} \sin(k\theta + \varphi) = \frac{\sin\left(\dfrac{n+1}{2}\theta + \varphi\right) \sin\left(\dfrac{n}{2}\theta\right)}{\sin\dfrac{1}{2}\theta}$$

$(-1)^k$ 곱 있으면 $\cos(\theta/2)$ 이용

증명 $\sin\dfrac{\theta}{2} \cdot \left(\displaystyle\sum_{k=1}^{n} \cos(k\theta + \varphi)\right)$

$$= \sum_{k=0}^{n} \cos(k\theta + \varphi) \sin\frac{\theta}{2}$$

$$= \frac{1}{2} \sum_{k=1}^{n} \left\{ \sin\left(\left(k + \frac{1}{2}\right)\theta + \varphi\right) - \sin\left(\left(k - \frac{1}{2}\right)\theta + \varphi\right) \right\}$$

$$= \frac{1}{2} \left\{ \sin\left(\left(n + \frac{1}{2}\right)\theta + \varphi\right) - \sin\left(\frac{\theta}{2} + \varphi\right) \right\}$$

$$= \cos\left(\frac{n+1}{2}\theta + \varphi\right) \sin\left(\frac{n}{2}\theta\right)$$

따라서 $\sin\dfrac{1}{2}\theta \cdot \left(\displaystyle\sum_{k=1}^{n} \cos(k\theta + \varphi)\right) = \cos\left(\dfrac{n+1}{2}\theta + \varphi\right) \sin\left(\dfrac{n}{2}\theta\right)$ 이며,

주어진 식을 얻는다.

사인함수의 합공식도 같은 방법을 적용하면 되므로 생략한다.

02 복소함수(Complex function)

1. 일차분수함수(Linear fractional function)

복소수변수 z에 관한 함수 $f(z) = \dfrac{az+b}{cz+d}$ (단, $a,b,c,d \in C$, $ad-bc \neq 0$)를 일차분수함수라 한다. 그리고 $cz+d \neq 0$인 복소수 z들의 영역을 D라 두면 f는 연결 열린영역 D가 정의역인 함수 $f : D \to C$로 나타낼 수 있다. 일차분수 함수들의 집합은 합성(composition)에 관하여 군(group)을 이루며,

$f(z) = \dfrac{az+b}{cz+d}$ 의 역함수를 구하면 $f^{-1}(z) = \dfrac{dz-b}{-cz+a}$ 이다.

일차분수함수들의 군을 변환군의 관점으로 볼 수 있으며, 뫼비우스변환(Mobius transformation) 또는 쌍선형변환(bilinear transformation)이라 부르기도 한다.

> [정리] 일차분수함수는 원 또는 직선을 원 또는 직선으로 사상한다.

증명 복소평면에서 원 또는 직선의 식은 $Az\overline{z} + B\overline{z} + \overline{B}z + C = 0$ 으로 나타낼 수 있으며, 일차분수변환 $w = \dfrac{az+b}{cz+d}$ 을 식 $Az\overline{z} + B\overline{z} + \overline{B}z + C = 0$ 에 대입하여 w에 관하여 식을 정리하면 $Lw\overline{w} + M\overline{w} + \overline{M}w + N = 0$ 을 얻게 되므로 상(image)도 원 또는 직선이다.

일차분수함수 $f(z) = e^{i\theta}\dfrac{z-\alpha}{z-\overline{\alpha}}$ (단, α 는 허수)에 의하여 실수축은 단위원 $|z| = 1$ 로 사상되며 α 는 원의 중심인 0으로 대응된다.

> 복비의 정의가 이와 다른 책도 있다.

네 복소수 z_1, z_2, z_3, z_4에 관한 비의 비 $\dfrac{(z_1-z_3)(z_2-z_4)}{(z_1-z_4)(z_2-z_3)}$ 를 복비(cross ratio, 교차비)라 하고 $[z_1, z_2, z_3, z_4]$ 로 표기한다.

> [정리] 일차분수함수에 관하여 복비(cross ratio)는 불변이다.

증명 일차분수함수 $f(z) = \dfrac{az+b}{cz+d}$ 로서 네 복소수 z_1, z_2, z_3, z_4를 사상한 복소수에 관하여 복비 $[f(z_1), f(z_2), f(z_3), f(z_4)]$ 을 정리하면

$[f(z_1), f(z_2), f(z_3), f(z_4)]$

$= \dfrac{(f(z_1)-f(z_3))(f(z_2)-f(z_4))}{(f(z_1)-f(z_4))(f(z_2)-f(z_3))}$

$= \dfrac{\{(az_1+b)(cz_3+d) - (az_3+b)(cz_1+d)\}\{(az_2+b)(cz_4+d) - (az_4+b)(cz_2+d)\}}{\{(az_1+b)(cz_4+d) - (az_4+b)(cz_1+d)\}\{(az_2+b)(cz_3+d) - (az_3+b)(cz_2+d)\}}$

$= \dfrac{\{(ad-bc)(z_1-z_3)\}\{(ad-bc)(z_2-z_4)\}}{\{(ad-bc)(z_1-z_4)\}\{(ad-bc)(z_2-z_3)\}} = \dfrac{(z_1-z_3)(z_2-z_4)}{(z_1-z_4)(z_2-z_3)} = [z_1, z_2, z_3, z_4]$

따라서 $[f(z_1), f(z_2), f(z_3), f(z_4)] = [z_1, z_2, z_3, z_4]$ 이다.

2. 지수함수와 삼각함수

모든 실수 x 에 관하여 다음 관계식이 성립한다.

$$e^x = \sum_{n=0}^{\infty} \frac{x^n}{n!} \ , \ \cos(x) = \sum_{k=0}^{\infty} \frac{(-1)^k}{(2k)!} x^{2k} \ , \ \sin(x) = \sum_{k=0}^{\infty} \frac{(-1)^k}{(2k+1)!} x^{2k+1}$$

위 관계식들의 우변은 실수들의 사칙연산으로 나타난다.

사칙연산은 실수집합 $\mathbb{R}$ 뿐만 아니라 복소수집합 $\mathbb{C}$ 에서도 잘 정의된다.

그래서 우변에서 변수 x 가 갖는 값의 범위를 복소수로 확장할 수 있다.

모든 복소수 $z = x + yi$ 에 관하여 무한급수 $\sum_{n=0}^{\infty} \frac{z^n}{n!} = \sum_{n=0}^{\infty} \frac{(x+yi)^n}{n!}$ 는 수렴한다.

이 성질로부터 복소수 $z = x + yi$ 에 관한 지수함수 e^z 를

$$e^z = \sum_{n=0}^{\infty} \frac{z^n}{n!}$$

이라 정의한다. 함수 e^z 를 $\exp(z)$ 라 쓰기도 한다.

복소수 $z = x + yi$ 일 때, 무한급수 $\sum_{n=0}^{\infty} \frac{x^n}{n!}$ 와 $\sum_{n=0}^{\infty} \frac{y^n i^n}{n!}$ 는 수렴하며

$$\sum_{n=0}^{\infty} \frac{(x+yi)^n}{n!} = \left(\sum_{n=0}^{\infty} \frac{x^n}{n!} \right) \left(\sum_{n=0}^{\infty} \frac{y^n i^n}{n!} \right)$$

이 성립한다. 따라서 $e^{x+yi} = e^x \cdot e^{yi}$ 이 성립한다.

또한,
$$\begin{aligned} \sum_{n=0}^{\infty} \frac{y^n i^n}{n!} &= \sum_{k=0}^{\infty} \frac{y^{2k} i^{2k}}{(2k)!} + \sum_{k=0}^{\infty} \frac{y^{2k+1} i^{2k+1}}{(2k+1)!} \\ &= \sum_{k=0}^{\infty} \frac{(-1)^k y^{2k}}{(2k)!} + i \sum_{k=0}^{\infty} \frac{(-1)^k y^{2k+1}}{(2k+1)!} \\ &= \cos(y) + i \sin(y) \end{aligned}$$

따라서 $e^{x+yi} = e^x (\cos(y) + i \sin(y))$ 이 성립한다.

[정의] {지수함수} $z \in \mathbb{C}$ 일 때, $e^z = \sum_{n=0}^{\infty} \frac{z^n}{n!}$

즉, $\exp(z) = e^z = e^{x+yi} = e^x \cos y + i e^x \sin y$

지수법칙 $e^{z+w} = e^z \cdot e^w$, $(e^z)^n = e^{nz}$ (단, n 은 정수)는 성립한다.

특히, $z = \theta i$ (단, $\theta \in \mathbb{R}$)이면 다음과 같은 성질이 성립한다.

[Euler의 항등식] $e^{i\theta} \equiv \cos\theta + i\sin\theta$, $\theta \in \mathbb{R}$

삼각함수는 다음과 같이 지수함수 e^z 로부터 정의한다.

[정의] {삼각함수}

$\cos(z) \equiv \dfrac{e^{iz} + e^{-iz}}{2}$, $\sin(z) \equiv \dfrac{e^{iz} - e^{-iz}}{2i}$, $\tan(z) \equiv -i \dfrac{e^{iz} - e^{-iz}}{e^{iz} + e^{-iz}}$

이렇게 정의한 삼각함수는 복소수 z 에 관한 다음 무한급수와 같다.

$$\cos(z) = \sum_{k=0}^{\infty} \frac{(-1)^k}{(2k)!} z^{2k} \ , \ \sin(z) = \sum_{k=0}^{\infty} \frac{(-1)^k}{(2k+1)!} z^{2k+1}$$

복소수에서 정의한 삼각함수들도 합의 공식, 배각의 공식 등등 실변수일 때 성립하는 공식이 복소수 변수에 대해서도 대부분 성립한다.

또한 오일러의 항등식이 복소수 변수일 때도 성립한다.

$$e^{zi} = \cos(z) + i\sin(z)$$

그리고 아래와 같이 쌍곡선함수를 정의한다.

[정의] {쌍곡함수}

$$\cosh(z) \equiv \frac{e^z + e^{-z}}{2}, \ \sinh(z) \equiv \frac{e^z - e^{-z}}{2}, \ \tanh(z) \equiv \frac{e^z - e^{-z}}{e^z + e^{-z}}$$

이때 $\cos(zi) = \cosh(z)$, $\sin(zi) = i\sinh(z)$, $\tan(zi) = i\tanh(z)$ 이 성립한다.

3. 로그함수

지수함수의 정의에 의하여 모든 정수 n 에 관하여 $e^{2n\pi i} = 1 = e^0$ 이므로 e^z 는 단사가 아니며 역함수를 정의할 수 없다. 그러나 1 대 다 (다가)대응의 의미로서 $\log$ 기호를 정의할 수는 있다.

[정의] {로그} $\log(z) = \log(|z| e^{i\arg(z)}) \equiv \ln(|z|) + i\arg(z)$ (단, $z \neq 0$)

이때 함수 $\ln(x)$ 는 양의 실수 위에 정의된 자연로그함수이다.

함수가 될 수 없는 1 대 다 대응을 '다가 함수(multi-valued function)'라 칭하기도 한다.

복소수 z 에 관하여 로그 $\log(z)$ 는 공역을 제한하는 방법을 통해 함수가 될 수 있도록 정의할 수 있다. 특히 편각(argument) $\arg(z)$ 의 값을 1개만 갖도록 제한하면 로그를 함수로서 정의할 수 있다. $\arg(z)$ 의 값이 1개만 되도록 제한하는 방법은 여러 가지가 있으며 그 중 하나를 $\text{Arg}(z)$ 로 두는 것이다.

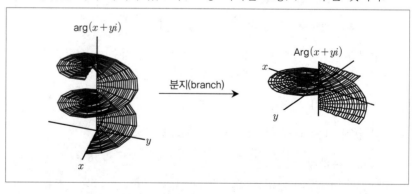

이때 로그함수를 $\mathrm{Log}(z)$ 로 표기한다.

[정의] {로그함수} $\mathrm{Log}(z) \equiv \ln(|z|) + i\,\mathrm{Arg}(z)$ (단, $-\pi < \mathrm{Arg}(z) \le \pi$)

또한 편각 $\arg(z)$을 구간 $[\,0\,,\,2\pi)$ 의 값으로 제한한 각 θ 라 정하여, 함수 $\log_0(z) = \ln(|z|) + i\,\theta$ 를 정의할 수도 있다. 그리고 임의의 실수 φ (라디안)에 대하여 구간 $[\,\varphi\,,\,\varphi+2\pi)$ 의 값으로 제한한 편각을 θ 라 정하여 함수 $\log_\varphi(z) = \ln(|z|) + i\,\theta$ 를 정의하여 사용하기도 한다.

이와 같이 다가함수 $\log(z)$ 의 대응값을 일가가 되도록 정의한 (일가)함수들을 다가함수 $\log(z)$ 의 분지(branch)라 한다.

또한 함수 $\mathrm{Log}(z) \equiv \ln(|z|) + i\,\mathrm{Arg}(z)$ 의 경우 $\{z \mid \arg(z) = \pi\,\}$를 분지절단(branch cut)이라 한다.

또한 $\log_\varphi(z) = \ln(|z|) + i\,\theta$ (단, $\theta \in [\,\varphi\,,\,\varphi+2\pi)$)의 경우 $\{z \mid \arg(z) = \varphi\}$를 $\log_\varphi$ 의 분지절단(branch cut)이라 한다. 그리고 특이점 0 을 로그함수의 분지점(branch point)라 한다.

로그함수의 분지 $\mathrm{Log}(z)$, $\log_\varphi(z)$ 들은 모두 분지절단(branch cut)위의 모든 점에서 불연속이다.

예를 들면 $\mathrm{Log}(z)$ 는 $\mathbb{C} - \{0\}$ 에서 정의된 함수이며 치역은 $\{x+yi \mid x \in \mathbb{R}\,,\, -\pi < y \le \pi\}$ 이며 $\{z \mid \arg(z) = \pi\} = \{x+yi \mid x < 0\,,\, y = 0\}$ 에서 불연속이다.

정리하면 $\mathrm{Log}(z)$ 는 $\mathbb{C} - (-\infty,\,0]$ 에서 연속인 함수이다.

복소수 $z\,,\,w$ (단, $z \ne 0$)에 대하여 일반적인 밑(base) z 의 지수를 $z^w \equiv e^{w\,\cdot\,\log(z)}$ 으로 정의한다.

w 가 정수일 때 지수는 1가이며 w 가 유리수일 때 지수는 유한개의 값을 가지며 그 외의 경우 무한개의 값을 갖는다. 일반적으로 $\log(z)$ 가 다가 대응이므로 지수 z^w 도 다가 대응이다.

이를 일가의 함수로 만들기 위하여 $\log(z)$ 의 분지를 선택하면 된다. 분지 $\mathrm{Log}(z)$ 를 선택하면 함수를 정의할 수 있다.

[정의] {복소수지수} 복소수 $z \ne 0$ 일 때, 다음과 같이 정의한다.
다가 대응 : $z^w = e^{w\,\cdot\,\log(z)}$, **일가 함수** : $z^w = e^{w\,\cdot\,\mathrm{Log}(z)}$

일가함수 a^z 일 때, 다음 지수법칙이 성립한다.
$$a^{z+w} = e^{(z+w)\mathrm{Log}(a)} = e^{z\,\mathrm{Log}(a) + w\,\mathrm{Log}(a)} = e^{z\,\mathrm{Log}(a)}e^{w\,\mathrm{Log}(a)} = a^z a^w$$
그러나 다가 대응일 때, $1^{1/2+1/2} \ne 1^{1/2} \cdot 1^{1/2}$ 이다.

위와 같이 정의된 일반적인 지수는 다가 대응 또는 일가함수에 따라 몇 가지 지수법칙이 성립하지 않는다.
$$a^{zw} \ne (a^z)^w\,,\ (ab)^z \ne a^z \cdot b^z\,,\ \log(z^w) \ne w \cdot \log(z)$$
실수 또는 정수 값을 갖는 특수한 경우에는 등식이 성립할 수 있다.

예제 1 $|z| \leq 1$ 일 때, 일차분수함수 $f(z) = \dfrac{3-2z}{z-2i}$ 의 허수부 $\mathrm{Im}(f(z))$ 의 최댓값을 구하시오.

풀이 $w = \dfrac{3-2z}{z-2i}$ 라 두면, $z = \dfrac{2iw+3}{w+2}$ 이므로 $|z| \leq 1$ 에 대입하면

$\dfrac{|2iw+3|}{|w+2|} \leq 1$ 일 때, $\mathrm{Im}(w)$ 의 최댓값을 구하는 문제가 된다.

$|2iw+3| \leq |w+2|$, $|2iw+3|^2 \leq |w+2|^2$ (단, $w \neq -2$)

$w = x+yi$ 을 대입하면 $|2i(x+yi)+3|^2 \leq |x+yi+2|^2$

$|-2y+3+2xi|^2 \leq |x+2+yi|^2$, $(-2y+3)^2+(2x)^2 \leq (x+2)^2+y^2$,

$3y^2-12y+9+3x^2-4x-4 \leq 0$, $(x-\dfrac{2}{3})^2+(y-2)^2 \leq \dfrac{25}{9}$

또한 $\mathrm{Im}(w) = \mathrm{Im}(x+yi) = y$ 이다.

따라서 $(x-\dfrac{2}{3})^2+(y-2)^2 \leq \dfrac{25}{9}$ (단, $(x,y) \neq (-2,0)$)일 때 y 의 최댓값을 구하면 $2+\dfrac{5}{3} = \dfrac{11}{3}$ 이다.

예제 2 복소수 z 에 대하여 $\cos^2 z + \sin^2 z = 1$ 이 성립함을 보이시오.

풀이 $\cos^2 z + \sin^2 z = \dfrac{(e^{iz}+e^{-iz})^2}{4} - \dfrac{(e^{iz}-e^{-iz})^2}{4} = \dfrac{2}{4} - \dfrac{-2}{4} = 1$

예제 3 방정식 $\sin(z) = 2$ 의 해를 모두 구하시오.

풀이 $\sin(z) = \dfrac{e^{iz}-e^{-iz}}{2i} = 2$ 이므로 $e^{iz}-e^{-iz} = 4i$ 이며

$e^{2iz}-4ie^{iz}-1 = 0$ 이다.

2차 방정식의 근의 공식에 의하여 $e^{iz} = (2 \pm \sqrt{3})i$ 이며, 극형식을 이용하여 모든 해를 구하면 $z = 2n\pi + \dfrac{\pi}{2} - i\ln(2 \pm \sqrt{3})$ (단, n 은 임의의 정수)이다.

예제 4 편각주치가 $-\pi < \mathrm{Arg}(z) \leq \pi$ 인 로그함수에 관하여 $\mathrm{Log}\left(1-\dfrac{1}{z^2}\right)$ 의 분지절단을 구하시오.

풀이 $1-\dfrac{1}{z^2} = -r$ (단, r 은 음 아닌 실수), $\dfrac{1}{z^2} = 1+r$, $z^2 = \dfrac{1}{1+r}$

$z^2 = \dfrac{1}{1+r}$ 는 0과 1사이의 실수이므로 복소수 z 는 -1과 1사이의 실수이다.

따라서 $\mathrm{Log}\left(1-\dfrac{1}{z^2}\right)$ 의 분지절단 집합은 구간의 $[-1,1]$ 이다.

예제 5 복소수 α 에 따라 다가함수 $f(z) = z^\alpha$ 의 대응값의 개수를 결정하시오.(단, $z \neq 0$)

풀이 $z \neq 0$ 인 복소수 z 에 로그함수 $\mathrm{Log}(z) = a + bi$ 이라 두면,

로그 $\log(z) = a + bi + 2\pi i k$ (단, k 는 정수)

α 가 정수 n 일 때,

$z^n = e^{n\log(z)} = e^{n(a+bi+2\pi k)} = e^{na+nbi}\, e^{2n\pi i k} = e^{na+nbi}$ 이므로 1가 대응

α 가 유리수 $\dfrac{n}{m}$ (기약분수)일 때,

$z^{\frac{n}{m}} = e^{\frac{n}{m}\log(z)} = e^{\frac{n}{m}(a+bi)+\frac{2n\pi i}{m}k} = e^{\frac{na}{m}+\frac{nb}{m}i}\, e^{\frac{2n\pi i}{m}k}$

이므로 $k = 0, 1, \cdots, m-1$ 일 때 서로 다른 대응값을 갖는다.

따라서 m 개의 값에 대응한다.

α 가 무리수 q 일 때, $z^q = e^{q\log(z)} = e^{qa+bqi+2\pi iqk} = e^{qa+bqi}\, e^{2\pi iqk}$ 이며 모든 정수 $k \in Z$ 에 대하여 qk 들의 차이는 정수가 되지 않으므로 모두 서로 다른 값을 갖는다. 따라서 무한개의 값에 대응한다.

α 가 허수일 때, $z^\alpha = e^{\alpha\log(z)} = e^{(x+yi)(a+bi+2\pi ik)} = e^{(ax-by-2\pi ky)}\, e^{(ay+bx+2\pi kx)i}$ 이며 모든 정수 $k \in Z$ 에 대하여 절댓값이 서로 다른 값을 갖는다.

따라서 무한개의 값을 갖는다.

예제 6 복소수 z, w 와 정수 n 일 때, 다음 등식을 보이시오.

(1) $e^z e^w = e^{z+w}$ (2) $(e^z)^n = e^{nz}$

풀이 $z = x + yi$, $w = u + vi$ 라 놓자. (단, $x, y, u, v \in \mathbb{R}$)

(1) $e^z e^w = e^{x+yi}\, e^{u+vi} = e^x(\cos y + i\sin y)\, e^u(\cos v + i\sin v)$

$\qquad = e^x e^u(\cos y + i\sin y)(\cos v + i\sin v)$

$\qquad = e^{x+u}(\cos(y+v) + i\sin(y+v)) = e^{(x+u)+(y+v)i} = e^{z+w}$

(2) $(e^z)^n = (e^x(\cos y + i\sin y))^n$

$\qquad = e^{nx}(\cos(ny) + i\sin(ny))$

$\qquad = e^{nx+nyi} = e^{nz}$

예제 7 복소수 z 일 때, $\cos(3z) = 4\cos^3(z) - 3\cos(z)$ 을 보이시오.

풀이 $4\cos^3(z) - 3\cos(z) = 4\left(\dfrac{e^{zi} + e^{-zi}}{2}\right)^3 - 3\dfrac{e^{zi} + e^{-zi}}{2}$

$\qquad\qquad = \dfrac{e^{3zi} + e^{-3zi} + 3e^{zi} + 3e^{-zi}}{2} - 3\dfrac{e^{zi} + e^{-zi}}{2}$

$\qquad\qquad = \dfrac{e^{3zi} + e^{-3zi}}{2} = \cos(3z)$

복소함수의 미분

Chapter 02

01 해석함수와 코시-리만(Cauchy-Riemann) 정리

1. 편미분(partial differentiation)

복소함수 $f(z) = f(x+yi) = u(x,y) + iv(x,y)$ $(u, v$ 는 실함수)를 x, y 에 대하여 편미분한 함수를 다음과 같이 쓰고, 편도함수라 한다.

> [정의] {편미분}
>
> $$\frac{\partial f(z)}{\partial x} \equiv \frac{\partial u}{\partial x}(x,y) + i\frac{\partial v}{\partial x}(x,y), \quad \frac{\partial f(z)}{\partial y} \equiv \frac{\partial u}{\partial y}(x,y) + i\frac{\partial v}{\partial y}(x,y)$$

2. 복소미분(complex differentiation)

> [정의] {복소미분} 복소함수 $f(z)$ 에 대하여 복소 변수 z 가 z_0 로 접근함에 따라 다음의 극한값이 수렴할 때, 즉,
>
> $$\lim_{z \to z_0} \frac{f(z) - f(z_0)}{z - z_0} : 수렴$$
>
> 하면 복소함수 $f(z)$ 는 $z = z_0$ 에서 미분가능(differentiable)이라 하고 그 극한값들의 함수를 도함수라 한다.

예제 1 함수 $f(z) = z^2$ 의 편미분과 도함수를 구하시오.

풀이 $f(x+yi) = (x+yi)^2 = x^2 - y^2 + 2xyi$ 이므로

$$\frac{\partial f}{\partial x} = 2x + 2yi = 2z \qquad \frac{\partial f}{\partial y} = -2y + 2xi = 2zi$$

$$\frac{df}{dz} = \lim_{h \to 0} \frac{(z+h)^2 - z^2}{h} = \lim_{h \to 0} \frac{2zh + h^2}{h} = \lim_{h \to 0} (2z+h) = 2z$$

예제 2 함수 $f(z) = |z|^2$ 가 미분가능한 점을 구하시오.

풀이 $\dfrac{df}{dz} = \lim_{h \to 0} \dfrac{f(z+h) - f(z)}{h} = \lim_{h \to 0} \dfrac{|z+h|^2 - |z|^2}{h} = \lim_{h \to 0} \left(\bar{z} + \bar{h} + z\dfrac{\bar{h}}{h} \right)$

$\lim_{h \to 0} \dfrac{\bar{h}}{h}$ 은 수렴하지 않으므로 $z \neq 0$ 일 때 $f(z) = |z|^2$ 는 미분불가능하다.

그러나 $z = 0$ 에서 $f(z) = |z|^2$ 는 미분가능하며 미분계수 $f'(0) = 0$ 이다.

3. 해석함수(analytic function)

> **[정의] {점에서 해석적}** 복소함수 $f(z)$ 가 z_0 에서 미분가능이고 z_0 의 적당한 근방에서 도함수가 존재하면 $f(z)$ 는 z_0 에서 해석적(analytic)이라 한다.

위의 정의를 살펴보면 "점에서 해석적"개념과 "점에서 미분가능"개념을 차이가 있다.

특정한 점에서 미분가능이지만 그 점 근방에서 미분가능하지 않는 경우는 "점에서 해석적"으로 부르지 않음에 주의해야 한다.

'점에서 해석적'개념을 확장하여 복소함수의 '정의역에서 해석적인 함수'를 정의하자.

> **[정의] {해석함수}** 복소함수 $f(z)$ 가 열린 영역(open domain)인 정의역 D 의 모든 점에서 미분가능일 때, $f(z)$ 는 영역 D 에서 해석적(analytic) 또는 D 에서 정칙(holomorphic, regular)이라 한다.
> 특히, 복소 평면 전체에서 해석적인 복소함수를 정함수(전해석함수, entire function)라 한다.

미분가능성으로 정의된 해석함수들은 사칙연산과 합성에 닫혀있다.

> **[연산 정리]** $f(z), g(z)$ 가 개집합영역 D 에서 해석적이면
> (1) $f(z) \pm g(z)$, $f(z) \times g(z)$ 도 해석적
> (2) D 에서 $g(z) \neq 0$ 이면 $f(z)/g(z)$ 도 해석적이다.
> 그리고 $f(z), g(z)$ 가 각각 영역 D_1, D_2 에서 해석적이며 $g(D_2) \subset D_1$ 이면, 합성함수 $f(g(z))$ 도 D_2 에서 해석적이다.

예제 1 함수 $f(z) = z^n$ (단, $n \geq 1$)이 정함수(entire, 전해석)임을 보이시오.

풀이 모든 복소수 $z \in \mathbb{C}$ 에 관하여 복소함수 $f(z) = z^n$ 은 정의된다.

$$\frac{df(z)}{dz} = \lim_{h \to 0} \frac{(z+h)^n - z^n}{h} = \lim_{h \to 0} \frac{n z^{n-1} h + \cdots + h^n}{h}$$
$$= \lim_{h \to 0} (n z^{n-1} + \cdots + h^{n-1}) = n z^{n-1}$$

이므로 함수 $f(z) = z^n$ 은 모든 복소수 $z \in \mathbb{C}$ 에서 미분가능하다.

따라서 함수 $f(z) = z^n$ 은 정함수(전해석함수, entire function)이다.

4. Cauchy-Riemann 정리

복소함수 $f(z) = f(x+yi) = u(x,y) + iv(x,y)$ 가 해석함수이면 정의에 의하여 다음의 극한값이 존재한다. 이때, h 가 실수이면 $z+h = (x+h)+yi$ 이므로
$$f(z+h) = u(x+h,y) + iv(x+h,y)$$
로 부터 $f'(z) = \lim_{h \to 0} \dfrac{f(z+h) - f(z)}{h}$

$$= \lim_{h \to 0} \left\{ \frac{u(x+h,y) - u(x,y)}{h} + i\frac{v(x+h,y) - v(x,y)}{h} \right\}$$

$$= u_x + iv_x = f_x(z)$$

마찬가지로 h 가 순허수 ki 이면 $z+ki = x+(y+k)i$ 이므로

$$f'(x+yi) = \lim_{k \to 0} \left\{ \frac{u(x,y+k) - u(x,y)}{ki} + i\frac{v(x,y+k) - v(x,y+k)}{ki} \right\}$$

$$= \lim_{k \to 0} \left\{ \frac{u(x,y+k) - u(x,y)}{k}(-i) + \frac{v(x,y+k) - v(x,y+k)}{k} \right\},$$

$f'(z) = -iu_y + v_y = -if_y(z)$ 이다.

따라서 $u_x + iv_x = -iu_y + v_y$ 이 성립하며, 양변을 비교하면
$u_x = v_y$, $u_y = -v_x$ 이다.

즉, 복소함수 $f(z)$ 가 $z = z_0$ 에서 미분가능하면 다음의 식이 성립한다.

> **[Cauchy-Riemann 방정식 ①]** $\dfrac{\partial u}{\partial x} = \dfrac{\partial v}{\partial y}$, $\dfrac{\partial u}{\partial y} = -\dfrac{\partial v}{\partial x}$

역으로, 복소함수 $f(z)$ 가 $z = z_0$ 근방에서 1계 편도함수가 존재하고 연속이며 코시-리만 (Cauchy-Riemann)방정식을 만족하면 도함수 $f'(z_0)$ 가 존재한다.

따라서 다음의 정리로서 위의 결과를 요약할 수 있다.

> **[코시-리만 정리]** 열린영역 D 에서 정의된 복소함수 $f(z)$ 의 실수부, 허수부가 $u(x,y), v(x,y)$ 일 때, $f(z)$ 가 D 에서 해석적 함수일 필요충분조건은
> (1) u, v 의 편도함수 u_x, u_y, v_x, v_y 가 D 에서 연속이며
> (2) 코시-리만 방정식 $u_x = v_y$, $u_y = -v_x$ 을 만족하는 것이다.
> 이때, 도함수 $f'(z) = \dfrac{df}{dz} = \dfrac{\partial f}{\partial x} = -i\dfrac{\partial f}{\partial y}$ 이다.

5. Cauchy-Riemann 방정식의 단축된 표현

미분가능한 복소함수 $f(z) = f(x+yi)$ 의 x, y 에 관한 편도함수를 구하면 $f_x = u_x + iv_x$, $f_y = u_y + iv_y$ 이므로 위의 Cauchy-Riemann 방정식은 다음과 같이 바꿔 쓸 수 있다.

[Cauchy-Riemann 방정식 ②] $\dfrac{\partial f}{\partial x} = -i \dfrac{\partial f}{\partial y}$

함수 $f(z) = f(x+yi)$ 의 직교 변수 x, y 대신 $x = \dfrac{z + \overline{z}}{2}$, $y = \dfrac{z - \overline{z}}{2i}$ 를 대입하여 $z, \overline{z}$ 로 이루어진 식으로 바꿔 쓴 식을 $f^*(z, \overline{z})$ 라 두면

$$f(z) = f(x+yi) = f\left(\frac{z + \overline{z}}{2} + \frac{z - \overline{z}}{2i} i \right) = f^*(z, \overline{z})$$

이라 쓸 수 있다.

이때, 함수 $f^*(z, \overline{z})$ 을 $z, \overline{z}$ 의 2변수 함수로 간주하여 $z, \overline{z}$ 에 관한 편미분을 구할 수 있다.

그리고 위의 각각의 편미분을 $f(z)$ 의 $z, \overline{z}$ 에 관한 편미분으로 혼용해 쓰기로 한다.

$$\frac{\partial f}{\partial z} \equiv \frac{\partial f^*}{\partial z} , \quad \frac{\partial f}{\partial \overline{z}} \equiv \frac{\partial f^*}{\partial \overline{z}}$$

그런데 이러한 $z, \overline{z}$ 에 관한 편미분은 x, y 에 관한 편미분으로 아래와 같이 구해진다.

$$\frac{\partial f}{\partial z} = \frac{1}{2} \left(\frac{\partial f}{\partial x} - i \frac{\partial f}{\partial y} \right) , \quad \frac{\partial f}{\partial \overline{z}} = \frac{1}{2} \left(\frac{\partial f}{\partial x} + i \frac{\partial f}{\partial y} \right)$$

이제 $z, \overline{z}$ 에 관한 편도함수를 이용하여 코시-리만 방정식을 나타내면 표현 (2) 에 의하여

[Cauchy-Riemann 방정식 ③] $\dfrac{\partial f}{\partial \overline{z}} = 0$

이 식이 의미하는 바는 다음과 같다.

함수 $f(z)$ 가 해석적이면 z 에만 변수로서 의존하고 $\overline{z}$ 에는 의존하지 않는다는 것이다.

예를 들어 복소함수 $f(z) = e^{a\overline{z}} \sin z$ 가 해석함수이기 위해서는 $\overline{z}$ 가 식에 포함되지 말아야 한다. 따라서 상수 a 를 0으로 두어야 한다. 이를 코시-리만 방정식을 풀어서 확인할 수 있다.

6. Cauchy-Riemann 방정식의 극좌표 표현

직교 변수 $z = x + yi$ 대신 극좌표 변수 $z = r\,e^{i\theta}$ 를 사용하여 복소함수의 Cauchy-Riemann 방정식을 고쳐 쓰면 (단, $z \neq 0$)

$$f(z) = f(re^{i\theta}) = u(r,\theta) + i\,v(r,\theta)$$

일 때, 다음과 같이 나타난다.

[코시-리만 방정식의 극좌표 표현] $z \neq 0$ 일 때,

$$r\frac{\partial u}{\partial r} = \frac{\partial v}{\partial \theta}, \quad \frac{\partial u}{\partial \theta} = -r\frac{\partial v}{\partial r} \quad (단,\ r > 0)$$

[정리] $z \neq 0$ 인 영역 D 에서 f 가 해석적함수일 때,

$$f = f_x = \frac{r}{z}f_r = -\frac{i}{z}f_\theta$$

증명 $\quad f_r = f_x x_r + f_y y_r = f_x \cos\theta + f_y \sin\theta \quad \cdots\cdots ①$

$$f_\theta = f_x x_\theta + f_y y_\theta = -f_x r\sin\theta + f_y r\cos\theta \quad \cdots\cdots ②$$

$① \times r\cos\theta - ② \times \sin\theta :\ r\cos\theta\, f_r - \sin\theta\, f_\theta = r f_x$

코시-리만 방정식 $f_r = -\dfrac{i}{r}f_\theta$ 이므로 $f_\theta = ir f_r$ 을 대입하면

$r(\cos\theta - i\sin\theta)f_r = r f_x,\ r f_r = r(\cos\theta + i\sin\theta)f_x = z f_x$

따라서 $f_x = \dfrac{r}{z}f_r$. 또한 $f_r = -\dfrac{i}{r}f_\theta$ 이므로 $\dfrac{r}{z}f_r = -\dfrac{i}{z}f_\theta$

그러므로 $f' = f_x = \dfrac{r}{z}f_r = -\dfrac{i}{z}f_\theta$ 이다.

예제 1 복소함수 $f(x+yi) = \cos x \cosh y - i\sin x \sinh y$ 가 해석함수임을 보이고, 1, 2계 도함수를 구하시오.

풀이 $\quad u = \cos x \cosh y,\ v = -\sin x \sinh y$ 라 두고, 편도함수를 구하면 각각
$u_x = -\sin x \cosh y,\ v_x = -\cos x \sinh y,\ u_y = \cos x \sinh y,\ v_y = -\sin x \cosh y$ 이다.
이때 편도함수 u_x, u_y, v_x, v_y 는 연속이며 코시-리만 방정식 $u_x = v_y,\ u_y = -v_x$ 를 만족한다.
그러므로 $f(z) = u + iv$ 는 복소평면 C 에서 해석적이다.
또한 $\cos x \cosh y - i\sin x \sinh y = \cos(x+yi)$ 이므로 $f(z) = \cos(z)$ 이다.
따라서 1계 도함수는 $f'(z) = -\sin z$, 2계 도함수는 $f''(z) = -\cos z$ 이다.

예제 2 $D = \{ z \mid \mathrm{Re}(z) > 0 \}$ 에서 정의된

$f(x+yi) = \dfrac{1}{2} \log(x^2+y^2) + i \arctan\left(\dfrac{y}{x}\right)$가 해석함수임을 보이고, 도함수를 구하시오.

풀이 $u = \dfrac{1}{2} log(x^2+y^2)$, $v = \arctan\left(\dfrac{y}{x}\right)$라 두고 편도함수를 구하면,

$u_x = \dfrac{x}{x^2+y^2}$, $v_x = \dfrac{-y}{x^2+y^2}$, $u_y = \dfrac{y}{x^2+y^2}$, $v_y = \dfrac{x}{x^2+y^2}$ 이다.

이때 편도함수 u_x, u_y, v_x, v_y 는 D에서 연속이며 코시-리만 방정식

$u_x = v_y, u_y = -v_x$를 만족하므로 $f(z) = u + iv$ 는 D에서 해석적이다.

또한 $f'(z) = \dfrac{\partial f}{\partial x}$ 이므로

$$f'(z) = \frac{x}{x^2+y^2} + i \frac{-y}{x^2+y^2} = \frac{x-iy}{x^2+y^2} = \frac{1}{x+yi} = \frac{1}{z}$$

(다른 풀이) 극좌표를 이용하여 함수식을 고쳐 쓰면 $f(re^{i\theta}) = \log(r) + i\theta$ 이다.

$u = \log(r)$, $v = \theta$ 라 두고 편도함수를 구하면

$u_r = \dfrac{1}{r}$, $v_r = 0$, $u_\theta = 0$, $v_\theta = 1$ 이며, 이때 $u_r, u_\theta, v_r, v_\theta$ 는 D에서 연속이며

코시-리만 방정식 $r\, u_r = v_\theta, u_\theta = -r\, v_r$ 를 만족하므로 $f(z)$ 는 D에서 해석적이다.

또한 $f(z) = \mathrm{Log}(z)$ 이므로 $f'(z) = \dfrac{1}{z}$ 이다.

예제 3 연결영역 D에서 해석적인 함수 $f(z) = u + iv$ 에 대하여
$F(u,v) = 0$, $\|\nabla F\| \neq 0$ 이면 $f(z)$ 는 D에서 상수함수임을 보이시오.

풀이 $F(u,v) = 0$의 양변을 미분하면 $F_u u_x + F_v v_x = 0$, $F_u u_y + F_v v_y = 0$ 이며

코시-리만 방정식 $u_x = v_y$, $u_y = -v_x$ 성립하므로 $F_u u_x - F_v u_y = 0$,

$F_u u_y + F_v u_x = 0$

연립하면 $\begin{cases} F_u u_x - F_v u_y = 0 \\ F_v u_x + F_u u_y = 0 \end{cases}$, $\begin{pmatrix} F_u & -F_v \\ F_v & F_u \end{pmatrix}\begin{pmatrix} u_x \\ u_y \end{pmatrix} = \begin{pmatrix} 0 \\ 0 \end{pmatrix}$

$\begin{vmatrix} F_u & -F_v \\ F_v & F_u \end{vmatrix} = \|\nabla F\|^2 \neq 0$ 이므로 $\begin{pmatrix} F_u & -F_v \\ F_v & F_u \end{pmatrix}$ 는 가역적이며 $\begin{pmatrix} u_x \\ u_y \end{pmatrix} = \begin{pmatrix} 0 \\ 0 \end{pmatrix}$

코시-리만 방정식에 의하여 $u_x = v_y = u_y = v_x = 0$

그러므로 D 는 연결영역이므로 u, v 는 상수이며 $f(z)$ 는 상수함수이다.

02 해석함수의 멱급수전개

$f(z)$ 가 해석적이면 코시-적분공식에 의하여 아래의 필요충분조건을 얻는다. 복소함수 $f(z)$ 가 z_0 에서 해석적일 필요충분조건은 다음과 같은 멱급수전개 가능성이다.

> **[정의] {멱급수전개가능}** 적당한 실수 $r > 0$ 이 존재하여 $|z-z_0| < r$ 이면
> $$f(z) = \sum_{n=0}^{\infty} a_n (z-z_0)^n$$

이러한 멱급수전개가 가능하면 $f(z)$ 는 z_0 에서 무한히 미분가능하며

$a_n = \dfrac{f^{(n)}(z_0)}{n!}$ 이다.

위에서 주목할 사실은 복소함수는 영역 D 에서 1계-미분가능하면 저절로 2계-미분가능하다는 점이며, 나아가 무한히 미분가능해지고 테일러급수로 전개가 능하게 된다는 점이다.

> **[멱급수전개가능 정리]** 함수 $f(z)$ 가 중심 z_0, 반경 r 인 원의 내부에서 해석적이면 $|z-z_0| < r$ 에서 다음 우변의 멱급수는 수렴하며 등식
> $$f(z) = f(z_0) + f'(z_0)(z-z_0) + \frac{f''(z_0)}{2!}(z-z_0)^2 + \cdots + \frac{f^{(n)}(z_0)}{n!}(z-z_0)^n + \cdots \text{이 성립한다.}$$

몇 가지 해석함수들의 멱급수 전개식을 제시하면 아래와 같다.

$$e^z = \sum_{n=0}^{\infty} \frac{z^n}{n!} = 1 + z + \frac{z^2}{2} + \cdots + \frac{z^n}{n!} + \cdots$$

$$\cos z = \sum_{n=0}^{\infty} (-1)^n \frac{z^{2n}}{(2n)!} = 1 - \frac{z^2}{2} + \frac{z^4}{4!} - \cdots + (-1)^n \frac{z^{2n}}{(2n)!} + \cdots$$

$$\sin z = \sum_{n=0}^{\infty} (-1)^n \frac{z^{2n+1}}{(2n+1)!} = z - \frac{z^3}{3!} + \frac{z^5}{5!} - \cdots + (-1)^n \frac{z^{2n+1}}{(2n+1)!} + \cdots$$

위의 세 멱급수의 수렴반경은 ∞ 이다. 즉, 모든 z 에 관하여 등식이 성립한다.

$$\text{Log}(1+z) = \sum_{n=1}^{\infty} \frac{(-1)^{n+1} z^n}{n} = z - \frac{z^2}{2} + \frac{z^3}{3} - \cdots + (-1)^{n+1} \frac{z^n}{n} + \cdots$$

$$\arctan(z) = \sum_{n=0}^{\infty} (-1)^n \frac{z^{2n+1}}{2n+1} = z - \frac{z^3}{3} + \frac{z^5}{5} - \cdots + (-1)^n \frac{z^{2n+1}}{2n+1} + \cdots$$

$$(1+z)^m = \sum_{n=0}^{\infty} \binom{m}{n} z^n = 1 + mz + \frac{m(m-1)}{2}z^2 + \frac{m(m-1)(m-2)}{3!}z^3 + \cdots$$

위의 세 멱급수의 수렴반경은 1이다. 즉, 위의 등식은 $|z| < 1$ 일 때 성립한다.

예제 1 해석함수 $f(z) = \dfrac{1}{z^2}$ 을 $z = 2$ 를 중심으로 멱급수 전개하시오.

풀이
$$\frac{1}{z^2} = \frac{1}{(z-2+2)^2} = \frac{1}{2^2\{1+(z-2)/2\}^2} = \frac{1}{4} \cdot \left(1+\left(\frac{z-2}{2}\right)\right)^{-2}$$
$$= \frac{1}{4} \cdot \left\{1 - 2\left(\frac{z-2}{2}\right) + \frac{6}{2}\left(\frac{z-2}{2}\right)^2 - \cdots\right\}$$
$$= \frac{1}{4} - \frac{1}{4}(z-2) + \frac{3}{16}(z-2)^2 - \cdots$$

위의 풀이는 $(1+z)^{-2}$의 전개식을 활용했다. 미분계수를 구해서 전개해도 된다.

1. 조화함수(harmonic function)

[정의] {조화함수} 2계 편도함수가 연속인 함수 $h(x,y)$ 가 편미분 방정식
$h_{xx} + h_{yy} = 0$ (라플라스(Laplace)의 방정식)
을 만족할 때 조화함수(harmonic function)라 한다.

정육면체의 8개 변을 따라 철사로 연결하여 만들어진 Wire-Frame에 비누 거품막을 입혀서 곡면을 만들 때, 그 곡면의 식을 매개변수로 나타내면
$$\varphi(x,y) = (f(x,y), g(x,y), h(x,y))$$
$$f(x,y) = \arctan\frac{2x}{x^2+y^2-1}, \quad g(x,y) = \arctan\frac{-2y}{x^2+y^2-1}$$
$$h(x,y) = \frac{1}{2}\ln\left(\frac{(x^2-y^2+1)^2+(2xy)^2}{(x^2-y^2-1)^2+(2xy)^2}\right)$$
와 같은 식이 나타나는데, 이 식의 $f(x,y), g(x,y), h(x,y)$ 는 모두 조화함수이다.

이런 현상은 다른 Wire-Frame에 비누 거품막을 입혀 곡면을 만드는 일반적인 경우에도 나타나며 조화함수는 이와 같이 실제 자연계에서 관찰되는 현상을 수학적으로 표현할 때 자주 나타난다.

[정리] 복소함수 $f(z) = u(x,y) + iv(x,y)$ 가 해석적이면, u, v 는 조화함수이다.

또한 $u+iv$ 가 해석함수일 때, v 를 u 의 조화공액(harmonic conjugate)이라 한다.
조화함수 u 가 주어지면 정의역을 제한하여 항상 조화공액 v 를 찾을 수 있다.
따라서 조화함수는 해석함수와 밀접한 관련을 갖는다.
주의 v 가 u 의 조화공액이면 $-u$ 가 v 의 조화공액이다.
조화함수의 조화공액을 찾는 계산과정은 완전미분방정식을 푸는 것과 같다.

> **예제 1** 조화함수 $u(x,y) = x^3 - 3xy^2 + y$ 의 조화공액 v 를 구하시오.

풀이 $u + iv$ 가 해석함수이므로 코시-리만 방정식 $u_x = v_y, u_y = -v_x$ 를 만족한다.

즉, $v_x = 6xy - 1, v_y = 3x^2 - 3y^2$

식 $v_x = 6xy - 1$ 의 양변을 x -적분하면 $v = 3x^2 y - x + g(y)$ (단, $g(y)$ 는 임의함수)

y -편미분하면 $v_y = 3x^2 + g'(y)$ 이며 위의 식과 비교하면 $g'(y) = -3y^2$ 이다.

이를 적분하면 $g(y) = -y^3 + c$ (단, c 는 임의 상수)이다.

따라서 $v = 3x^2 y - y^3 - x + c$ 이며,

$$u + iv = x^3 - 3xy^2 + y + i(3x^2 y - y^3 - x + c)$$
$$= (x + yi)^3 - i(x + yi) + ci = z^3 - iz + ci \text{ 이다.}$$

2. 등각사상(conformal mapping)

해석함수의 또다른 성격으로서 등각성이 있다.

해석함수를 복소평면 C 에서 복소평면 C 로의 사상으로 간주하면 다음 정리와 같은 등각성이 성립한다.

> **[정리]** 복소함수 $f(z)$ 가 $z = z_0$ 에서 해석적이고, $f'(z_0) \neq 0$ 이면, $z = z_0$ 에서 사상 $w = f(z)$ 는 각(angle)을 보존한다.

증명 z_0 를 지나는 두 미분가능한 곡선 c_1, c_2 를 복소함수 $w = f(z)$ 로 사상한 곡선을 각각 γ_1, γ_2 라 하면 z_0 에서 c_1, c_2 의 교각과 $f(z_0)$ 에서 γ_1, γ_2 의 교각은 방향과 크기가 같음을 증명하면 된다.

각 곡선들의 식을 $c_1(t), c_2(t), \gamma_1(t) = f(c_1(t)), \gamma_2(t) = f(c_2(t))$ 라 두고, $c_1(t), c_2(t)$ 의 교점을 $c_1(t_1) = c_2(t_2) = z_0$ 라 하자.

$c_1(t), c_2(t)$ 가 미분가능하고 $w = f(z)$ 가 z_0 에서 해석적이므로 γ_1, γ_2 도 미분가능하며,

$$\gamma_1'(t_1) = f'(c_1(t_1)) \cdot c_1'(t_1), \ \gamma_2'(t_2) = f'(c_2(t_2)) \cdot c_2'(t_2)$$

이며, $f'(z_0) \neq 0$ 이므로

$$\arg \gamma_i'(t_i) = \arg f'(z_0) + \arg c_i'(t_i) \quad (i = 1, 2)$$

이 성립하며, $i = 1, 2$ 의 두 식을 빼면 다음을 얻는다.

$$\arg \gamma_1'(t_1) - \arg \gamma_2'(t_2) = \arg c_1'(t_1) - \arg c_2'(t_2)$$

따라서 각(angle)이 보존된다.

위 정리의 증명과정에서 복소평면 C 에서 교차하는 두 곡선의 사이각을 구하기 위하여 다음과 같은 공식이 사용되었다.

> **[공식]** 두 곡선 c_1, c_2 가 점 z_0 에서 교차하여 $c_1(t_1) = z_0 = c_2(t_2)$ 이라 하면, 두 곡선의 사이각 $\Delta\theta$ 는
> $$\Delta\theta = \arg(c_1'(t_1)) - \arg(c_2'(t_2))$$

03 해석함수의 특이성(Singularity)

1. 정칙점과 특이점(Singularity)

> **[정의] {정칙점, 특이점}** 복소함수 $f(z)$ 가 z_0 에서 해석적일 때 z_0 를 $f(z)$ 의 정칙점 (regular point)이라 하며,
> 복소함수 $f(z)$ 가 z_0 에서 해석적이 아닐 때 z_0 를 $f(z)$ 의 특이점(singularity)이라 한다.
> 특히, 영역 $0 < |z - z_0| < \delta$ 에서 $f(z)$ 가 해석적이면, z_0 를 $f(z)$ 의 고립특이점(isolated singularity)이라 한다.

복소수전체집합 $\mathbb{C}$ 의 점 중에서 복소함수의 정칙점이 아닌 특이점을 경우에 따라 분류하면
① 정의되지 않는 점, ② 분지절단과 같은 불연속인 점, ③ 미분불능인 점,
④ 미분가능하지만 비해석인 점, ⑤ 비고립특이점 등이 있다.
특이점 중에는 고립특이점이 아닌 특이점도 있다. 그러나 해석함수에 관한 성질을 보여주는 많은 정리들은 특이점이 고립특이점인 경우에 성립한다.

예제 1 복소함수 $f(z) = \dfrac{1}{\sin(1/z)}$ 의 모든 특이점을 구하고, 고립특이점과 비고립 특이점을 분류하여라.

풀이 $f(z)$ 의 식에서 분모가 0이 되는 경우는 $\sin\left(\dfrac{1}{z}\right) = 0$, $z = 0$ 이다.

$\sin\left(\dfrac{1}{z}\right) = 0$ 을 풀면, $e^{i/z} - e^{-i/z} = 0$, $e^{2i/z} = 1$, $\dfrac{2i}{z} = 2n\pi i$, $z = \dfrac{1}{n\pi}$ (단, 정수 $n \neq 0$)

따라서 $f(z)$ 의 특이점은 0 과 $\dfrac{1}{n\pi}$ (단, 정수 $n \neq 0$)이며, 그 외의 점은 모두 정칙점이다.

0아닌 정수 n 에 대하여 각각의 특이점 $\dfrac{1}{n\pi}$ 는 고립특이점이며, $\displaystyle\lim_{n \to \infty}\dfrac{1}{n\pi} = 0$이므로 특이점 0은 비고립 특이점이다.

2. 고립특이점의 분류

고립특이점은 그 성격에 '제거가능 특이점', '극', '진성특이점'으로 나눈다.

> **[정의] {제거가능 특이점}** 복소함수 $f(z)$ 의 정의역에 있지않는 z_0 에 대하여, z_0 를 제거한 적당한 근방에서 $f(z)$ 가 해석적이며, z_0 의 근방에서 극한 $\displaystyle\lim_{z \to z_0} f(z)$ 이 존재할 때, z_0 를 $f(z)$ 의 제거가능 특이점(removable singularity)이라 한다.

이때 z_0 에서 $f(z)$ 의 함숫값을 극한값 $\displaystyle\lim_{z \to z_0} f(z)$ 으로 정의하는 방법으로 $f(z)$ 의 정의역을 z_0 까지 확장하면 z_0 는 정규점(regular point)이 된다.

선적분등의 절차에서 제거가능 특이점은 특이점으로 분류하지 않고 정칙점으로 다룰 수 있다.

> **[정의] {극}** z_0 가 $f(z)$ 의 고립특이점이고 $\lim_{z \to z_0} f(z) = \infty$ 일 때, z_0 를 $f(z)$ 의 극(pole)이라 한다.
> 특이점 z_0 가 극일 때, 적당한 양의 정수 n 에 대하여 $\lim_{z \to z_0}(z-z_0)^n f(z) = A \neq 0$ 이다.
> 이때 z_0 를 $f(z)$ 의 n 차 극(n위 극, n th order pole)이라 한다.
> 또한 $f(\frac{1}{z})$ 가 $z = 0$ 에서 n 위극을 가질 때, ∞ 를 $f(z)$ 의 n 위극이라 한다.

z_0 가 $f(z)$ 의 극(pole)일 때, $f(z) = \dfrac{g(z)}{(z-z_0)^n}$ 이 성립하며 $g(z_0) \neq 0$ 이며 z_0 에서 해석적인 함수$g(z)$ 가 존재한다. (단, n 은 양의 정수)

모든 특이점이 극(pole)이며, 극을 제외한 모든 복소수에서 해석적인 함수를 유리형 함수(meromorphic function)라 한다.

> **[정의] {진성특이점}** 제거가능 특이점도 극(pole)도 아닌 고립특이점을 진성특이점(또는 본질적 특이점(essential singularity))이라 한다.
> 또한 $f(\frac{1}{z})$ 가 $z = 0$ 에서 진성 특이점일 때, ∞ 를 $f(z)$ 의 진성특이점이라 한다.

제거가능 특이점에 관하여 다음과 같은 리만의 정리가 성립한다.

> **[리만의 제거가능 특이점 정리]** 열린영역 D 와 $a \in D$ 에 대하여 함수f 가 $D-\{a\}$ 에서 해석적일 때, 다음 명제들은 서로 동치이다.
> (1) $\lim_{z \to a} f(z)$ 는 수렴하며 f 는 D 에서 해석적인 함수로 확장할 수 있다.
> (2) f 는 a 의 근방에서 유계이다.
> (3) $\lim_{z \to a}(z-a)f(z) = 0$

증명 (1) → (2) → (3)은 자명하다. (3) → (1)임을 보이자.

함수 $g(z) = \begin{cases} (z-a)^2 f(z) & , z \neq a \\ 0 & , z = a \end{cases}$ 는 $D-\{a\}$ 에서 해석적이다.

$\lim_{z \to a} \dfrac{g(z)-g(a)}{z-a} = \lim_{z \to a}(z-a)f(z) = 0$ 이므로 $g(z)$ 는 D 에서 해석적이다.

따라서 a 근방에서 테일러전개 $g(z) = \sum_{n=0}^{\infty} a_n(z-a)^n$ 이 성립한다.

$g(a) = g'(a) = 0$ 이므로 $a_0 = a_1 = 0$ 이며

$g(z) = (z-a)^2 \sum_{k=0}^{\infty} a_{k+2}(z-a)^k$

따라서 f 는 a 근방에서 $f(z) = \sum_{k=0}^{\infty} a_{k+2}(z-a)^k$ 으로 확장할 수 있다.

함수 $f(z)$ 가 z_0에서 고립 진성 특이점을 가질 때, 다음과 같은 성질이 성립한다.

> **[고립 진성특이점 정리] {Casorati–Weierstrass}**
> 열린영역 D와 $a \in D$에 대하여 a가 함수 f의 고립 진성특이점일 때, a의 임의의 근방 G에 관하여 $f(G-\{a\})$는 $\mathbb{C}$ 전체에 조밀하다.

예제 1 복소함수 $f(z) = \dfrac{\sin z}{z}$ 의 특이점 0이 제거가능 특이점임을 보여라.

풀이 $f(z) = \dfrac{\sin z}{z}$ 는 0을 제외한 모든 점에서 해석적이며,

$\lim\limits_{z \to 0} \dfrac{\sin z}{z} = 1$ 이므로 특이점 0은 제거가능 특이점이다.

함수 $f(z)$ 를 $f(z) = \begin{cases} \dfrac{\sin z}{z} & , z \neq 0 \\ 1 & , z = 0 \end{cases}$ 이라 $\mathbb{C}$에서 정의하면,

$f'(0) = \lim\limits_{h \to 0} \dfrac{1}{h}\left\{ \dfrac{\sin(h)}{h} - 1 \right\} = 0$ 이므로 0에서 해석적이다.

따라서 $f(z)$ 는 전해석함수라 할 수 있다.

예제 2 복소함수 $f(z) = \dfrac{e^{\frac{1}{z}}}{(e^z+1)^2}$ 의 모든 특이점을 분류하여라.

풀이 $f(z)$ 의 식에서 분모가 0이 되는 경우는 $z=0$ 과 $e^z+1=0$ 이며, $e^z+1=0$ 을 풀면 $e^z = -1 = e^{\pi i}$, $z = \pi i + 2n\pi i$ (단, n은 정수)이다.

따라서 $f(z)$ 의 특이점은 0 과 $\pi i + 2n\pi i$ (단, n은 정수)이다.

이 중에서 각각의 $\pi i + 2n\pi i$ 는 2차 극이며, 0은 진성특이점이다.

복소함수의 선적분

01 복소선적분

1. 좌표평면 $\mathbb{R}^2$ 위의 선적분

구간 I에서 정의된 경로(path)

$C\colon I \to \mathbb{R}^2$, $C(t) = (x(t), y(t))$, $a \le t \le b$

가 미분가능함수 $x(t)$, $y(t)$ 로 주어지고, 경로 C 위에서 정의된 두 연속함수 (또는 적분가능함수) $M(x,y)$, $N(x,y)$ 에 있을 때,

경로 C 위의 두 함수 $M(x,y)$, $N(x,y)$ 의 선적분은 다음과 같이 정의된다.

> **[정의] {선적분}**
>
> $$\int_C Mdx + Ndy \equiv \int_a^b \left\{ M(x(t),y(t))\frac{dx}{dt} + N(x(t),y(t))\frac{dy}{dt} \right\} dt$$

선적분의 정의에서 두 함수 $M(x,y)$, $N(x,y)$ 는 묶어서 하나의 벡터함수로 간주하며 $F(x,y) = M(x,y)\, e_1 + N(x,y)\, e_2$ 라 쓰고, 선적분을 다음과 같이 나타내기도 한다.

$$\int_C F\, ds = \int_C Mdx + Ndy$$

2. 선적분의 기본적인 성질

선적분에 관하여 다음과 같은 성질이 성립한다.

(I) 선적분의 기본정리

선적분의 정의에서 $M\dfrac{dx}{dt} + N\dfrac{dy}{dt}$ 가 원시함수를 갖는 경우, 미적분학의 기본정리에 해당하는 성질이 성립한다. 이 성질을 선적분 기본정리라 한다.

> **[선적분의 기본정리]** 적분경로 C를 따라 정의된 C^1-함수 $\varphi(x,y)$ 에 대하여 다음 식이 성립한다.
>
> $$\int_C \varphi_x\, dx + \varphi_y\, dy = \varphi(C(b)) - \varphi(C(a))$$

증명 적분경로를 $C(t) = (x(t), y(t))$, $a \le t \le b$ 라 하면

$$\int_C \varphi_x\, dx + \varphi_y\, dy = \int_a^b \left(\varphi_x\frac{dx}{dt} + \varphi_y\frac{dy}{dt} \right) dt = \int_a^b \frac{d\varphi(C(t))}{dt}\, dt$$
$$= \varphi(C(b)) - \varphi(C(a))$$

(2) 그린(Green) 정리

> **[Green 정리]** 내부영역이 D인 단일폐곡선 경로 $C: I \to \mathbb{R}^2$, $C(t) = (x(t), y(t))$, $a \le t \le b$에 대하여 $P(x,y)$, $Q(x,y)$가 D에서 C^1-함수이면 다음 관계식이 성립한다.
> $$\int_C P\,dx + Q\,dy = \int\!\!\int_D (Q_x - P_y)\,dx\,dy$$

증명 ⟨ 단일폐곡선 C로 둘러쌓인 영역 D를 직사각형조각으로 잘게 나누어 각각의 직사각형에서 위의 식이 성립하면 전체영역 D에서 성립하므로 D를 직사각형 $[a,b] \times [c,d]$이라 하고 이 직사각형에서 성립함을 보이면 된다.

$$\int\!\!\int_D (Q_x - P_y)\,dx\,dy$$

$$= \int_c^d \left(\int_a^b Q_x\,dx\right)dy - \int_a^b \left(\int_c^d P_y\,dy\right)dx$$

$$= \int_c^d Q(b,y) - Q(a,y)\,dy - \int_a^b P(x,d) - P(x,c)\,dx$$

$$= \int_C Q\,dy + \int_C P\,dx = \int_C P\,dx + Q\,dy$$

위에서 'C^1-함수'란 미분가능하며 도함수가 연속인 함수를 말한다.

좌표평면과 복소수평면을 같은 것으로 간주하면 위에서 정의한 선적분은 유사한 방식으로 복소평면의 선적분으로 전환할 수 있다.

3. 복소함수의 적분

우선 $\mathbb{R}$의 구간에서 복소수값을 갖는 함수의 정적분을 다음과 같이 정의하자.

> **[정의] {선적분}** 실변수 복소함수 $z = f(t) = u(t) + iv(t)$의 구간 $[a,b]$에서 정적분:
> $$\int_a^b f(t)\,dt \equiv \int_a^b u(t)\,dt + i \int_a^b v(t)\,dt$$

이때, 절댓값에 대하여 다음의 부등식이 성립한다.

$$\left| \int_a^b f(t)\,dt \right| \le \int_a^b |f(t)|\,dt \quad (단, \ a \le b)$$

여기서 정적분의 값 $\int_a^b f(t)\,dt$의 실수부는 $\int_a^b u(t)\,dt$이고

허수부는 $\int_a^b v(t)\,dt$이다.

4. 복소선적분

좌표평면의 선적분과 유사한 방식으로 복소평면의 선적분을 정의할 수 있다. 구간 I 에서 정의된 경로(path) c 란 구분적으로 미분가능인 연속함수 $c : I \rightarrow \mathbb{C}$ 를 말한다. 복소함수 $f(z)$ 의 경로 c 위의 선적분은 다음과 같이 정의한다.

> **[정의] {복소선적분 (I)}**
> $c(a)$ 에서 $c(b)$ 로 진행하는 적분경로 $c : [a, b] \rightarrow \mathbb{C}$ 의 식이 미분가능하면,
> $$\int_c f(z)\, dz \equiv \int_a^b f(c(t)) \frac{dc(t)}{dt} dt$$
> 적분경로 c 가 미분가능한 경로 $c_1, \cdots, c_n$ 들의 합일 때, 경로 $c = c_1 + \cdots + c_n$ 라 쓰고,
> $$\int_c f(z) dz = \int_{c_1} f(z) dz + \cdots + \int_{c_2} f(z) dz$$

위의 우변 적분을 구할 때 경로의 진행방향에 따라 적분구간을 정하도록 해야 한다.

적분경로 C 가 단일폐곡선인 경우, 별도의 진행방향을 명시하지 않으면 반시계 방향으로 진행하는 곡선으로 간주하며, 이 경우 선적분의 기호를 $\displaystyle\oint_C f(z)\, dz$ 로 쓰기도 한다.

복소선적분의 정의에서 적분경로를 $c(t) = x(t) + y(t)i$, $a \le t \le b$ 라 하고, 피적분함수를 $f(z) = f(x + yi) = u(x, y) + v(x, y)i$ 라 놓으면

$$f(z) \frac{dc(t)}{dt} = (u + vi)\left(\frac{dx}{dt} + \frac{dy}{dt}i\right) = \left(u\frac{dx}{dt} - v\frac{dy}{dt}\right) + \left(v\frac{dx}{dt} + u\frac{dy}{dt}\right)i$$

이므로 다음과 같이 나타낼 수 있다.

> **[정의] {복소선적분 (II)}** 경로 $c(t) = x(t) + y(t)i$, $a \le t \le b$ 위의 함수 $f(z) = f(x + yi) = u(x, y) + v(x, y)i$ 일 때
> $$\int_c f(z) dz = \int_a^b \left(u\frac{dx}{dt} - v\frac{dy}{dt}\right) dt + i\int_a^b \left(v\frac{dx}{dt} + u\frac{dy}{dt}\right) dt$$
> $$= \int_a^b u\, dx - v\, dy + i\int_a^b v\, dx + u\, dy$$

위의 정의 방식은 복소평면위의 선적분과 좌표평면 위의 선적분 사이의 관계를 보여준다. 물론 좌표평면과 복소평면을 동일한 것으로 간주한다.

치환적분할 때, 폐곡선 경로의 방향에 주의해야 한다.

좌표평면의 선적분에 관한 여러 가지 정리를 위 식을 통해 복소선적분에 적용할 수 있다. 또한 치환적분법과 부분적분법등을 사용할 수 있다.

예제 1 포물선 $y = x^2$ 을 따라 0에서 $1+i$ 로 잇는 경로를 C 라 하고, 피적분 함수를 $f(x+yi) = \dfrac{2x}{1+4y}$ 라 할 때, 선적분 $\displaystyle\int_C f(z)\,|dz|$ 을 계산하여라.

풀이 적분경로 C 를 매개화하면, $z = t + it^2$, $0 \le t \le 1$ 이며, 적분식에 대입하여 계산하면,

$$\int_C f(z)\,|dz| = \int_C f(z)\left|\frac{dz}{dt}\,dt\right| = \int_C f(z)\left|\frac{dz}{dt}\right|dt$$

$$= \int_0^1 f(t+it^2)\left|\frac{d(t+it^2)}{dt}\right|dt$$

$$= \int_0^1 \frac{2t}{1+4t^2}\,|1+i\,2t|\,dt$$

$$= \int_0^1 \frac{2t}{1+4t^2}\,\sqrt{1+4t^2}\,dt = \int_0^1 \frac{2t}{\sqrt{1+4t^2}}\,dt$$

$$= \left[\frac{1}{2}\sqrt{1+4t^2}\right]_0^1 = \frac{\sqrt{5}-1}{2}$$

예제 2 타원경로 $C:\ \dfrac{x^2}{a^2} + \dfrac{y^2}{b^2} = 1$ 일 때, 다음 선적분을 구하여라.

① $\displaystyle\int_C \bar{z}\,dz$ ② $\displaystyle\int_C \frac{1}{z}\,dz$

풀이 적분경로 $C:\left(\dfrac{x}{a}\right)^2 + \left(\dfrac{y}{b}\right)^2 = 1$ 에서 $\dfrac{x}{a} = \cos t$, $\dfrac{y}{b} = \sin t$ 라 두면 매개변수식은 $z = a\cos t + bi\sin t$ (단, $0 \le t < 2\pi$)이다.

① $\displaystyle\int_C \bar{z}\,dz = \int_0^{2\pi} \overline{a\cos t + bi\sin t}\,\cdot\,(-a\sin t + bi\cos t)\,dt$

$$= \int_0^{2\pi} (b^2-a^2)\sin t\cos t + abi\,dt$$

$$= \int_0^{2\pi} (b^2-a^2)\sin t\cos t\,dt + i\int_0^{2\pi} ab\,dt = 2ab\pi i$$

② $\displaystyle\int_C \frac{1}{z}\,dz = \int_0^{2\pi} \frac{-a\sin t + bi\cos t}{a\cos t + bi\sin t}\,dt$

$$= \int_{-\pi}^{\pi} \frac{(b^2-a^2)\cos t\sin t + abi}{a^2\cos^2 t + b^2\sin^2 t}\,dt$$

$$= 4i\int_0^{\pi/2} \frac{ab}{a^2\cos^2 t + b^2\sin^2 t}\,dt$$

$$= 4i\int_0^{\pi/2} \frac{ab\sec^2 t}{a^2 + b^2\tan^2 t}\,dt$$

$$= 4i\int_0^{\infty} \frac{ab}{a^2 + b^2 u^2}\,du = 2\pi i$$

예제 3 적분경로 C가 오른쪽 그림과 같이 $1+i$, $-1+i$, $-1-i$, $1-i$을 지나는 정사각형일 때, 선적분 $\displaystyle\int_C z\,dz$ 을 계산하여라.

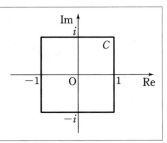

풀이 $C_1(t)=1+ti$, $C_2(t)=-t+i$, $C_3(t)=-1-ti$, $C_4(t)=t-i$ $(-1\le t\le 1)$라 두면,

$$\int_{C_1} z\,dz=\int_{-1}^{1}(1+it)i\,dt=2i\,,$$

$$\int_{C_2} z\,dz=\int_{-1}^{1}(-t+i)(-1)\,dt=-2i\,,$$

$$\int_{C_3} z\,dz=\int_{-1}^{1}(-1-it)(-i)\,dt=2i\,,$$

$$\int_{C_4} z\,dz=\int_{-1}^{1}(t-i)\,dt=-2i \text{ 이며,}$$

적분경로 $C=C_1+C_2+C_3+C_4$ 이므로 $\displaystyle\int_C z\,dz=2i-2i+2i-2i=0$ 이다.

예제 4 선적분 $\displaystyle\int_{|z|=2}\frac{1}{z+1}\,dz$ 의 값을 구하는 아래 과정의 옳고 그름을 판단하시오.

$$\int_{|z|=2}\frac{1}{z+1}\,dz=\int_0^{2\pi}\frac{2ie^{i\theta}}{2e^{i\theta}+1}d\theta=\left[\log(2e^{i\theta}+1)\right]_0^{2\pi}=\log 3-\log 3=0$$

풀이 위의 적분계산과정에서 함수 log 는 다가함수로서 경로 $|z|=2$ 위에서 잘 정의된 함수가 될 수 없다. 잘 정의된 함수로서 $\mathrm{Log}(z)$ 를 이용하는 경우도 $z=-2$ 에서 불연속이다.

따라서 위의 적분 계산은 옳지 않다. 옳은 계산 과정을 제시하면 아래와 같다.

$$\int_{|z|=2}\frac{1}{z+1}\,dz=\int_0^{2\pi}\frac{2ie^{i\theta}}{2e^{i\theta}+1}d\theta=\int_0^{2\pi}\frac{2ie^{i\theta}(2e^{-i\theta}+1)}{(2e^{i\theta}+1)(2e^{-i\theta}+1)}d\theta$$

$$=\int_0^{2\pi}\frac{-2\sin\theta+i(4+2\cos\theta)}{5+4\cos\theta}d\theta$$

$$=\int_0^{2\pi}\frac{-2\sin\theta}{5+4\cos\theta}d\theta+i\int_0^{2\pi}\frac{4+2\cos\theta}{5+4\cos\theta}d\theta$$

$$=0+i\,2\pi=2\pi i$$

02 해석함수에 관한 선적분의 성질

1. 코시(Cauchy) 정리

> [Cauchy 정리]
> (1) 함수 $f(z)$ 가 단일폐곡선 경로 C와 C의 내부를 포함하는 영역에서 해석적이면
> $$\int_C f(z)\,dz = 0$$
> (2) 다중연결영역 D 가 단일폐곡선들의 합 $C = C_1 + C_2 + \cdots + C_n$ 이 경계를 이루고, 함수
> $f(z)$ 가 D와 경계에서 해석적일 때, $\displaystyle\int_C f(z)\,dz = 0$
> (단, 단일폐곡선 C_i 들의 방향은 외곽에서 반시계, 내부에서 시계방향이다.)

증명 (I) $f(z)$ 가 해석함수이므로 편도함수가 연속이며, Green정리를 이용 ○─── 편도함수의 연속성을 증
하여 증명하기로 한다.   명해야 한다.

함수 $f(z) = f(x + yi) = u(x,y) + iv(x,y)$ 라 두고, 선적분에 대입하면
$$\int_C f(z)\,dz = \int_C (u(x,y) + iv(x,y))(dx + i\,dy)$$
$$= \int_C (u\,dx - v\,dy) + i\int_C (v\,dx + u\,dy)$$

이며, 단일폐곡선 C 의 내부영역을 D 라 두고 Green정리를 적용하면
$$= -\int\int_D v_x + u_y\,dx\,dy + i\int\int_D u_x - v_y\,dx\,dy$$

$f(z)$ 가 해석적이므로 코시-리만 방정식이 성립하여
$$= -\int\int_D 0\,dx\,dy + i\int\int_D 0\,dx\,dy = 0$$

그러므로 $\displaystyle\int_C f(z)\,dz = 0$

> [정리]
> (1) z_1 에서 z_2 로의 경로 C를 포함하는 개집합 영역에서 함수 $F(z)$ 는 해석적이고   ○─── 미적분 기본정리에 해당
> $F'(z) = f(z)$ 이면 $\displaystyle\int_C f(z)\,dz = F(z_2) - F(z_1)$ 한다.
> (2) 단일폐곡선 C를 따라 함수 $F(z)$ 는 해석적이고 $F'(z) = f(z)$ 이면 $\displaystyle\int_C f(z)\,dz = 0$

증명 (I) 적분경로를 $z = C(t)$, $a \le t \le b$ 라 놓으면
$$\int_C f(z)\,dz = \int_a^b F'(C(t))\,C'(t)\,dt = [F(C(t))]_a^b = F(z_2) - F(z_1)$$
(2) 단일폐곡선 C 를 따라 (I)에서 $z_1 = z_2$ 이므로 자명하다.

코시의 정리는 다음과 같이 역 명제도 성립한다.

> **[Morera 정리]** 함수 $f(z)$ 가 영역 D 에서 연속이고, 영역 D 에 포함된 임의의 단순 폐곡선 경로 C 에 대하여 $\displaystyle\int_C f(z)\,dz = 0$ 이면, $f(z)$ 는 D 에서 해석적이다.

증명 D 내부의 임의의 한 점 a 를 정하고 임의의 점을 w 라 하자.

D 내부의 모든 폐곡선경로 C 에 대하여 $\displaystyle\int_C f(z)\,dz = 0$ 이므로 a 에서 w 까지 어떤 경로를 선택해도 $\displaystyle\int_a^w f(z)\,dz$ 는 같으므로 $F(w) = \displaystyle\int_a^w f(z)\,dz$ 는 잘 정의된 함수이다.

w 의 근방 $|z-w| \leq r$ 에서 w 와 $w+h$ 를 잇는 선분을 따라 선적분하면

$$\left| \frac{F(w+h) - F(w)}{h} - f(w) \right| = \left| \frac{1}{h} \int_w^{w+h} f(z) - f(w)\,dz \right|$$
$$\leq \frac{1}{|h|} \int_w^{w+h} |f(z) - f(w)|\,|dz|$$
$$\leq \max |f(z) - f(w)|$$

이며 $f(z)$ 는 연속이므로 극한 $h \to 0$ 을 취하면 우변은 0으로 수렴한다.

따라서 $F(w)$ 는 해석적이며 $F' = \displaystyle\lim_{h \to 0} \frac{F(w+h) - F(w)}{h} = f(w)$ 이다.

그러므로 $f(z)$ 는 D 에서 해석적이다.

위의 정리에서, 단일폐곡선 C 가 '단순(simple)' 폐곡선이라 함은 폐곡선 C 의 내부가 영역 D 에 포함된다는 뜻이며, 영역 D 내의 모든 단일 폐곡선이 단순일 때 영역 D 를 단순 연결(simply connected)이라 한다.

2. 코시(Cauchy) 적분공식

> **[코시 적분공식]** 함수 $f(z)$ 가 영역 D 에서 해석적이고, 단일폐곡선 C 와 그 내부에서 해석적이면, 적분경로 C 내부의 복소수 w 에 대하여 다음의 공식이 성립한다.
>
> (1) $f(w) = \dfrac{1}{2\pi i} \displaystyle\int_C \dfrac{f(z)}{z-w}\,dz$
>
> (2) $f'(w) = \dfrac{1}{2\pi i} \displaystyle\int_C \dfrac{f(z)}{(z-w)^2}\,dz$
>
> (3) $f^{(n)}(w) = \dfrac{n!}{2\pi i} \displaystyle\int_C \dfrac{f(z)}{(z-w)^{n+1}}\,dz$

증명 (1) ϵ 을 임의의 양의 실수라 하자.

$f(z)$ 는 연속이므로 $|z-w| = r$ 이면 $|f(z) - f(w)| < \epsilon$ 이 성립하는 충분히 작은 양수 $r > 0$ 이 존재하여 원 $|z-w| = r$ 이 C 의 내부에 포함된다.

코시정리에 의하여 $\displaystyle\int_{|z-w|=r} \dfrac{f(z)}{z-w}\,dz = \int_C \dfrac{f(z)}{z-w}\,dz$ 이다.

$$\left| \int_{|z-w|=r} \frac{f(z)-f(w)}{z-w} \, dz \right| \leq \int_{|z-w|=r} \frac{|f(z)-f(w)|}{|z-w|} \, |dz|$$

$$< \int_{|z-w|=r} \frac{\epsilon}{r} \, |dz| = 2\pi\epsilon \text{ 이다.}$$

따라서 $\displaystyle\int_{|z-w|=r} \frac{f(z)}{z-w} \, dz = \int_{|z-w|=r} \frac{f(w)}{z-w} \, dz = 2\pi i f(w)$ 이다.

그러므로 $\displaystyle f(w) = \frac{1}{2\pi i} \int_C \frac{f(z)}{z-w} \, dz$ 이다.

(2) $\displaystyle\frac{f(w+h)-f(w)}{h} = \frac{1}{2\pi i} \int_C \frac{f(z)}{(z-w-h)(z-w)} \, dz$ 이며,

$f(z)$ 는 연속이므로 C 내부에 포함되는 w 의 충분히 작은 근방
$|z-w| \leq r$ 에서 $|f(z)| \leq M$ 인 양수 M 이 있다.

$|h| < \dfrac{r}{2}$ 일 때, $\displaystyle\left| \int_C \frac{f(z)}{(z-w-h)(z-w)} \, dz - \int_C \frac{f(z)}{(z-w)^2} \, dz \right|$

$$= \left| \int_C \frac{h\,f(z)}{(z-w-h)(z-w)^2} \, dz \right| = \left| \int_{|z-w|=r} \frac{h\,f(z)}{(z-w-h)(z-w)^2} \, dz \right|$$

$$\leq \int_{|z-w|=r} \frac{|h|\,M}{|z-w-h|\,r^2} \, |dz| \leq \int_{|z-w|=r} \frac{|h|\,M}{(r-h)\,r^2} \, |dz| \leq \frac{2\pi M}{r^2} |h|$$

따라서 극한 $h \to 0$ 을 적용하면 $\displaystyle f'(w) = \frac{1}{2\pi i} \int_C \frac{f(z)}{(z-w)^2} \, dz$ 이다.

(3) 수학적 귀납법을 적용하면 (2)로부터 $n=1$ 일 때, 참이다.

n 일 때, 성립한다고 가정하자. (2)의 증명과 같은 근방 $|z-w| \leq r$ 이 있다.

$$\frac{f^{(n)}(w+h)-f^{(n)}(w)}{h} = \frac{n!}{2\pi i} \int_C \frac{\{(n+1)(z-w)^n h + \cdots\} f(z)}{(z-w-h)^{n+1}(z-w)^{n+1}} \, dz$$

따라서 극한 $h \to 0$ 을 적용하면 $\displaystyle f^{(n+1)}(w) = \frac{(n+1)!}{2\pi i} \int_C \frac{f(z)}{(z-w)^{n+2}} \, dz$

그러므로 $\displaystyle f^{(n)}(w) = \frac{n!}{2\pi i} \int_C \frac{f(z)}{(z-w)^{n+1}} \, dz$ 이 성립한다.

코시 적분공식에서 함수 $f(z)$ 는 경로 C 내부에서 특이점을 갖지 않아야 함
에 주의해야 한다.

예제 1 $r > 0$, n 은 정수일 때, 선적분 $\displaystyle\int_{|z-z_0|=r} (z-z_0)^n \, dz$ 의 값을 위의 정리를
이용하여 계산하여라.

풀이 $n \geq 0$ 일 때, $(z-z_0)^n$ 은 특이점을 갖지 않으므로 코시 정리에 의해

$$\int_{|z-z_0|=r} (z-z_0)^n \, dz = 0$$

$n \leq -1$ 일때, $\displaystyle\int_{|z-z_0|=r} (z-z_0)^n \, dz = \int_{|z-z_0|=r} \frac{1}{(z-z_0)^{-n}} \, dz$ 이며,

$f(z) = 1$ 이라 두면,

코시 적분공식에 의하여 $\displaystyle\int_{|z-z_0|=r}(z-z_0)^n\,dz=\frac{2\pi i}{(-n-1)!}f^{(-n-1)}(z_0)$

$n=-1$ 이면, $\displaystyle\int_{|z-z_0|=r}\frac{1}{z-z_0}\,dz=2\pi i$, $n\le-2$ 이면,

$\displaystyle\int_{|z-z_0|=r}(z-z_0)^n\,dz=0$ 이다.

3. 가우스 평균값 정리(Gauss Mean Value Theorem)

코시 적분공식의 응용으로서 다음 정리가 성립한다.

[가우스 평균값 정리] 단일폐곡선 $C:|z-z_0|=r$ 와 C내부에서 해석적인 함수 $f(z)$ 에 대하여

$$\frac{1}{2\pi}\int_0^{2\pi}f(z_0+re^{it})\,dt=f(z_0)$$

증명 ┊ 코시적분공식에서 $n=0$ 이라 두면

$$f(z_0)=\frac{1}{2\pi i}\oint_C\frac{f(z)}{(z-z_0)}\,dz$$

우변에 경로 $z=z_0+re^{it}$ 을 대입하면 $\displaystyle\frac{1}{2\pi i}\int_0^{2\pi}\frac{f(z_0+re^{it})}{re^{it}}ire^{it}\,dt$

따라서 우변 $\displaystyle\frac{1}{2\pi}\int_0^{2\pi}f(z_0+re^{it})\,dt=f(z_0)$

03 로랑(Laurent) 정리

[로랑 정리] 함수 $f(z)$ 가 중심이 z_0 이고 반경이 각각 r_1,r_2 인 두 원 C_1,C_2 사이의 원환(annulus) 영역 내부에서 해석적이면, $r_1<|z-z_0|<r_2$ 에서 다음의 급수로 전개된다.
{로랑급수}

$$f(z)=\sum_{n=-\infty}^{\infty}a_n(z-z_0)^n\quad(\text{단, } r_1<|z-z_0|<r_2)$$

이 급수를 로랑 급수(Laurent series)라 한다. 이때, 계수는 다음과 같이 구할 수 있다.

$$a_n=\frac{1}{2\pi i}\int_{C_2}\frac{f(z)}{(z-z_0)^{n+1}}\,dz\ (n\ge0)$$

$$a_{-n}=\frac{1}{2\pi i}\int_{C_1}\frac{f(z)}{(z-z_0)^{-n+1}}\,dz\ (n>0)$$

위의 로랑 전개식을 풀어쓰면,

$$f(z)=\sum_{n=-\infty}^{\infty}a_n(z-z_0)^n=\cdots+\frac{a_{-2}}{(z-z_0)^2}+\frac{a_{-1}}{(z-z_0)}+a_0+a_1(z-z_0)+\cdots$$

이며, $|z-z_0| < r_2$ 일 때 무한급수 $a_0 + a_1(z-z_0) + a_2(z-z_0)^2 + \cdots$ 가 수렴하며, $r_1 < |z-z_0|$ 일 때 무한급수 $\dfrac{a_{-1}}{(z-z_0)} + \dfrac{a_{-2}}{(z-z_0)^2} + \cdots$ 가 수렴한다.

해석함수의 로랑 급수를 구하고자 할 때, 위의 계수를 구하는 적분식을 이용하기는 불편한 점이 많다. 대신 이미 잘 알려진 테일러 급수를 활용하여 로랑 급수를 구하는 방법이 많이 쓰인다.

그리고 로랑 급수를 구할 때, 아래의 급수 전개식을 자주 사용하게 된다.

$\dfrac{1}{1+z} = 1 - z + z^2 - z^3 + \cdots$ (단, 수렴범위는 $|z| < 1$),

$\dfrac{1}{1+z} = \dfrac{1}{z} \cdot \dfrac{1}{1+(1/z)} = \dfrac{1}{z} - \dfrac{1}{z^2} + \dfrac{1}{z^3} - \cdots$ (단, 수렴범위는 $|z| > 1$),

위의 두 식은 동일한 함수를 동일한 중심점 $z=0$ 에서 전개하되, 수렴범위에 따라 다르게 급수 전개한 것이다. 문제의 상황에 따라 선택하여 사용하면 로랑 전개할 때 도움이 될 수 있다.

예제 1 해석함수 $\dfrac{1}{(z-1)(z-2)}$ 의 로랑 급수를 다음 각 조건에 따라 구하시오.

㉠ $z=0$ 중심, 수렴범위 $|z| < 1$
㉡ $z=0$ 중심, 수렴범위 $1 < |z| < 2$
㉢ $z=0$ 중심, 수렴범위 $|z| > 2$
㉣ $z=1$ 중심, 수렴범위 $0 < |z-1| < 1$

풀이 ㉠ 영역 $|z| < 1$ 에서 수렴하는 로랑 급수를 구하면 아래와 같다.

$$\frac{1}{(z-1)(z-2)} = \frac{1}{1-z} - \frac{1}{2-z} = 1 + z + z^2 + z^3 + \cdots - \frac{1}{2}\left(1 + \frac{z}{2} + \frac{z^2}{4} \cdots\right)$$
$$= \frac{1}{2} + \frac{3}{4}z + \frac{7}{8}z^2 + \frac{15}{16}z^3 + \cdots$$

㉡ 영역 $1 < |z| < 2$ 에서는 아래와 같다.

$$\frac{1}{(z-1)(z-2)} = -\frac{1}{z-1} - \frac{1}{2-z}$$
$$= -\frac{1}{z}\left(1 + \frac{1}{z} + \frac{1}{z^2} + \cdots\right) - \frac{1}{2}\left(1 + \frac{z}{2} + \frac{z^2}{4} + \cdots\right)$$
$$= \cdots - \frac{1}{z^3} - \frac{1}{z^2} - \frac{1}{z} - \frac{1}{2} - \frac{z}{4} - \frac{z^2}{8} - \cdots$$

㉢ 영역 $|z| > 2$ 에서는 아래와 같다.

$$\frac{1}{(z-1)(z-2)} = -\frac{1}{z-1} + \frac{1}{z-2} = -\frac{1}{z}\frac{1}{1-1/z} + \frac{1}{z}\frac{1}{1-2/z}$$
$$= -\frac{1}{z}\left(1 + \frac{1}{z} + \frac{1}{z^2} + \cdots\right) + \frac{1}{z}\left(1 + \frac{2}{z} + \frac{2^2}{z^2} + \cdots\right)$$
$$= \frac{1}{z^2} + \frac{3}{z^3} + \cdots$$

ㄹ 중심 $z=1$ 이므로 $(z-1)^n$ 꼴로 전개하며, 1을 제외한 수렴범위는 $|z-1|<1$ 이다.

$$\frac{1}{(z-1)(z-2)} = -\frac{1}{z-1} - \frac{1}{1-(z-1)}$$
$$= -(z-1)^{-1} - \left\{ 1+(z-1)+(z-1)^2+\cdots \right\}$$
$$= \frac{-1}{(z-1)} - 1 - (z-1) - (z-1)^2 - \cdots$$

예제 2 해석함수 $f(z) = \dfrac{1}{e^z} + e^{\frac{1}{z}}$ 을 중심 $z=0$ 에서 로랑급수로 전개하시오.

풀이 $f(z) = e^{-z} + e^{\frac{1}{z}}$ 은 0이 특이점이며 e^z 의 멱급수의 수렴반경이 ∞ 이므로 영역 $|z|>0$ 에서 수렴하는 로랑 급수를 구할 수 있다.

$$f(z) = e^{-z} + e^{\frac{1}{z}} = \sum_{n=0}^{\infty} \frac{(-z)^n}{n!} + \sum_{n=0}^{\infty} \frac{z^{-n}}{n!} = \sum_{n=0}^{\infty} (-1)^n \frac{z^n}{n!} + 2 + \sum_{n=1}^{\infty} \frac{z^{-n}}{n!}$$
$$= \cdots + \frac{1/6}{z^3} + \frac{1/2}{z^2} + \frac{1}{z} + 2 - z + \frac{z^2}{2} - \frac{z^3}{6} + \cdots$$

04 유수 정리(Residue Theorem)와 편각 원리

1. 유수(Residue)

함수 $f(z)$ 가 z_0 를 제외한 영역 $0<|z-z_0|<r$ 에서 해석적이면,

$0<|z-z_0|<r$ 에서 로랑 급수 전개식이 $f(z) = \displaystyle\sum_{n=-\infty}^{\infty} a_n (z-z_0)^n$ 일 때,

급수의 -1차 항 계수 a_{-1} 를 z_0 에서 $f(z)$ 의 유수(residue)라 하고,

> **[정의]** {유수(residue)} $\mathrm{res}(f\,;z_0) = a_{-1}$

유수의 정의에서 주의할 점은 영역 $0<|z-z_0|<r$ 에서 로랑급수가 수렴하는 것이다.

점 z_0 가 $f(z)$ 의 정칙점이면 영역 $0<|z-z_0|<r$ 에서 로랑급수는 멱급수와 같으므로 유수는 0이다. 따라서 유수는 z_0 가 고립특이점일 때만 고려하면 된다.

2. 유수 정리(Residue theorem)

해석함수의 선적분 문제를 해결하는 결론적인 정리인 유수정리를 알아 보자.

> **[유수 정리]** 영역 D 내의 적분경로 C 가 단일폐곡선이고, 함수 $f(z)$ 가 C 내부의 유한개의 점 $z_1, z_2, \cdots, z_n$ 을 제외한 영역 D 에서 해석적이라 하면, 다음 등식이 성립한다.
>
> $$\int_C f(z)\, dz = 2\pi i \sum_{i=1}^{n} \operatorname{res}(f; z_i)$$

해석함수 $f(z)$ 가 단일폐곡선 C 내부에서 유한개의 특이점 $z_1, z_2, \cdots, z_n$ 을 갖는다면 이들은 모두 고립특이점이다. 역으로 해석함수 $f(z)$ 가 단일폐곡선 C 내부에서 고립특이점만 갖는다면 C 내부의 특이점은 유한 개 뿐이다.

유수 정리에 따르면 고립특이점을 갖는 해석함수의 선적분은 유수의 계산으로 해결되며, 다음 절에 나오게 될 유수의 계산법에 따라 해석함수의 미분을 통해 유수를 구할 수 있게 된다.

결과적으로 해석함수의 선적분 문제는 미분계산을 통한 유수 문제로 전환되며, 유수 정리는 선적분 문제를 쉽게 해결할 수 있는 도구를 제공하는 것이다.

3. 유수의 계산

고립특이점 α 에서 유수를 계산할 때 로랑급수로 전개하는 것보다 간단한 방법이 있다.

⑴ α 에서 단순극(simple pole, 1차 극)을 갖는 경우

$$\operatorname{Res}(f; \alpha) = \lim_{z \to \alpha} (z - \alpha)\, f(z)$$

특히, $f(z) = \dfrac{P(z)}{Q(z)}$, $P(\alpha) \neq 0$ 일 때, 로피탈정리를 적용하면

$\operatorname{Res}(f; \alpha) = \dfrac{P(\alpha)}{Q'(\alpha)}$ 이다.

⑵ $n+1$ 차 극을 갖는 경우

$$\operatorname{Res}(f; \alpha) = \frac{1}{n!} \left\{ (z - \alpha)^{n+1} f(z) \right\}^{(n)}_{(z = \alpha)}$$

n 회 미분한 다음 $z = \alpha$ 을 대입할 수 없는 경우는 극한 $\lim\limits_{z \to \alpha}$ 을 계산하면 된다.

⑶ 진성(본질적) 특이점의 경우. 유수의 정의대로 로랑(Laurent) 급수 전개식을 이용한다.

$$\operatorname{Res}(f; \alpha) = a_{-1}$$

진성 특이점의 경우, 주로 해석함수 $f(z)$ 의 식이 초월함수와 $\dfrac{1}{z - \alpha}$ 의 합성함수의 꼴로 나타나므로 초월함수의 멱급수전개를 이용하면 어렵지 않게 로랑급수를 유도할 수 있다.

예제 1 해석함수 $f(z) = \dfrac{z}{z^2-1}$ 을 중심 $z=1$ 에서 로랑 전개하고, 유수를 구하시오.

풀이 수렴범위 $0 < |z-1| < 2$ 일 때, 로랑 전개하면,

$$f(z) = \frac{z}{z^2-1} = \frac{1/2}{z-1} + \frac{1/2}{z+1} = \frac{1/2}{z-1} + \frac{1/4}{1+(z-1)/2}$$

$$= \frac{1}{2}\frac{1}{z-1} + \frac{1}{4}\left(1 - \frac{z-1}{2} + \frac{(z-1)^2}{2^2} - \cdots\right)$$

$$= \frac{1}{2}(z-1)^{-1} + \frac{1}{2^2} - \frac{z-1}{2^3} + \frac{(z-1)^2}{2^4} - \cdots$$

수렴범위 $|z-1| > 2$ 일 때, 로랑 전개하면

$$f(z) = \frac{z}{z^2-1} = \frac{1/2}{z-1} + \frac{1/2}{z+1} = \frac{1/2}{z-1} + \frac{1/2}{2+(z-1)}$$

$$= \frac{1/2}{z-1} + \frac{1/2}{z-1}\frac{1}{1+\frac{2}{(z-1)}} = \frac{1/2}{z-1} + \frac{1/2}{z-1}\left(1 - \frac{2}{z-1} + \frac{2^2}{(z-1)^2} - \cdots\right)$$

$$= \frac{1}{z-1} - \frac{1}{(z-1)^2} + \frac{2}{(z-1)^3} - \frac{2^2}{(z-1)^4} + \cdots .$$

위의 두 로랑 전개식 중에서 $0 < |z-1| < 2$ 에서 수렴하는 식의 -1차 항 계수 $\dfrac{1}{2}$ 이 유수다.

예제 2 다음 각각의 유수를 구하시오.

㉠ $\mathrm{Res}\left(\dfrac{2z+4}{z^2-1} ; 1\right)$ ㉡ $\mathrm{Res}\left(\dfrac{z+1}{z^3\sin z^2} ; 0\right)$

풀이 ㉠ $\dfrac{2z+4}{z^2-1} = \dfrac{2z+4}{(z-1)(z+1)} = \dfrac{1}{(z-1)}\left\{2 + \dfrac{2}{z+1}\right\}$

$$= \frac{1}{(z-1)}\left\{2 + \frac{1}{1+(z-1)/2}\right\} = \frac{1}{z-1}\left\{3 - \frac{z-1}{2} + \frac{(z-1)^2}{2^2} - \frac{(z-1)^3}{2^3}\cdots\right\}$$

$$= \frac{3}{z-1} - \frac{1}{2} + \frac{z-1}{2^2} - \frac{(z-1)^2}{2^3} + \cdots$$

따라서 $\mathrm{Res}\left(\dfrac{2z+4}{z^2-1} ; 1\right) = 3$ 이다.

㉡ $z^3\sin z^2 = z^3\left(z^2 - \dfrac{z^6}{3!} + \dfrac{z^{10}}{5!} - \cdots\right) = z^5\left(1 - \dfrac{z^4}{3!} + \dfrac{z^8}{5!} - \cdots\right)$ 이므로

$$\frac{z+1}{z^3\sin z^2} = \frac{z+1}{z^5}\frac{1}{1-(z^4/6 - z^8/5! + \cdots)}$$

$$= \left(\frac{1}{z^5} + \frac{1}{z^4}\right)\left\{1 + \left(\frac{z^4}{6} - \frac{z^8}{5!} + \cdots\right) + \left(\frac{z^4}{6} - \frac{z^8}{5!} + \cdots\right)^2 + \cdots\right\}$$

$$= \frac{1}{z^5} + \frac{1}{z^4} + \frac{1}{6z} + \frac{1}{6} + \cdots$$

따라서 $\mathrm{Res}\left(\dfrac{z+1}{z^3\sin z^2} ; 0\right) = \dfrac{1}{6}$ 이다.

예제 3 유수정리를 이용하여 선적분 $\displaystyle\int_{|z|=1} \frac{1}{z \cos\left(\frac{1}{z}\right)}\, dz$ 의 값을 구하시오.

풀이 피적분함수에서 특이점을 구하면, $z=0$, $\cos\left(\frac{1}{z}\right)=0$ 이며,

$\cos\left(\frac{1}{z}\right)=0$ 을 풀면 $z=\dfrac{2}{(2n+1)\pi}$ 이다.

모든 특이점은 적분경로$|z|=1$ 내부에 있다. 따라서 고립특이점이 아닌 특이점을 갖고 있으며, 직접 유수 정리를 이용할 수 없다.

$\frac{1}{z}=w$ 라 치환하면, $dz=-\dfrac{1}{w^2}dw$ 이며, 적분경로$|z|=1$ 은 $|w|=1$ 으로 사상되지만 진행방향이 시계방향으로 바뀐다. 적분값에 부호를 바꿔 진행방향을 반시계방향이 되게 한다.

따라서 $\displaystyle\int_{|z|=1} \frac{1}{z \cos(1/z)}\, dz = \int_{|w|=1} \frac{w}{\cos(w)} \cdot \frac{1}{w^2}dw$

$$= \int_{|w|=1} \frac{1}{w \cos(w)}\, dw$$

이제 유수 정리를 적용하면, 피적분함수의 특이점은 $w=0$: 1차극이며 적분경로내부에 있다.

0에서 유수를 구하면, $\displaystyle\lim_{w\to 0} \frac{w-0}{w \cos w} = 1$ 이다.

그러므로 $\displaystyle\int_{|z|=1} \frac{1}{z \cos(1/z)}\, dz = \int_{|w|=1} \frac{1}{w \cos(w)}\, dw = 2\pi i$

위의 예제에서 선적분의 값을 구하는 과정을 다음과 같이 정리할 수 있다.

$f(z)$ 의 모든 특이점이 단일폐곡선 C 내부에 있는 경우, $\frac{1}{z}$ 를 z 로 치환하여 선적분하면,

[공식] $\displaystyle\int_C f(z)\, dz = \int_\gamma f\left(\frac{1}{z}\right) \frac{1}{z^2} dz = 2\pi i \operatorname{Res}\left(f\left(\frac{1}{z}\right)\frac{1}{z^2} ; 0\right)$

4. 편각 원리(Argument Principle)

모든 특이점이 극(pole)인 해석함수는 다음과 같은 편각원리가 성립한다.

> **[편각 원리]** 경로 C가 단일폐곡선이고, 해석함수 $f(z)$ 가 C에서 해석적이며 C내부에서 유한 개의 극점을 제외한 영역에서 해석적이라 하고 C에서 영점을 갖지 않는다고 하자. 해석함수 $f(z)$ 의 영점(zero)의 개수를 Z, 극점(pole)의 개수를 P라 하면,
>
> $$\frac{1}{2\pi i}\int_C \frac{f'(z)}{f(z)}dz = Z - P$$
>
> 이때 좌변의 적분값은 $\frac{1}{2\pi}\Delta_C \arg(f(z))$ 와 같으므로
>
> $$\Delta_C \arg(f(z)) = 2\pi\,(Z - P)$$

증명 C 내부의 복소수 α_i 가 $f(z)$ 의 n 중근이면

$f(z) = (z-\alpha_i)^n g(z)$, $g(\alpha_i) \neq 0$ 인 α_i 근방에서 해석적인 함수 $g(z)$ 가 존재한다. 근의 중복도를 $N(\alpha_i) = n$ 이라 놓으면

$$f'(z) = (z-\alpha_i)^n g'(z) + n(z-\alpha_i)^{n-1}g(z) ,$$

$$\frac{f'(z)}{f(z)} = \frac{g'(z)}{g(z)} + \frac{n}{z-\alpha_i}$$

$$\int_{|z-\alpha_i|=r} \frac{f'(z)}{f(z)}\,dz = \int_{|z-\alpha_i|=r}\frac{g'(z)}{g(z)}\,dz + \int_{|z-\alpha_i|=r}\frac{n}{z-\alpha_i}\,dz$$

$$= 2\pi i\,n = 2\pi i\,N(\alpha_i)$$

C 내부의 복소수 β_j 가 $f(z)$ 의 m 위극이면 $f(z) = \dfrac{g(z)}{(z-\beta_j)^m}$ 인 β_j 근방에서 해석적인 함수 $g(z)$ 가 존재한다. 극의 중복도를 $P(\beta_j) = m$ 이라 놓으면

$$f'(z) = (z-\beta_j)^{-m}g'(z) - m(z-\beta_j)^{m-1}g(z) , \quad \frac{f'(z)}{f(z)} = \frac{g'(z)}{g(z)} - \frac{m}{z-\beta_j}$$

$$\int_{|z-\beta_j|=r}\frac{f'(z)}{f(z)}\,dz = \int_{|z-\beta_j|=r}\frac{g'(z)}{g(z)}\,dz - \int_{|z-\beta_j|=r}\frac{m}{z-\beta_j}\,dz$$

$$= -2\pi i\,m = -2\pi i\,P(\beta_j)$$

$$\int_C \frac{f'(z)}{f(z)}\,dz = \sum_i \int_{|z-\alpha_i|=r}\frac{f'(z)}{f(z)}\,dz + \sum_j \int_{|z-\beta_j|=r}\frac{f'(z)}{f(z)}\,dz$$

$$= 2\pi i\left(\sum_i N(\alpha_i) - \sum_j P(\beta_j)\right)$$

따라서 $\displaystyle\int_C \frac{f'(z)}{f(z)}\,dz = 2\pi i\,(N - P)$ 이다.

편각원리의 조건을 유지하면 다음과 같은 변형된 선적분계산에 유용한 공식을 유도할 수 있다.

[공식] C 내부의 f 의 영점을 $z_i\,(1 \le i \le k)$, 극점을 $p_j\,(1 \le j \le m)$ 라 두면 $n \ge 0$ 일 때, C 와 C 내부에서 해석적인 함수 $g(z)$ 에 대하여

$$\int_C g(z) \frac{f'(z)}{f(z)} dz = 2\pi i \left(\sum_{i=1}^{k} g(z_i) - \sum_{j=1}^{m} g(p_j) \right)$$

위의 식에서 영점 w 가 3중근이면 $z_1 = w$, $z_2 = w$, $z_3 = w$ 와 같이 중복하여 합산하며, 극점 w 가 3위(차)극이면 $p_1 = w$, $p_2 = w$, $p_3 = w$ 와 같이 중복하여 합산해야 한다.

예제 1 해석함수 $f(z)$ 에 의하여 단위원 $C : |z| = 1$ 를 사상한 $f(C)$ 의 그래프가 오른쪽 그림과 같다.

이때 선적분 $\displaystyle\oint_C \frac{f'(z)}{f(z)} dz$ 의 값을 구하시오.

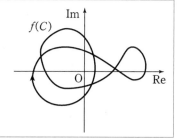

풀이 그림에서 $f(C)$ 의 그래프가 원점을 시계방향으로 2회 회전하므로 편각의 편차 $\Delta_C \arg(f(z)) = -4\pi$ 이다. 따라서 편각원리에 의하여 $Z - P = -2$ 이며 문제에서 주어진 선적분의 값은 $-4\pi i$ 이다.

---

5. 특이 적분(이상 적분)의 계산

예제 1 특이적분 $\displaystyle\int_{-\infty}^{+\infty} \frac{e^{ix}}{x^2 + 1} dx$ 을 유수 정리를 이용하여 구하시오.

풀이 두 경로 $C_1 : z = x,\ -R \le x \le R$, $C_2 : z = Re^{i\theta},\ 0 \le \theta \le \pi$ 의 결합경로 $C_1 + C_2$ 에 대한 다음 선적분 식이 성립한다.

$$\int_{C_1 + C_2} \frac{e^{iz}}{z^2 + 1} dz = \int_{C_1} \frac{e^{iz}}{z^2 + 1} dz + \int_{C_2} \frac{e^{iz}}{z^2 + 1} dz$$

$$= \int_{-R}^{R} \frac{e^{ix}}{x^2 + 1} dx + \int_{C_2} \frac{e^{iz}}{z^2 + 1} dz$$

$R > 1$ 일 때, 유수 정리에 의하여, 특이점 i 가 경로내부에 있으므로,

$$\int_{C_1 + C_2} \frac{e^{iz}}{z^2 + 1} dz = 2\pi i \operatorname{Res}(f;i) = \frac{\pi}{e}$$

이므로, 처음 식에서 $R \to +\infty$ 의 극한을 취하면(이때, 특이 적분의 수렴을 가정한다.)

$$\int_{-\infty}^{+\infty} \frac{e^{ix}}{x^2 + 1} dx = \frac{\pi}{e} - \lim_{R \to \infty} \int_{C_2} \frac{e^{iz}}{z^2 + 1} dz$$

우변의 적분에 $C_2 : z = Re^{i\theta}$, $0 \le \theta \le \pi$ 을 대입하면

$$\int_{C_2} \frac{e^{iz}}{z^2+1} \, dz = \int_0^\pi \frac{e^{iR\cos\theta} e^{-R\sin\theta}}{R^2 e^{2i\theta}+1} \, i \, Re^{i\theta} \, d\theta$$

이며, [Jordan의 부등식]을 이용하여 크기를 계산하면,

$$\left| \int_{C_2} \frac{e^{iz}}{z^2+1} \, dz \right| \le \int_0^\pi \left| \frac{e^{iR\cos\theta} e^{-R\sin\theta}}{R^2 e^{2i\theta}+1} \, Re^{i\theta} \right| d\theta$$

$$\le \int_0^\pi \frac{R \, e^{-R\sin\theta}}{R^2-1} \, d\theta \le \frac{\pi}{R^2-1}$$

따라서 $\displaystyle\lim_{R \to \infty} \int_{C_2} \frac{e^{iz}}{z^2+1} \, dz = 0$

그러므로 특이적분의 값 $\displaystyle\int_{-\infty}^{+\infty} \frac{e^{ix}}{x^2+1} \, dx = \frac{\pi}{e}$

위 적분값으로부터 특이적분 $\displaystyle\int_{-\infty}^{+\infty} \frac{\cos x}{x^2+1} \, dx = \frac{\pi}{e}$ 임을 알 수 있다.

[Jordan의 부등식] $\displaystyle\int_0^\pi e^{-R\sin\theta} \, d\theta \le \frac{\pi}{R}$

증명 $0 \le \theta \le \dfrac{\pi}{2}$ 일 때, 부등식 $\sin\theta \ge \dfrac{2}{\pi}\theta$ 이 성립함을 이용하면,

$$좌변 = 2 \int_0^{\frac{\pi}{2}} e^{-R\sin\theta} \, d\theta \le 2 \int_0^{\frac{\pi}{2}} e^{-R\frac{2}{\pi}\theta} \, d\theta$$

$$= -\frac{\pi}{R} e^{-R\frac{2}{\pi}\theta} \Big|_0^{\frac{\pi}{2}} = \frac{\pi}{R}\left(1 - \frac{1}{e^R}\right) \le \frac{\pi}{R}$$

예제 2 특이적분 $\displaystyle\int_0^\infty \frac{1}{x^n+1} \, dx = \frac{\pi}{n\sin(\pi/n)}$ (단, 정수 $n \ge 2$)임을 보이시오.

풀이 경로 $C_1 : z = x$, $0 \le x \le R$, $C_2 : z = Re^{i\theta}$, $0 \le \theta \le \dfrac{2\pi}{n}$

$C_3 : z = x \, e^{\frac{2\pi}{n}i}$, $0 \le x \le R$ 의 결합경로 $C = C_1 + C_2 + C_3$ 에 대하여
다음 선적분 식이 성립한다.

$$\int_C \frac{1}{z^n+1} \, dz = \int_{C_1} \frac{1}{z^n+1} \, dz + \int_{C_2} \frac{1}{z^n+1} \, dz + \int_{C_3} \frac{1}{z^n+1} \, dz$$

$$= \int_0^R \frac{1}{x^n+1} \, dx + \int_{C_2} \frac{1}{z^n+1} \, dz + \int_R^0 \frac{e^{2\pi i/n}}{\left(x e^{2\pi i/n}\right)^n+1} \, dx$$

$$= \int_0^R \frac{1}{x^n+1} \, dx + \int_{C_2} \frac{1}{z^n+1} \, dz - \int_0^R \frac{e^{2\pi i/n}}{x^n+1} \, dx$$

$$= (1 - e^{2\pi i/n}) \int_0^R \frac{1}{x^n+1} \, dx + \int_{C_2} \frac{1}{z^n+1} \, dz$$

좌변의 선적분은 유수 정리에 의하여 계산할 수 있다.

$R > 1$ 일 때, 피적분 함수의 특이점 중에서 적분경로 내부에 있는 것은 $e^{\frac{\pi}{n}i}$ 뿐이므로

$$\int_C \frac{1}{z^n+1}\,dz = 2\pi i\operatorname{Res}\left(f\,;e^{\frac{\pi}{n}i}\right) = 2\pi i\,\frac{1}{n(e^{\pi i/n})^{n-1}} = -2\pi i\,\frac{e^{\pi i/n}}{n}$$

그리고

$$\lim_{R\to\infty}\int_{C_2}\frac{1}{z^n+1}\,dz = \lim_{R\to\infty}\int_0^{\frac{2\pi}{n}}\frac{i\,Re^{i\theta}}{R^n e^{in\theta}+1}\,d\theta = \int_0^{\frac{2\pi}{n}}0\,d\theta = 0$$

따라서 처음 식에 $R\to\infty$ 의 극한을 취하면

$$-2\pi i\,\frac{e^{\pi i/n}}{n} = (1-e^{2\pi i/n})\int_0^\infty\frac{1}{x^n+1}\,dx\,,$$

$$\int_0^\infty\frac{1}{x^n+1}\,dx = 2\pi i\,\frac{e^{\pi i/n}}{n(e^{2\pi i/n}-1)} = \frac{2\pi i}{n(e^{\pi i/n}-e^{-\pi i/n})} = \frac{\pi}{n\sin(\pi/n)}$$

6. 특이적분의 Cauchy 주치(principal value)

(1) 피적분함수가 유리함수 $\dfrac{P(x)}{Q(x)}$ 이며, 방정식 $Q(x)=0$ 이 실근을 갖지 않으면, $\deg(Q(x))-\deg(P(x))>1$ 일 때, 아래 특이적분의 Cauchy 주치는 존재하고

$$\text{P.V.}\int_{-\infty}^{+\infty}\frac{P(x)}{Q(x)}\,dx \equiv \lim_{R\to\infty}\int_{-R}^{+R}\frac{P(x)}{Q(x)}\,dx$$

우변의 적분값은 아래의 경로를 따라 선적분으로 바꿔, 앞의 예제와 같은 방법으로 유수 정리를 써서 구할 수 있다.

분모 $Q(z)=0$ 의 근 중에서 $\operatorname{Im}(z)>0$ 인 것들을 $z_1,z_2,\cdots,z_n$ 이라 하면

$$\text{P.V.}\int_{-\infty}^{+\infty}\frac{P(x)}{Q(x)}\,dx = 2\pi i\sum_{i=1}^n\operatorname{Res}(P/Q;z_i)$$

특히 $Q'(z_i)\ne 0$ 일 때, 로피탈 정리를 이용하여 계산하면

$\operatorname{Res}(P/Q\,;z_i) = \dfrac{P(z_i)}{Q'(z_i)}$ 이다.

위의 등식에서 주의할 점은 $Q(x)=0$ 이 실근을 갖지 않아야 한다.

(2) 피적분 함수가 삼각함수와 유리함수의 곱의 꼴이고

$$\deg(Q(x)) > \deg(P(x))$$

일 때, 다음 특이적분의 Cauchy 주치는 존재하고 유수 정리를 써서 적분을 구할 수 있다.

$$\int_{-\infty}^{+\infty}\frac{P(x)}{Q(x)}e^{inx}\,dx = \int_{-\infty}^{+\infty}\frac{P(x)}{Q(x)}\cos(nx)\,dx + i\int_{-\infty}^{+\infty}\frac{P(x)}{Q(x)}\sin(nx)\,dx$$

$$\int_{-\infty}^{+\infty}\frac{P(x)}{Q(x)}e^{inx}\,dx = 2\pi i\sum_{i=1}^n\operatorname{Res}(e^{inz}P/Q\,;z_i)$$

7. 삼각함수 적분의 계산

> **예제 1** 정적분 $\displaystyle\int_0^{2\pi} \frac{d\theta}{5+4\sin\theta}$ 을 유수 정리를 이용하여 구하시오.

풀이 $\sin\theta = \dfrac{e^{i\theta}-e^{-i\theta}}{2i}$,

$5+4\sin\theta = 5-2i(e^{i\theta}-e^{-i\theta}) = -ie^{-i\theta}(2e^{2i\theta}+5ie^{i\theta}-2)$

이를 적분식에 대입하여 정리하면

$$\int_0^{2\pi}\frac{d\theta}{5+4\sin\theta} = \int_0^{2\pi}\frac{ie^{i\theta}\,d\theta}{2e^{2i\theta}+5ie^{i\theta}-2}$$

위 적분에 단순 폐곡선 $C: z=e^{i\theta}$, $0\le\theta\le2\pi$ 을 역으로 대입하면 $dz=ie^{i\theta}d\theta$ 이므로 다음과 같이 나타난다.

$$\int_0^{2\pi}\frac{d\theta}{5+4\sin\theta} = \int_C\frac{dz}{2z^2+5iz-2}$$

이는 폐곡선 위의 복소선적분이고 피적분 함수가 해석함수이므로 유수 정리를 이용하여 적분을 구할 수 있다.

$$\int_C\frac{dz}{2z^2+5iz-2} = \int_{|z|=1}\frac{dz}{(2z+i)(z+2i)} = 2\pi i\,\mathrm{Res}\left(f;-\frac{i}{2}\right) = \frac{2\pi}{3}$$

$$\therefore \int_0^{2\pi}\frac{d\theta}{5+4\sin\theta} = \frac{2\pi}{3}$$

위의 예제에서 피적분함수가 $\cos\theta$, $\sin\theta$ 로 이루어진 경우 다음과 같이 치환한다.

[치환공식]

$z=e^{i\theta}$, $\cos\theta=\dfrac{1}{2}\left(z+\dfrac{1}{z}\right)$, $\sin\theta=\dfrac{1}{2i}\left(z-\dfrac{1}{z}\right)$, $d\theta=\dfrac{dz}{iz}$

이 치환공식을 이용하여 위의 예제를 일반화할 수 있다.

$$\int_0^{2\pi}\frac{1}{a+b\cos x}dx = \int_{|z|=1}\frac{1}{a+b\frac{1}{2}(z+\frac{1}{z})}\frac{dz}{iz} \quad (단,\ 0<|b|<a)$$

$$= \frac{2}{i}\int_{|z|=1}\frac{1}{bz^2+2az+b}dz$$

$$= \frac{2}{i}\int_{|z|=1}\frac{1}{b(z-\alpha)(z-\frac{1}{\alpha})}dz$$

$$(단,\ \alpha 는\ z^2+2\frac{a}{b}z+1=0 의\ 근,\ |\alpha|<1)$$

$$= \frac{2}{i}\cdot2\pi i\frac{1}{b(\alpha-\frac{1}{\alpha})}$$

$$= \frac{2}{i}\cdot2\pi i\frac{1}{2\sqrt{a^2-b^2}} = \frac{2\pi}{\sqrt{a^2-b^2}}$$

8. 경로 위에 특이점이 발생하는 경우

일반적으로 적분경로 선상에 특이점이 놓인 경우, 선적분 값을 구하면 대체로 발산하지만, 특별한 경우에는 수렴하기도 한다. 아래에 그런 예를 보이자.

예제 1 특이 적분 $\int_0^\infty \dfrac{\sin x}{x}\,dx = \dfrac{\pi}{2}$ 임를 보이시오.

풀이 복소선적분 $\int_C \dfrac{e^{iz}}{z}dz$ 을 고려하자.

충분히 작은 r 과 충분히 큰 R에 대하여
경로 $C = C_1 + C_2 + C_3 + C_4$ 를 따라 선적분하자.
경로 $C_1 : -R \rightarrow -r,\ C_2 : -r \rightarrow r,$
  $C_3 : r \rightarrow R,\ C_4 : R \rightarrow -R$

경로 C 내에 피적분 함수의 특이점이 포함되지 않으므로 $\int_C \dfrac{e^{iz}}{z}dz = 0$

$$\int_C \frac{e^{iz}}{z}dz = \int_{C_1} \frac{e^{iz}}{z}dz + \int_{C_2} \frac{e^{iz}}{z}dz + \int_{C_3} \frac{e^{iz}}{z}dz + \int_{C_4} \frac{e^{iz}}{z}dz = 0$$

부분 경로 별로 적분계산을 하면

$$\int_{C_1} \frac{e^{iz}}{z}dz = \int_{-R}^{-r} \frac{e^{ix}}{x}dx = -\int_r^R \frac{e^{-ix}}{x}dx$$

$$\int_{C_2} \frac{e^{iz}}{z}dz = \int_\pi^0 \frac{e^{ire^{i\theta}}}{re^{i\theta}}ire^{i\theta}d\theta = -i\int_0^\pi e^{ir\cos\theta - r\sin\theta}d\theta$$

$$\int_{C_3} \frac{e^{iz}}{z}dz = \int_r^R \frac{e^{ix}}{x}dx$$

$$\int_{C_4} \frac{e^{iz}}{z}dz = \int_0^\pi \frac{e^{iRe^{i\theta}}}{Re^{i\theta}}iRe^{i\theta}d\theta = i\int_0^\pi e^{iR\cos\theta - R\sin\theta}d\theta$$

따라서

$$0 = \int_r^R \frac{e^{ix}}{x}dx - i\int_0^\pi e^{ir\cos\theta - r\sin\theta}d\theta - \int_r^R \frac{e^{-ix}}{x}dx + i\int_0^\pi e^{iR\cos\theta - R\sin\theta}d\theta$$

$$\int_r^R \frac{e^{ix} - e^{-ix}}{x}dx = i\int_0^\pi e^{ir\cos\theta - r\sin\theta}d\theta - i\int_0^\pi e^{iR\cos\theta - R\sin\theta}d\theta$$

양변에 극한 $r \rightarrow 0$ 을 취하면

$$2i\int_0^R \frac{\sin x}{x}dx = i\int_0^\pi 1\,d\theta - i\int_0^\pi e^{iR\cos\theta - R\sin\theta}d\theta$$

$$2\int_0^R \frac{\sin x}{x}dx = \pi - \int_0^\pi e^{iR\cos\theta - R\sin\theta}d\theta$$

다시 양변에 극한 $R \rightarrow \infty$ 을 취하면, [Jordan의 부등식]에 의하여

$$\lim_{R\to\infty}\left|\int_0^\pi e^{iR\cos\theta - R\sin\theta}d\theta\right| \leq \lim_{R\to\infty}\int_0^\pi |e^{iR\cos\theta - R\sin\theta}|d\theta$$

$$= \lim_{R\to\infty}\int_0^\pi e^{-R\sin\theta}\,d\theta = 0$$

따라서 $\displaystyle\int_{0}^{\infty}\frac{\sin x}{x}\,dx=\frac{\pi}{2}$

예제 2 양의 정수 n에 관하여 $\displaystyle\int_{0}^{2\pi}(\cos t)^{2n}\,dt$의 값을 구하시오.

풀이 복소선적분으로 치환하면

$$\int_{0}^{2\pi}(\cos t)^{2n}\,dt=\int_{|z|=1}\frac{1}{2^{2n}}\left(z+\frac{1}{z}\right)^{2n}\frac{1}{iz}\,dz=\frac{1}{4^{n}\,i}\int_{|z|=1}\left(z+\frac{1}{z}\right)^{2n}\frac{1}{z}\,dz$$

$\left(z+\dfrac{1}{z}\right)^{2n}\dfrac{1}{z}$ 을 전개할 때 -1차 항은 $_{2n}C_{n}\dfrac{1}{z}$ 이므로 유수는 $_{2n}C_{n}$ 이다.

따라서 $\dfrac{1}{4^{n}\,i}\displaystyle\int_{|z|=1}\left(z+\dfrac{1}{z}\right)^{2n}\dfrac{1}{z}\,dz=\dfrac{1}{4^{n}\,i}\,2\pi\,i\,_{2n}C_{n}=\dfrac{2\pi}{4^{n}}\,_{2n}C_{n}$ 이므로

$$\int_{0}^{2\pi}(\cos t)^{2n}\,dt=\frac{2\pi}{4^{n}}\,_{2n}C_{n}$$

05 해석함수에 관한 정리

1. 코시 부등식(Cauchy inequality)

[Cauchy 부등식] 원판 영역 $|z-z_0| \leq r$ 에서 해석적인 함수 $f(z)$ 가 원주 $|z-z_0|=r$ 에서 상수 M 에 관해 $|f(z)| \leq M$ 이면 부등식 $|f^{(n)}(z_0)| \leq M\dfrac{n!}{r^n}$ 이 성립한다.

증명 ⟨ 해석함수 f 에 대하여 코시 적분공식을 적용하면,

$$f^{(n)}(z_0) = \frac{n!}{2\pi i} \oint_{|z-z_0|=r} \frac{f(z)}{(z-z_0)^{n+1}} dz$$

적분경로를 따라 선적분한 후, 양변에 절댓값을 취하면

$$|f^{(n)}(z_0)| = \frac{n!}{2\pi} \left| \int_0^{2\pi} \frac{f(z_0+re^{i\theta})}{r^{n+1}e^{(n+1)i\theta}} ire^{i\theta}d\theta \right|$$

$$\leq \frac{n!}{2\pi} \int_0^{2\pi} \left| \frac{f(z_0+re^{i\theta})}{r^n e^{ni\theta}} i \right| d\theta$$

$$= \frac{n!}{2\pi} \int_0^{2\pi} \frac{|f(z_0+re^{i\theta})|}{r^n} d\theta$$

$$\leq \frac{n!}{2\pi} \int_0^{2\pi} \frac{M}{r^n} d\theta = M\frac{n!}{r^n}$$

따라서 부등식 $|f^{(n)}(z_0)| \leq M\dfrac{n!}{r^n}$ 이 성립한다.

예제1 함수 $f(z)$ 가 영역 D 에서 해석적이며 폐원판 $\overline{B(z_0;r)} \subset D$ (단, $r>0$)일 때,
(1) $f(z)$ 의 테일러급수 $\displaystyle\sum_{n=0}^{\infty} a_n(z-z_0)^n$ 의 수렴반경은 r 보다 크거나 같음을 보이시오.
(2) 함수 $f(z)$ 가 전해석함수이면 테일러급수의 수렴반경은 ∞ 임을 보이시오.

풀이 (1) f 는 $|z-z_0| \leq r$ 에서 해석적이므로 $|z-z_0|=r$ 일 때 $|f(z)|$ 의 최댓값을 M 이라 두면, 코시부등식에 의하여 $|f^{(n)}(z_0)| \leq M\dfrac{n!}{r^n}$ 이며 $|a_n| = \left|\dfrac{f^{(n)}(z_0)}{n!}\right|$
$\leq \dfrac{M}{r^n}$, $|a_n|^{1/n} \leq \dfrac{M^{1/n}}{r}$, $\varlimsup\limits_{n\to\infty} |a_n|^{1/n} \leq \dfrac{1}{r}$ 이므로 수렴반경 $\geq r$ 이다.
(2) 모든 양의 실수 r 에 대하여 $\overline{B(z_0;r)} \subset \mathbb{C}$ 이므로 테일러 급수의 수렴반경은 r 이상이다. 따라서 테일러 급수의 수렴반경은 ∞ 이다.

※ 유의: 위의 예제와 같은 성질은 실-해석학의 실-해석적 함수는 성립하지 않는다. 모든 실수에서 실-해석적인 함수 중에는 테일러 급수의 수렴반경이 유한값인 경우가 있다.

예제 2 복소평면C 에서 해석적인 정함수(entire function) $f(z)$ 가 임의의$z \in C$ 에 대하여 $|f(z)| \leq |z|^2$ 이며, $f(1) = 1$ 이다. 이때 $f(z)$ 를 구하시오.

풀이 임의의 복소수z_0 와 양수r 에 대하여 $|z - z_0| = r$ 일 때, 부등식

$|f(z)| \leq |z|^2 = |z - z_0 + z_0|^2 \leq (r + |z_0|)^2$ 이 성립한다.

$n = 3$ 에 관한 코시부등식을 적용하면 $|f^{(3)}(z_0)| \leq \dfrac{6(|z_0| + r)^2}{r^3}$ 이다.

$f(z)$ 가 복소평면 전체에서 해석적이므로 모든 양수r 에 관하여 위의 부등식이 성립한다.

$\lim\limits_{r \to \infty} \dfrac{6(|z_0| + r)^2}{r^3} = 0$ 이므로 모든 복소수z_0 에 관하여 $f^{(3)}(z_0) = 0$ 이다.

적분하면 적분상수에 관하여

$f''(z) = A$, $f'(z) = Az + B$, $f(z) = \dfrac{A}{2} z^2 + Bz + C$

$|f(0)| \leq |0|^2 = 0$, $f(0) = 0$ 이므로 $C = 0$

$z \neq 0$ 일 때, $|f(z)| = \left| \dfrac{A}{2} z^2 + Bz \right| \leq |z|^2$, $\left| \dfrac{A}{2} z + B \right| \leq |z|$ 이며

극한$\lim\limits_{z \to 0}$ 을 양변에 취하면, $|B| \leq 0$ 이며, $B = 0$ 이다.

따라서 $f(z) = \dfrac{A}{2} z^2$ 이며, $f(1) = 1$ 을 대입하면, $A = 2$ 이며 $f(z) = z^2$ 이다.

예제 3 정함수 $f(z)$ 가 $\lim\limits_{z \to \infty} \dfrac{f(z)}{z} = 0$ 이면 $f(z)$ 는 상수임을 보이시오.

풀이 $R \leq |z|$ 이면 $\dfrac{|f(z)|}{|z|} \leq 1$ 이 성립하는 양수 R 이 있으며, $|z| \leq R$ 에서 $|f(z)|$ 의 최댓값을 M 이라 두면 모든 복소수에서 $|f(z)| \leq |z| + M$

$n = 2$ 일 때, 코시부등식을 적용하면 $f'' = 0$ 이며

f 는 1이하 차수를 갖는 다항식이므로 $f(x) = az + b$ 라 둘 수 있다.

$\lim\limits_{z \to \infty} \dfrac{az + b}{z} = a = 0$ 이므로 $f(z) = b$ (상수)이다.

2. 루빌 정리(Liouville theorem)

[루빌(Liouville) 정리] 복소평면 전체에서 정의된 해석함수(entire function)가 유계이면 상수함수이다.

증명 복소평면 전체에서 해석적인 함수$f(z)$ 가 유계 즉, $|f(z)| \leq M$ 라 하자. 임의의 복소수z_0 과 임의의 양수R 에 대하여 $|z - z_0| \leq R$ 에서 $f(z)$ 는 해석적이므로 $n = 1$ 일 때, 코시부등식을 적용하면, 부등식 $|f'(z_0)| \leq \dfrac{M}{R}$ 이 성립한다. 이때, 극한$R \to \infty$ 을 취하면 $f'(z_0) = 0$ 이며, z_0 가 임의의 점이므로 $f' = 0$. 그러므로 $f(z) = C$ (상수함수)이다.

코시부등식을 적용하면 루빌정리를 일반화하는 다음 정리를 얻는다.

> **[일반 루빌 정리]** 복소평면 전체에서 해석적인 함수 f 가 다음 부등식
>
> $$|f(z)| \leq A|z|^n + B \quad (\text{단, } A, B \text{는 상수})$$
>
> 을 만족하면 f 는 n 이하의 차수를 갖는 다항식이다.

루빌정리의 유계조건은 치역이 유계임을 의미한다. 치역이 유계가 아닌 경우로 확장하여도 명제는 성립할 수 있다.

> **[정리]** 상수가 아닌 정함수(전해석함수)의 치역은 복소평면 전체에 조밀하다.

〔증명〕 대우 명제 "전해석함수의 치역이 $\mathbb{C}$ 에 조밀하지 않으면 상수이다"를 증명하자.

전해석(entire)함수 $f(z)$ 의 치역 $f(\mathbb{C})$ 가 복소평면 $\mathbb{C}$ 에 조밀하지 않는다고 하자. 그러면 모든 $z \in \mathbb{C}$ 에 대하여 $|f(z) - w_0| \geq R$ 이 성립하는 복소수 w_0 와 $R > 0$ 이 존재한다.

이때 $f(z) - w_0 \neq 0$ 이므로 $g(z) = \dfrac{1}{f(z) - w_0}$ 라 두면 $g(z)$ 도 전해석함수이다.

그리고 $|g(z)| = \dfrac{1}{|f(z) - w_0|} \leq \dfrac{1}{R}$ 이므로 $g(z)$ 는 유계이다.

따라서 루빌(Liouville)정리에 의하여 $g(z)$ 는 상수이다.
그러므로 $f(z)$ 는 상수함수이다.

위의 정리에 따르면 전해석함수의 치역은 한 점이거나 복소평면 전체에 조밀하다.

위의 정리보다 더욱 깊이있는 Picard 정리에 따르면, 전해석함수의 치역이 복소평면 전체에 조밀한 경우도 실제로는 복소평면 전체이거나 한 점을 제외한 영역이다.

예를 들면, $f(z) = z^2$ 와 같이 치역이 복소평면 $\mathbb{C}$ 전체이거나 $f(z) = e^z$ 와 같이 치역이 한 점 0을 제외한 $\mathbb{C} - \{0\}$ 인 경우이다.

> **[대수학의 기본정리]** 임의의 복소계수 n 차 다항식은 적어도 하나의 근을 갖는다. $(n \geq 1)$

〔증명〕 복소수 근을 갖지 않는, 상수가 아닌 다항식이 적어도 하나 존재한다고 가정하고, 그 다항식을 $p(z) = a_0 + a_1 z + \cdots + a_n z^n$, $n \geq 1$, $a_n \neq 0$ 라 두자.

$p(z)$ 가 근을 갖지 않으므로 $\dfrac{1}{p(z)}$ 는 복소평면 $\mathbb{C}$ 전체에서 해석적이다. 즉

$\dfrac{1}{p(z)}$ 는 전해석함수이다.

그리고 $\displaystyle\lim_{|z|\to\infty}|p(z)|=\lim_{|z|\to\infty}|z|^n\left|a_n+\dfrac{a_0}{z^n}+\cdots+\dfrac{a_{n-1}}{z}\right|=\infty$ 이므로 $|z|\geq R$ 이면
$|p(z)|\geq 1$ 이 성립하는 양의 실수R 이 존재한다.

또한 $\dfrac{1}{|p(z)|}$ 는 연속함수이므로 유계 닫힌영역$|z|\leq R$ 에서 $\dfrac{1}{|p(z)|}\leq M$인 최

댓값M 을 갖는다. 따라서 모든 복소수z 에 대하여 $\dfrac{1}{|p(z)|}\leq \max(M,1)$ 이므

로 $\dfrac{1}{p(z)}$ 는 유계이다.

따라서 루빌정리에 의하여 $\dfrac{1}{p(z)}$ 는 상수이며, $p(z)$ 도 상수이다.

그러나 이는 조건 $n\geq 1$, $a_n\neq 0$ 에 모순된다.

그러므로 상수가 아닌 모든 다항식은 적어도 하나의 복소수 근을 갖는다.

'대수학의 기본정리'는 상수함수가 아닌 다항식꼴의 전해석함수는 치역이 복
소평면C 전체임을 보여준다.

예제 1 복소평면 C 에서 해석적인 정함수(entire function) $f(z)$ 가 임의의$z\in$C 에 대하
여 $\mathrm{Im}(f(z)) > 0$ 을 만족시킨다. 이때 f 는 상수함수임을 보이시오.

풀이 $g(z)=\dfrac{1}{f(z)+i}$ 라 두면, $|f(z)+i|\geq \mathrm{Im}(f(z)+i) > 1$ 이므로

모든 $z\in$C 에 대하여 $f(z)+i\neq 0$ 이며 $f(z)$ 가 전해석함수이므로 $g(z)$ 도 전해석
(entire)함수이다.

그리고 $|g(z)|=\dfrac{1}{|f(z)+i|} < 1$ 이 성립하여 $g(z)$ 는 유계함수이다.

따라서 루빌 정리(Liouville theorem)에 의하여 $g(z)$ 는 상수함수이다.

그러므로 $f(z)$ 도 상수함수이다.

예제 2 복소평면C 에서 해석적인 정함수(entire function) $f(z)$ 가 임의의$z\in$C 에 대하
여 $f(z+1)=f(z+i)=f(z)$ 을 만족시킨다. 이때 f 는 상수함수임을 보이시오.

풀이 임의의 복소수 z 에 대하여 $f(z)=f(z+1)=f(z+i)$을 만족하므로 임의
의 정수n 에 대하여 $f(z)=f(z+n)$ 이며, $f(z)=f(z+ni)$ 이 성립한다.

복소수$z=x+yi$ 에 대하여 $x_0=x-[x]$, $y_0=y-[y]$ 라 두면
$0\leq x_0, y_0 < 1$ 이며,
$f(x+yi)=f(x_0+[x]+y_0i+[y]i)=f(x_0+y_0i+[x])=f(x_0+y_0i)$

복소평면C 의 부분집합$A=\{a+bi\,|\,0\leq a\leq 1\,,\,0\leq b\leq 1\}$ 라 두면,
$x_0+y_0i\in A$ 이다.

따라서 $f(\mathbb{C})\subset f(A)$

집합A 는 유계 폐집합이며, 정함수$f(z)$ 의 절대치$|f(z)|$ 는 연속함수이므로
최댓값 정리에 의하여 최댓값 $M=\max\{\,|f(z)|:z\in A\,\}$ 이 존재한다.

따라서 임의의 $z\in$C 에 대하여 $|f(z)|\leq M$ 이므로 $f(z)$ 는 유계이다.

그러므로 루빌(Liouville) 정리에 의하여 전해석함수$f(z)$ 는 상수함수이다.

3. 루쉐 정리(Rouché theorem)

> **[Rouché 정리]** 단일폐곡선 C와 그 내부에서 해석적인 두 함수 $f(z)$, $g(z)$ 가 C 위에서 부등식 $|f(z)| > |g(z)|$ 이 성립하면 $f(z)$ 와 $f(z) + g(z)$ 는 C 의 내부에서 같은 수의 영점 (zero, 근)을 갖는다.

증명 단일폐곡선 C 에 대하여 C 로 둘러싸인 내부영역(C 는 제외)을 D 라 두면 $\overline{D}$ 는 $D \cup C$ 이다.

D 의 내부에서 방정식 $f(z) + g(z) = 0$ 의 해의 개수를 $N(f+g)$ 라 하고, D 의 내부에서 방정식 $f(z) = 0$ 의 해의 개수를 $N(f)$ 라 놓자. (단, 중복도 포함한다.)

$f(z) + g(z)$ 와 $f(z)$ 는 D 에서 해석적이므로 극을 갖지 않는다.

편각원리에 의하여 $2\pi N(f) = \triangle_C \arg(f(z))$,

$$2\pi N(f+g) = \triangle_C \arg(f(z) + g(z))$$

$\left| \dfrac{g(z)}{f(z)} \right| < 1$ 이므로 $\left(\dfrac{g}{f} \right)(C)$ 는 영역 $|z| < 1$ 에 포함되므로 $\left(1 + \dfrac{g}{f} \right)(C)$ 는 영역 $\mathrm{Re}(z) > 0$ 에 속한다.

따라서 $\triangle_C \arg\left(1 + \dfrac{g(z)}{f(z)} \right) = 0$ 이다.

$$
\begin{aligned}
2\pi N(f+g) = \triangle_C \arg(f(z) + g(z)) &= \triangle_C \arg\left(f(z)\left(1 + \dfrac{g(z)}{f(z)} \right) \right) \\
&= \triangle_C \arg(f(z)) + \triangle_C \arg\left(1 + \dfrac{g(z)}{f(z)} \right) \\
&= \triangle_C \arg(f(z)) = 2\pi N(f)
\end{aligned}
$$

따라서 D 의 내부에서 방정식 $f(z) + g(z) = 0$ 와 $f(z) = 0$ 는 같은 수의 해를 갖는다.

루쉐 정리는 해석함수의 영점(zero, 근)의 위치를 판단할 때 유용하다.
그리고 위의 루쉐(Rouché, 로체) 정리를 이용하면 아래의 열린사상(개사상) 정리를 연역할 수 있다.

> **예제 1** 방정식 $z^5 - 3z^3 + 1 = 0$ 의 모든 근은 영역 $|z| < 2$ 에 존재하며, 영역 $|z| < 1$ 에 3개의 근이 존재함을 보이시오.

풀이 $f(z) = z^5$, $g(z) = -3z^3 + 1$ 라 두자.
$|z| = 2$ 일 때, $|f(z)| = |z|^5 = 2^5 = 32$,
$|g(z)| = |-3z^3 + 1| \leq 3|z|^3 + 1 = 3 \times 2^3 + 1 = 25$
이므로 부등식 $|f(z)| > |g(z)|$ 이 성립한다.

따라서 루쉐 정리(Rouché theorem)에 의하여 원주$|z|=2$ 의 내부, 즉 영역$|z|<2$ 에서 $f(z)=z^5$ 와 $f(z)+g(z)=z^5-3z^3+1$ 는 같은 수의 근을 갖는다. 그리고 $z^5=0$ 은 $z=0$ 에서 5중근(근이 5개 있다는 의미임!)을 가지므로 방정식$z^5-3z^3+1=0$ 는 영역$|z|<2$ 에서 5개의 근을 갖는다.

또한 $f(z)=-3z^3$, $g(z)=z^5+1$ 라 두면,

$|z|=1$ 일 때 $|f(z)|=|-3z^3|=3$,

$|g(z)|=|z^5+1| \le |z^5|+1=2$ 이므로 $|f(z)|>|g(z)|$ 이 성립한다.

루쉐 정리(Rouché theorem)에 의하여 영역$|z|<1$ 에서 $z^5-3z^3+1=0$ 은 $-3z^3=0$ 과 같은 수의 근을 갖는다. 따라서 영역$|z|<1$ 에서 $z^5-3z^3+1=0$ 은 3개의 근을 갖는다.

위의 예제에서 함수 $y=x^5-3x^3+1$ 의 그래프의 증감을 조사하면, $|x|<1$ 에서 1개의 실근을, $1<|x|<2$ 에서 2개의 실근을 갖는 것을 알 수 있으며, 실수계수 다항식의 허근은 켤레로 짝을 이루어 나타나므로 방정식$z^5-3z^3+1=0$ 의 두 허근은 영역$|z|<1$ 에 있음을 알 수 있다.

> **예제 2** 방정식$z^4+2z+i=0$ 의 근(root) 중 1개는 영역$|z|<1$ 에 있음을 보이시오.

풀이 $f(z)=2z$, $g(z)=z^4+i$ 라 두고, $0.6<r<1$ 라 하자.

$|z|=r$ 일 때,

$|f(z)|-|g(z)|=2|z|-|z^4+i| \ge 2r-r^4-1=(1-r)(r^3+r^2+r-1)>0$

이므로 루쉐정리에 의해 $2z=0$ 과 $z^4+2z+i=0$ 은 영역 $|z|<r$ 에서 같은 수의 갖는다.

r 이 $0.6<r<1$ 인 임의의 실수이므로 $r \to 1$ 일 때도 위의 성질은 성립한다.

따라서 영역$|z|<1$ 에서 $z^4+2z+i=0$ 는 $2z=0$ 와 같이 1개의 근을 갖는다.

4. 일치 정리(Identity theorem)

> **[일치 정리(Identity Theorem)]**
> (1) $F(z)$ 가 $|z-z_0|<r$ 에서 해석적일 때, $z_n \ne z_0$, $\lim_{n \to \infty} z_n=z_0$, $F(z_n)=0$ 이면
> $F(z)=0$ 이다.
> (2) 복소함수 $f(z), g(z)$ 가 연결영역 D 에서 해석적이며, 서로 다른 복소수로 이루어진 수열 $z_n \in D$ 이 D 의 내점으로 수렴한다.
> 이때, $f(z_n)=g(z_n)$ 이면 영역 D 에서 $f(z) \equiv g(z)$ 이다.

증명 (1) $|z-z_0|<r$ 일 때, $F(z)=\sum_{k=0}^{\infty} a_k(z-z_0)^k$ 이라 놓으면

$$\lim_{n \to \infty} F(z_n) = \lim_{n \to \infty} \left(a_0+\sum_{k=1}^{\infty} a_k(z_n-z_0)^k \right) = a_0+\sum_{k=1}^{\infty} \lim_{n \to \infty} \left(a_k(z_n-z_0)^k \right)$$
$$= a_0$$

이며 $\lim_{n \to \infty} F(z_n)=\lim_{n \to \infty} 0=0$ 이므로 $a_0=0$

수학적 귀납법을 적용하자.

$a_0 = 0, \cdots, a_k = 0$ 이라 가정할 때,

$F(z) = (z-z_0)^{k+1} \displaystyle\sum_{i=0}^{\infty} a_{k+1+i}(z-z_0)^i$ 이며

$F(z_n) = (z_n-z_0)^{k+1} \displaystyle\sum_{i=0}^{\infty} a_{k+1+i}(z_n-z_0)^i$

$F(z_n) = 0$ 이며 $z_n - z_0 \neq 0$ 이므로 $\displaystyle\sum_{i=0}^{\infty} a_{k+1+i}(z_n-z_0)^i = 0$

$\displaystyle\lim_{n\to\infty}\left(a_{k+1} + \sum_{i=1}^{\infty} a_{k+1+i}(z_n-z_0)^i\right) = a_{k+1} + \sum_{i=1}^{\infty} \lim_{n\to\infty}\left(a_{k+1+i}(z_n-z_0)^i\right)$

$$= a_{k+1}$$

이며 $\displaystyle\lim_{n\to\infty} F(z_n) = \lim_{n\to\infty} 0 = 0$ 이므로 $a_{k+1} = 0$

따라서 $F(z) = 0$ 이다.

(2) 수렴하는 수열 z_n 의 극한을 $z_0 \in D$ 라 하자.

$F(z) = f(z) - g(z)$ 라 두면, $f(z_n) = g(z_n)$ 이므로

$F(z_n) = 0$ 이며, $f(z), g(z)$ 가 D 에서 해석적이므로 $F(z)$ 도 D 에서 해석적이다.

$F(z)$ 가 z_0 에서 해석적이며, z_0 에서 멱급수전개 가능하다.

즉, $|z-z_0| < r$ 이면 $F(z) = \displaystyle\sum_{n=0}^{\infty} a_n(z-z_0)^n$ 이 성립하는 양의 실수 r 이 존재한다.

그리고 $\displaystyle\lim_{n\to\infty} z_n = z_0$ 이므로 $n_1 \leq n$ 이면 $|z_n - z_0| < r$ 이 성립하는 양의 정수 n_1 이 존재한다.

모든 $n_1 \leq n$ 인 z_n 에 대하여 $F(z_n) = 0$ 이므로 (1)에 의하여

영역 $|z-z_0| < r$ 일 때, $F(z) = 0$ 이다.

이때, $D_1 = \{u \in D | \ \exists \delta > 0, \ |z-u| < \delta \to F(z) = 0\}$

$D_2 = \{v \in D | \ \exists \delta > 0, \ 0 < |z-v| < \delta \to F(z) \neq 0\}$ 라 두면,

$z_0 \in D_1$ 이며, D_1, D_2 는 열린집합이며 $D_1 \cap D_2 = \varnothing$ 이다.

그리고 $w \in D - D_2$ 라 하면, $0 < |z-w| < \delta \to F(z) \neq 0$ 이 성립하는 양의 실수 δ 가 존재하지 않으므로, $F(w_n) = 0$ 이며 w 로 수렴하는 서로 다른 복소수열 w_n 이 존재한다.

따라서 (1)에 의하여 w 의 근방에서 $F(z) = 0$ 이다.

즉, $w \in D_1$ 이다.

따라서 $D = D_1 \cup D_2$ 이다.

그런데 영역 D 가 연결집합이므로 $D_2 = \varnothing$ 이다.

따라서 $D = D_1$ 이다.

그러므로 $F(z)$ 는 D 에서 항등적으로 0 이며, $f(z) \equiv g(z)$ 이다.

증명과정에 위상수학적 '연결성' 개념을 이용합니다.

두 해석적 함수가 언제 같은 함수가 되는 지 판단할 때 일치정리는 유용하게 쓰인다.

또한 연결영역 D 에서 해석적 함수들을 모두 모은 집합을 $H(D)$ 라 하면, 함수의 덧셈, 곱셈 연산에 관한 환(ring) $(H(D) , +, \cdot)$ 는 정역(integral domain)이 됨을 증명하는 때에도 중요한 역할을 한다.

예제 1 영역 $|z| < 2$ 에서 해석적인 두 함수 $f(z) , g(z)$ 에 대하여 $f(z) g(z) = 0$ 이다. $f(z) = 0$ 또는 $g(z) = 0$ 임을 보이시오.

풀이 수열 $z_n = \dfrac{1}{n}$ 라 하자.

$f(z)g(z) = 0$ 이므로 $f(z_n)g(z_n) = 0$ 이며, $f(z_n) = 0$ 또는 $g(z_n) = 0$ 이다.

$f(z_n) = 0$ 인 z_n 들이 무한히 많을 때, 그들을 부분수열 z_{n_k} 라 두면 $f(z_{n_k}) = 0$ 이며 z_n 이 0으로 수렴하므로 z_{n_k} 도 영역 $|z| < 2$ 내부의 한 점 0으로 수렴한다.

따라서 일치정리에 의하여 $f(z) = 0$

$f(z_n) = 0$ 인 z_n 들이 유한개일 때, 그들을 제외한 부분수열을 z_{n_k} 라 두면 $g(z_{n_k}) = 0$ 이며, z_{n_k} 도 영역 $|z| < 2$ 내부의 한 점 0으로 수렴한다.

따라서 일치정리에 의하여 $g(z) = 0$

그러므로 $f(z) = 0$ 이거나 $g(z) = 0$ 이다.

예제 2 영역 $|z| \leq 1$ 에서 해석적인 함수 $f(z)$ 에 대하여 $f(\dfrac{1}{n}) = \dfrac{1}{2n+1}$ 이다. $f(z)$ 의 식을 구하시오.

풀이 $g(z) = \dfrac{z}{z+2}$ 라 두면, $g(z)$ 도 영역 $|z| \leq 1$ 에서 해석적이며,

$g(\dfrac{1}{n}) = \dfrac{1}{2n+1} = f(\dfrac{1}{n})$ 이 성립한다.

또한 수열 $\dfrac{1}{n}$ 이 영역 $|z| \leq 1$ 내부의 한 점 0으로 수렴한다.

따라서 일치정리에 의하여 $f(z) = g(z)$ 이므로 $f(z) = \dfrac{z}{z+2}$ 이다.

예제 3 해석함수 $f : \mathbb{C} \to \mathbb{C}$ 에 대하여 $f(\text{실수}) = \text{순허수}$, $f(\text{순허수}) = \text{실수}$ 이면 $f(z) = i z g(z^2)$ 인 해석함수 $g(z)$ 가 존재함을 보이시오.

풀이 $f(z) = \sum_{n=0}^{\infty} (a_n + i b_n) z^n = \sum_{n=0}^{\infty} a_n z^n + i \sum_{n=0}^{\infty} b_n z^n$,

$f_1(z) = \sum_{n=0}^{\infty} a_n z^n$, $f_2(z) = \sum_{k=0}^{\infty} b_{2k} z^k$, $g(z) = \sum_{k=0}^{\infty} b_{2k+1} z^k$ 라 놓으면

$f(z) = f_1(z) + i f_2(z^2) + i z g(z^2)$ 이라 쓸 수 있다.

$f(\text{실수}) = \text{순허수}$ 이므로 z 가 실수이면 $f_1(z) = 0$ 이다.

일치정리에 의하여 모든 복소수 z 에 대하여 $f_1(z) = 0$ 이다.

따라서 $f(z) = i f_2(z^2) + i z g(z^2)$ 이다.

$f(\text{순허수}) = \text{실수}$ 이므로 z 가 순허수이면 $f_2(z^2) = 0$ 이다.

일치정리에 의하여 모든 복소수 z 에 대하여 $f_2(z^2) = 0$ 이다.

그러므로 $f(z) = i z g(z^2)$ 이다.

5. 최대절댓값 정리(Maximum modulus theorem)

[보조 정리] (기본형) 복소함수 $f(z)$ 가 원판 $|z - z_0| \leq r$ 을 포함하는 영역에서 해석적이면 부등식 $|f(z_0)| \leq \max\{ |f(z_0 + re^{i\theta})| : 0 \leq \theta \leq 2\pi \}$ 이 성립하며, 등호가 성립하는 필요충분조건은 함수 $f(z)$ 가 상수가 되는 것이다.

증명 부등식이 성립하는 과정만 제시하고, 등호가 성립하는 조건은 생략한다. $M = \max\{ |f(z_0 + re^{i\theta})| : 0 \leq \theta \leq 2\pi \}$ 라 두고 $n = 0$ 에 관하여 코시부등식을 적용하면 $|f(z_0)| \leq M$ 이 성립한다.

위의 정리를 해석함수 $f(z)$ 의 정의역 전체에 적용하면 다음과 같은 일반적인 정리를 얻는다.

[최대절댓값 정리] 함수 $f(z)$ 가 유계 연결 열린 영역 D 에서 해석적이고 상수가 아니면 절댓값 $|f(z)|$ 는 D 에서 최댓값을 갖지 않는다.
함수 $f(z)$ 가 유계 연결 열린 영역 D 에서 해석적이고 $\overline{D}$ 에서 연속이며 상수가 아니면 절댓값 $|f(z)|$ 는 D 의 경계에서 최댓값을 갖는다.

증명 $f(z)$ 는 연결개집합 D 에서 해석적인 함수라 하자.

절댓값함수 $|f(z)|$ 는 한 점 $\alpha \in D$ 에서 최댓값을 갖는다고 하자.

만약 α 의 근방에서 $|f(z)|$ 가 일정하지 않으면 $|f(z_1)| < |f(\alpha)|$ 이며

$|z_1 - \alpha| = r > 0$, $\{ z : |z - \alpha| \leq r \} \subset D$ 인 양수 r 과 $z_1 = \alpha + re^{i\theta_1}$ 이 있다.

$|f(z)|$ 는 연속함수이므로 $\theta_1 - \delta < \theta < \theta_1 + \delta$ 이면

$|f(\alpha + re^{i\theta})| < |f(\alpha)|$ 인 양수 δ 가 있다.

가우스-평균값정리에 의하여 $|f(\alpha)| \leq \dfrac{1}{2\pi} \displaystyle\int_0^{2\pi} |f(\alpha + re^{i\theta})| \, d\theta < |f(\alpha)|$ 이

며 모순!

따라서 α 의 근방에서 $|f(z)|$ 가 일정한 함숫값을 가지면 코시-리만정리에 의

하여 $f(z)$ 는 연결개집합 D 에서 상수함수이다.

영역 D 의 경계를 ∂D 라 쓰기로 하면, 최대절댓값 정리를 다음 공식으로 표현

할 수 있다.

$$\max\{|f(z)| : z \in \overline{D}\} = \max\{|f(z)| : z \in \partial D\}$$

영역 D 에서 $f(z) \neq 0$ 이면, $f(z)$ 대신 $1/f(z)$ 를 적용하면 최소 절댓값 정리도

성립한다.

예제 1 영역 $|z| \leq 1$ 에서 해석적인 함수 $f(z)$ 에 대하여 $|f(z)| \leq 1$ 이며 $f(0) = i$ 일 때, $f(z)$ 를 구하시오.

풀이 해석함수 $f(z)$ 가 영역 $|z| < 1$ 내부의 점 0에서 최대절댓값

$|f(0)| = |i| = 1$ 을 갖는다.

최대절댓값 정리에 의하여 $f(z)$ 는 상수함수이다.

따라서 $f(z) = i$ 이다.

예제 2 복소수전체 집합을 $\mathbb{C}$ 라 하자.

$D = \{ z \in \mathbb{C} : |z| < 2 \}$ 이고, 함수 $f : D \to \mathbb{C}$ 가 D 에서 해석적(analytic)이라 하자.

$f(0) = f'(0) = 0$, $f''(0) \neq 0$ 이고 $f\left(\dfrac{1}{3}\right) = \dfrac{i}{12}$ 이며 모든 $z \in D$ 에 대해서

$|f(z)| \leq 3$ 일 때, $f\left(\dfrac{2i}{3}\right)$ 의 값을 구하시오.

풀이 함수 f 가 D 에서 해석적이므로 $f(z) = \displaystyle\sum_{n=0}^{\infty} a_n z^n$ 이 되고,

$f(0) = f'(0) = 0$

따라서 $f(z) = z^2 g(z)$ 이 성립하는 D 에서 해석적이며 $g(0) \neq 0$ 인 함수 $g(z)$ 가

있다. $0 < r < 2$ 인 r 에 대하여 $|z| = r$ 일 때 $|g(z)| \leq \dfrac{3}{r^2}$ 이 성립한다.

여기서 최대절댓값 정리(maximum modulus theorem)를 적용하면 $|z| \leq r$ 일 때

$|g(z)| \leq \dfrac{3}{r^2}$ 이다.

이 명제는 임의의 $r < 2$ 에 대하여 성립하므로 모든 $z \in D$ 에 대하여 $|g(z)| \le \dfrac{3}{4}$ 이다.

위의 결과와 $f(\dfrac{1}{3}) = \dfrac{i}{12}$ 를 적용하면 $g(\dfrac{1}{3}) = \dfrac{3i}{4}$, $|g(\dfrac{1}{3})| = \dfrac{3}{4}$ 이며 $\dfrac{1}{3}$ 는 D 의 내점이므로 최대절댓값 정리에 따라 $g(z)$ 는 상수이다.

따라서 $g(z) = \dfrac{3i}{4}$ 이며 $f(z) = \dfrac{3i}{4} z^2$ 이고 $f(\dfrac{2i}{3}) = -\dfrac{i}{3}$ 이다.

6. 열린사상 정리(Open mapping theorem)

[열린사상 정리] 상수가 아닌 해석함수에 의한 개집합의 상은 개집합이다.

증명 $f(z)$ 는 개집합 D 에서 해석적이며 상수가 아닌 함수라 하자.
임의의 점 $\alpha \in D$ 에 대하여 $f(\alpha) = \beta$ 라 하자. 즉, $\beta \in f(D)$
$\beta \in B(\beta ; s) \subset f(D)$ 인 양수 s 가 존재함을 보이자.
임의의 점 $\alpha \in D$ 에서 α 의 근방 $N = \{ z : |z - \alpha| \le r \} \subset D$ 인 양수 r 이 있다.
N 에서 방정식 $f(z) - \beta = 0$ 의 해가 무한히 많이 있다면 B-W정리와 일치정리에 의해 f 가 상수함수가 아님에 모순이다.
따라서 N 에서 방정식 $f(z) - \beta = 0$ 의 해는 유한 개있다.
α 를 제외한 $f(z) - \beta = 0$ 의 해 중에서 α 와 가장 가까운 해까지의 거리의 반을 r_1 이라 놓으면 α 의 근방 $N_1 = \{ z : |z - \alpha| \le r_1 \}$ 에서 방정식 $f(z) - \beta = 0$ 는 α 만을 해로 갖는다.
원 $S_1 = \{ z : |z - \alpha| = r_1 \}$ 의 상 $f(S_1)$ 에 대하여 $\beta \notin f(S_1)$ 이므로 $f(S_1)$ 위의 점 중에서 β 와 가장 가까운 점까지의 거리를 s 라 하면 $s > 0$ 이다.
$|w - \beta| < s$ 이면 $|z - \alpha| = r_1$ 일 때 $|w - \beta| < |f(z) - \beta|$ 이다.
루쉐정리에 의하여 영역 $|z - \alpha| < r_1$ 에서 방정식 $f(z) - \beta = 0$ 와
$f(z) - \beta - (w - \beta) = 0$ 의 해의 개수는 같다.
$f(z) - \beta = 0$ 는 α 를 근으로 가지므로 방정식 $f(z) - w = 0$ 도 $|z - \alpha| < r_1$ 에서 적어도 한 근을 갖는다.
즉, $f(z) = w$, $|z - \alpha| < r_1$ 이 성립하는 z 가 존재한다.
따라서 $B(\beta ; s) = \{ w : |w - \beta| < s \} \subset f(N_1) \subset f(D)$ 이다.
그러므로 $f(z)$ 는 개사상이다.

루빌 정리와 최대절댓값 정리, 그리고 열린사상(개사상) 정리는 해석함수에 의한 상(image)의 형태에 대하여 다른 방식이지만 관련성이 있는 설명을 담고 있다.

> **예제 1** 영역 $D = \{\, z \mid \mathrm{Re}(z) > 0 \,\}$ 에서 해석적인 함수 $f(z)$ 에 대하여 부등식
> $|f(z)| \le 1$ 이 성립하고 $f(1) = i$ 일 때, 함수 $f(z)$ 의 식을 구하시오.

풀이 문제의 조건을 집합으로 다음과 같이 나타낼 수 있다.

$$i \in f(D) \subset \{\, w \mid |w| \le 1 \,\}$$

함수 $f(z)$ 가 상수함수가 아니라고 가정하면 개사상 정리에 의하여 f 는 개사상이며 개집합 D 의 상 $f(D)$ 는 개집합이다.

따라서 i 는 집합 $\{\, w \mid |w| < 1 \,\}$ 의 내점이 되어야 한다.

그러나 i 는 집합 $\{\, w \mid |w| < 1 \,\}$ 의 경계점이므로 모순이다.

따라서 $f(z)$ 는 상수함수이다.

그러므로 $f(z) = i$ (상수함수)이다.

윤양동
임용수학 IV

해석학 복소해석

초판인쇄 2025년 1월 15일　**초판발행** 2025년 1월 20일

편저자 윤양동　**발행인** 박 용　**발행처** (주)박문각출판

표지디자인 박문각 디자인팀

등록 2015년 4월 29일 제2019-000137호

주소 06654 서울시 서초구 효령로 283 서경 B/D

팩스 (02)584-2927

전화 교재 주문 (02)6466-7202　동영상 문의 (02)6466-7201

저자와의
협의하에
인지생략

정 가 17,000원

ISBN 979-11-7262-493-4

　　　979-11-7262-489-7(set)